电脑应用教程

新世纪

U0117645

新世纪网页动画设计应用教程

张国权　刘金广　王　珂　等编著

电子工业出版社

Publishing House of Electronics Industry

北京·BEIJING

内 容 简 介

本书精心整合了 Adobe 公司的 Dreamweaver 与 Flash 这两大软件在网页设计工作中的应用。第一篇为 Dreamweaver CS4 网页设计篇，从网站站点的搭建开始，讲解了 Dreamweaver 的图文混排、页面排版、CSS 样式表、测试及发布网站等内容。第二篇为 Flash CS4 动画设计篇，从网页动画的素材准备、动画制作、按钮特效、发布动画等各方面，采用和动画设计案例相结合的方式，全面介绍了 Flash 软件在制作网页动态效果方面的强大功能。第三篇为综合实例篇，以实例的方式，有效地整合了网页与动画，为读者展示了应用 Dreamweaver 与 Flash 这两大软件制作网页动画的方法。

全书以基本概念、入门知识为基础，以实际操作为主线，结构清晰、详略得当，具有较强的可读性和可操作性，是学习使用 Dreamweaver 制作网页及管理站点和 Flash 动画制作的入门级参考书。本书针对初、中级用户编写，可作为网页、动画制作初学者的自学教程，也可用做各种电脑培训班、辅导班的教材。

未经许可，不得以任何方式复制或抄袭本书之部分或全部内容。

版权所有，侵权必究。

图书在版编目（CIP）数据

新世纪网页动画设计应用教程 / 张国权等编著.—北京：电子工业出版社，2009.7
（新世纪电脑应用教程）
ISBN 978-7-121-09033-2

Ⅰ. 新⋯ Ⅱ.张⋯ Ⅲ.①主页制作－图形软件，Dreamweaver CS4－教材②动画－设计－图形软件，Flash CS4－教材 Ⅳ.TP393.092　TP391.41

中国版本图书馆 CIP 数据核字（2009）第 095926 号

责任编辑：祁玉芹
印　　刷：北京市天竺颖华印刷厂
装　　订：三河市鑫金马印装有限公司
出版发行：电子工业出版社
　　　　　北京市海淀区万寿路 173 信箱　邮编　100036
开　　本：787×1092　1/16　印张：20　字数：512 千字
印　　次：2009 年 7 月第 1 次印刷
定　　价：29.80 元

出 版 说 明

电脑作为一种工具，已经广泛地应用到现代社会的各个领域，正在改变各行各业的生产方式以及人们的生活方式。在进入新世纪之后，不掌握电脑应用技能就跟不上时代发展的要求，这已成为不争的事实。因此，如何快速、经济地获得使用电脑的知识和应用技术，并将所学到的知识和技能应用于现实生活和实际工作中，已成为新世纪每个人迫切需要解决的新问题。

为适应这种需求，各种电脑应用培训班应运而生，目前已成为我国电脑应用技能教育队伍中一支不可忽视的生力军。而随着教育改革的不断深入，各类高等和中等职业教育中的电脑应用专业也有了长足的发展。然而，目前市场上的电脑图书虽然种类繁多，但适合我国国情的、学与教两相宜的教材却很少。

2001 年推出的《新世纪电脑应用培训教程》丛书，正好满足了这种需求。由于其定位准确、实用性强，受到了读者好评，产生了广泛的影响。但是，三年多来，读者的需求有了提高，培训模式和教学方法都发生了深刻的变化，这就要求我们与时俱进，萃取其精华，推出具有新特色的《新世纪电脑应用教程》丛书。

《新世纪电脑应用教程》丛书是在我们对目前人才市场的需求进行调查分析，以及对高等院校、职业院校及各类培训机构的师生进行广泛调查的基础上，约请长期工作在教学第一线并具有丰富教学与培训经验的教师和相关领域的专家编写的一套系列丛书。

本丛书是为所有从事电脑教学的老师和需要接受电脑应用技能培训或自学的人员编写的，可作为各类高等院校及下属的二级学院、职业院校、成人院校的公修电脑教材，也可用作电脑培训班的培训教材与电脑初、中级用户的自学参考书。它的鲜明的特点就是"就业导向，突出技能，实用性强"。

本丛书并非目前高等教育教材的浓缩和删减，或在较低层次上的重复，亦非软件说明书的翻版，而是为了满足电脑应用和就业现状的需求，对传统电脑教育的强有力的补充。为了实现就业导向的目标，我们认真调研了读者从事的行业或将来可能从事的行业，有针对性地安排内容，专门针对不同行业出版不同版本的教材，尽可能地做到"产教结合"。这样也可以一定程度地克服理论（知识）脱离实际、教学内容游离于应用背景之外的问题，培养适应社会就业需求的"即插即用"型人才。

传统教材以罗列知识点为主，学生跟着教材走，动手少，练习少，其结果是知其然而不知其所以然，举一反三的能力差，实际应用和动手能力差。为了突出技能训练，本丛书在内容安排上，不仅符合"由感性到理性"这一普遍的认知规律，增加了大量的实例、课后的思考练习题和上机实践，使读者能够在实践中理解和积累知识，在知识积累的基础上进行有创造性的实践，而且在内容的组织结构上适应"以学生为中心"的教学模式，强调"学"重于"教"，使教师从知识的传授者、教学的组织领导者转变成为学习过程中的咨询者、指导者和伙伴，充分发挥老师的指导作用和学习者的主观能动性。

为了突出实用性，本丛书采用了项目教学法，以任务驱动的方式安排内容。针对某一具体任务，以"提出需求—设计方案—解决问题"的方式，加强思考与实践环节，真正做到"授人以渔"，使读者在读完一本书后能够独立完成一个较复杂的项目，在千变万化的实际应用中能够从容应对，不被学习难点所困惑，摆脱"读死书"所带来的困境。

本丛书追求语言严谨、通俗、准确，专业词语全书统一，操作步骤明确且采用图文并茂的描述方法，避免晦涩难懂的语言与容易产生歧义的描述。此外，为了方便教学使用，在每本书中每章开头明确地指出本章的教学目标和重点、难点，结尾增加了对本章的小结，既有助于教师抓住重点确定自己的教学计划，又有利于读者自学。

目前本丛书所涉及到的应用领域主要有程序设计、网络管理、数据库的管理与开发、平面与三维设计、网页设计、专业排版、多媒体制作、信息技术与信息安全、电子商务、网站建设、系统管理与维护，以及建筑、机械等电脑应用最为密集的行业。所涉及的软件基本上涵盖了目前的各种经典主流软件与流行面虽窄但技术重要的软件。本丛书对于软件版本的选择原则是：紧跟软件更新步伐，以最近半年新推出的成熟版本为选择的重点；对于兼有中英文版本的软件，尽量舍弃英文版而选用中文版，充分保证图书的技术先进性与应用的普及性。

我们的目标是为所有读者提供读得懂、学得会、用得巧的教学和自学教程，我们期盼着每个阅读本丛书的教师满意、读者成功。

电子工业出版社

前　言

　　随着网络技术的日益普及与发展，越来越多的个人和企业建起了自己的网站，利用网络这个平台来宣传自己，或者拓展业务。那么，如何才能设计制作一个既实用又精美的网站呢？面对 Internet 上如此众多、形形色色的网站，又如何能使自己的网站给访问者留下深刻的印象呢？美国的 Adobe 公司为网站制作设计爱好者提供了两个非常实用的工具：Dreamweaver 与 Flash。它们中一个是网页制作工具，可以让用户轻松自如地构建网站；一个是动画制作工具，可用来制作精美的动画，并将其应用在网页中，从而使静态的网页变得生动活泼，引人注目。

　　本书介绍的 Dreamweaver CS4 和 Flash CS4 是 Adobe 公司发布的最新产品，与原有的软件版本相比，它们的性能又有了很大提高，并新增和改进了许多功能，使它的功能更加强大，使用起来更加得心应手。

　　本书分 3 个部分，共 15 章。第一部分介绍 Dreamweaver CS4 网页设计；第二部分介绍 Flash CS4 动画设计；第三部分为综合实例。具体内容安排如下：

　　第 1 章介绍构建网站前要了解的基本知识，Dreamweaver 的用途，Dreamweaver CS4 的新增功能和工作界面，以及创建站点、搭建站点结构、创建和保存网页等基础知识。

　　第 2 章介绍关于 Dreamweaver CS4 的文本、链接和网页属性的知识，包括文本对象的添加、格式化文本的方法、文本链接及网页属性的设置等内容。

　　第 3 章介绍向网页中插入图像和 Flash 动画的相关知识，其中包括网页图像的基本概念，插入图像、编辑图像和创建图像热点的方法，插入图像占位符、导航条和 SWF 动画的方法等内容。

　　第 4 章介绍在 Dreamweaver 中创建和使用表格的方法，包括表格的创建和使用、表格的编辑和修改，以及制作嵌套表格等内容。

　　第 5 章介绍表单的制作与使用，主要包括表单与表单对象的基本概念、表单的创建、表单对象的插入和设置方法，检查表单以及 Spry 表单验证构件的使用等内容。

　　第 6 章介绍 Dreamweaver 的层叠样式表知识，包括层叠样式表的概念，创建、编辑 CSS 样式和 CSS 样式表的技术，以及导入和链接 CSS 样式表的方法等。

　　第 7 章介绍在 Dreamweaver 中使用库项目和模板的知识，包括库项目的创建，为网页添加库项目，编辑库项目，创建模板，设置模板的可编辑区域和重复区域等内容。

　　第 8 章介绍测试、发布站点及后期工作等知识，包括测试网站、上传网站、宣传/推广网站和站点维护等内容。

　　第 9 章介绍 Flash 动画及 Flash 软件的基础知识，包括动画和 Flash 的基本常识，Flash 的文件类型，Flash 软件的特点与功能，制作 Flash 动画的工作流程，Flash CS4 的工作界面及 Flash CS4 的基本操作方法等。

第 10 章介绍使用 Flash CS4 的绘图工具绘制图形、填充颜色，以及处理图形对象的知识和技巧。

第 11 章介绍关于元件的知识，包括元件和实例的概念，元件、实例和库的关系，创建和使用元件的方法，以及元件实例的创建方法等内容。

第 12 章介绍在 Flash 中创建动画的方法，包括补间动画、补间形状、遮罩动画、逐帧动画、时间轴特效动画及反向运动姿势等各种基本的动画形式的创建。

第 13 章介绍 Flash 按钮和 Flash 文本的制作方法，包括 Flash 按钮的创建，为按钮添加声音和 ActionScript 的方法，Flash 文本的创建、编辑与处理等。

第 14 章介绍 Flash 动画的测试、导出与发布技术。

第 15 章给出了一个综合实例，可供读者巩固所学知识，加深对所学内容的理解。

对于初次接触 Dreamweaver 和 Flash 的读者，本书是一本很好的启蒙教材和实用的工具书。通过书中一个个生动的实际范例，读者可以一步一步地了解 Dreamweaver CS4 和 Flash CS4 的各项功能，学会使用 Dreamweaver CS4 和 Flash CS4 的各种工具，并掌握 Dreamweaver CS4 和 Flash CS4 的设计与创作技巧。

对于已经使用过老版本的网页和动画创作高手来说，本书将为他们尽快掌握 Dreamweaver CS4 和 Flash CS4 的各项新功能助一臂之力。

本书采用了理论加实例的讲解方式。因此，读者可以边学习本书中的内容，边上机实践，从而高效快速地掌握使用 Dreamweaver 构建网站和使用 Flash 制作动画的方法和技巧。

本书由张国权、刘金广和王珂主持编写，尽管在编写本书时作者做了各种努力，但是，由于作者水平所限，书中难免存在疏漏和错误之处，希望专家和读者朋友及时指正（我们的 E-mail 地址：qiyuqin@phei.com.cn）。

编　者

2009 年 5 月

编　辑　提　示

《新世纪电脑应用教程》丛书自出版以来，受到广大培训学校和读者的普遍好评，我们也收到许多反馈信息。基于读者反馈的信息，为了使这套丛书更好地服务于授课教师的教学，我们为本丛书中新出版的每一本书配备了多媒体教学课件。使用本书作为教材授课的教师，如果需要本书的教学课件，可到网址 www.tqxbook.com 下载。如有问题，可与电子工业出版社天启星文化信息公司联系。

通信地址：北京市海淀区翠微东里甲 2 号为华大厦 3 层　　　鄂卫华（收）

邮编：100036

E-mail：qiyuqin@phei.com.cn

电话：（010）68253127（祁玉芹）

目　　录

第1章

认识 Dreamweaver 与创建站点

教学目标：

Dreamweaver 是 Adobe 公司推出的一款专业的网页制作软件，目前的最新版本是 Dreamweaver CS4。在使用 Dreamweaver CS4 制作网页之前，应先了解一些基本的网页设计知识，如网站设计中的常用术语、规划及开发流程等。了解了这些知识，用户才能顺利高效地完成网站的设计与制作。本章介绍建站前要了解的基本知识，Dreamweaver 的用途、新增功能、工作界面及创建站点、搭建站点结构、创建、保存网页的方法等。

教学重点与难点：

1. 规划网站。
2. 网站开发流程。
3. 创建本地站点。
4. 创建网页。
5. 保存网页。

1.1 建站前准备工作

随着网络技术的飞速发展，Internet 已经深入到人们的日常生活和工作中，网站、网页等词汇大家早已耳熟能详。但是，网站与网页究竟是什么关系，要想创建网站需进行什么样的操作呢？下面就先来介绍一下建站的基本知识，以便创建站点。

1.1.1 认识网页与网站

网页英文名称为 Web Page，是用户通过浏览器在 Internet 中浏览到的页面，该页面中可以包含文字、图片以及各种多媒体内容。网站英文名称为 Web Site，是多个相关网页的集合，也被称为站点。同一网站中的网页通过超链接联系在一起，这些相关联的网页集合在一起组成了网站。

当浏览者在浏览器的地址栏中输入一个网站地址，确认后浏览器自动打开指定网页（index 或 default 命名的网页）。默认打开的网页被称为主页或首页，浏览者可以通过单击该页面中的超链接跳转到其他网页。

例如，启动 IE 浏览器，在地址栏中输入 http://www.chinaedu.edu.cn/，即可转到中国教育信息网主页，如图 1-1 所示。

图 1-1　中国教育信息网

将鼠标指针指向主页中的文本或图片，若指针变为手形，表示此对象含超链接，单击它即可跳转到相关网页。例如，单击"中国教育报"超链接文本，可跳转到"中国教育报"网页，如图 1-2 所示。

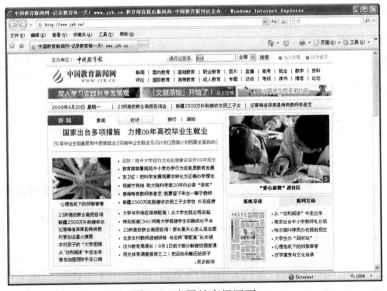

图 1-2　中国教育报网页

1.1.2 网站的规划

想要建立一个成功的网站，建站前的规划与设计工作是极为重要的。建立网站需要规划和设计的内容大体可分为两个方面：一是纯网站本身的设计，如文字排版、图像制作和平面设计等；二是网站的延伸设计，如网站的主题和浏览群的定位，智能交互，制作策划等。

1. 网站的目标定位

一个网站要有明确的目标定位，这是在策划网站之前必须首先考虑和解决的问题。只有定位准确，目标鲜明，才可能做出切实可行的计划，按部就班地进行设计。网站的目标定位可以从题材和内容、网站名称及域名几个方面进行考虑。

（1）题材和内容。

作为一个初级的网站设计者，网站的主题定位一定要小而精，选择自己所擅长或者喜爱的内容，突出个性和特色。

（2）网站名称。

网站名称也是网站设计的一部分，且至关重要。网站名称是否响亮、易记，对网站的形象和宣传推广也有着很大的影响。网站名称最好用中文，字数应该控制在 6 个字以内，且能代表本站特色，使人一看就知道本网站的主题是什么。

（3）网站域名。

在申请域名时，一定要选择一个便于记忆的域名，最好是与网站名称相关的域名，如百度的域名为 baidu.com，搜狐的域名为 sohu.com 等。

2. 网站的风格

风格是指站点给浏览者的综合感受，如版面布局、浏览方式、交互性和文字等。一个网站的风格要独树一帜，可以从以下几方面来树立网站的风格。

（1）网站的栏目和版块。

网站的栏目实质上是一个突出显示网站主题的大纲索引，在动手制作网页前，一定要先确定好合理的栏目和版块。

（2）设计网站的标准色彩。

网站给人的第一印象来自于视觉冲击，不同的色彩搭配产生不同的效果。标准色彩指能体现网站形象和延伸内涵的色彩，它要用于网站的标志、标题、主菜单和主色块，给人以整体统一的感觉。一般来说，适合于网页标准色的颜色有蓝色、黄/橙色和黑/灰/白色 3 大系列色。

（3）设计网站的标准字体。

标准字体指用于标志、标题和主菜单的特有字体。为了体现站点的特有风格，可根据需要选择一些特别字体。

（4）网站的站标。

站标是一个网站的特色和内涵的集中体现。如图 1-3 所示的逐浪小说网站站标把域名和网站名称合在一起，让浏览者对它要宣传的内容一目了然。除此之外，右侧还添加了跃起的海豚，可爱之余又不失亲切感。

图 1-3 逐浪小说网站站标

3. 网站信息的准备和收集

内容是网站的灵魂，因此，网站信息的准备和收集是一项非常重要的工作。确定了网站的主题与内容之后，就应该着手搜集资料。设计者需要准备网站中待用的文字、图片、动画、背景音乐等资料。搜集来的网页素材应该与网站中的元素相互对应，例如，可能需要将搜集来的文字资料转换成文本文件或其他网页能够识别的文件格式，或者将图片转换成适用于网页的格式等。

1.1.3 网站的开发流程

一个网站的开发流程是指在开发一个网站时，规定每步应完成的工作。当设计者确定了网站的主题及整体风格、完成了版面设计并且收集并制作好各种所需素材后，就可以开始着手建立网站了。下面介绍网站的主要开发流程。

1. 定义站点

开发网站的首要工作就是要定义站点。建立网站的目的很多，例如个人求职、扩大公司知名度、介绍公司新产品、提供信息或游戏娱乐等。设计者在明确建立网站的目的、完成网站资料收集等一系列操作后，就可以开始定义站点了。

2. 建立网站结构

定义站点后，就应该根据网站结构开始搭建网站。网站中通常包括两类网页：主页和内容页。

主页是网站的精华部分，绝大部分网站的内容都可在主页中找到缩影。内容页承载着网站的具体内容，是制作网站的重点，也是体现网站主题的主体。

3. 主页的设计和制作

主页集成了整个网站的精华，直接影响着浏览者对整个网站的评价，所以主页对于网站来说起着至关重要的作用。在制作主页时需要先绘制一张草图，列出网站标志、广告条、菜单栏和友情链接等一些基本的信息的相对位置。

主页的草图设计好后，即可使用 Dreamweaver 动手制作。在主页中，注意不要使用太多的图像及音频和视频等，因为这些素材的数据量都比较大，是制约网页下载速度的重要因素之一。

4. 制作其他页面

其他页面的设计与制作方法与主页方法相同，需要注意两点：一是风格要与主页保持一致；二是要在其他页面添加返回主页的超链接，以方便浏览者浏览网站中的其他内容。

5. 网页的测试与调试

测试页面是在整个开发周期中进行的一个持续的过程。网页制作完成后，用户需要测试网页以确保网站可正常运作，例如测试各网页间的超链接。除此之外，用户还可以通地验证、调试找出网站中的错误，及时进行修正。

6. 发布与维护

当一个网站制作完成，并且测试与调试无误后，即可将该网站发布到 Internet 服务器上，即通常所说的上传网站。将网站上传到服务器以后，还需要对网站做定期维护、内容的更新和版面的扩展等工作，以确保站点保持最新内容并且工作正常。

1.2　Dreamweaver 软件简介

Dreamweaver 的字面意思为"梦幻编织"，该软件有着不断变化的丰富内涵和经久不衰的设计思维，能够充分展现设计者的创意，实现制作者的想法，锻炼用户的能力，让用户成为真正的网页设计大师。

Dreamweaver 是一款可视化的网页制作工具，具有所见即所得的特性，无须编写代码即可完成网页的制作，简单易用，非常适合初学者使用。同时，Dreamweaver 也支持代码设计，为高级程序人员提供了代码编辑环境，方便程序人员应用 HTML 或其他代码进行网页开发，主要包括 HTML、CSS、JavaScript、CFML、ASP 和 JSP 等语言的代码编辑工具和参考资源。设计者可以使用 Roundtrip HTML 技术，无需重新格式化即可直接导入使用记事本等程序手写的 HTML 文档，然后在 Dreamweaver 中根据实际需要重新格式化代码。

Adobe 公司推出的 Dreamweaver、Flash 以及 Fireworks 被合称为"网页制作三剑客"。这三个软件相辅相成，是制作网页的最佳选择。其中，Dreamweaver 是一款专业的网页制作工具，主要用于制作网页，制作出来的网页兼容性比较好。Flash 和 Fireworks 分别是动画制作和图形图像制作工具，可用于制作精美的网页动画及处理网页中的图形。在 Flash 中创建的动画和在 Fireworks 中编辑的图片可以直接导入到 Dreamweaver 中使用。

1.3　Dreamweaver CS4 新增功能

Dreamweaver 软件每次升级都会给用户带来更多的惊喜，Dreamweaver CS4 同样增添了许多新功能，以弥补上一个版本的不足。下面简单介绍 Dreamweaver CS4 的新增功能。

（1）实时视图。

Dreamweaver CS4 允许用户在访问代码的同时，能够使用新的"实时"视图在实际的浏览器条件下设计网页。对代码所做的更改会立即反映在呈现的显示中。

（2）针对 Ajax 和 JavaScript 框架的代码提示。

由于改进了对 JavaScript 核心对象和原始数据类型的支持，用户现在可以更加快速准确地编写 JavaScript。除此之外，用户也可以通过组合常用的 JavaScript 框架（包括 jQuery、Prototype 和 Adobe Spry）来使用 Dreamweaver 的扩展编码功能。

（3）相关文件和代码导航器。

Dreamweaver CS4 可以让用户更有效地管理组成当今网页的各种文件。单击任何相关文件即可在"代码"视图中查看其源代码并同时在"设计"视图中查看父页面。新增的"代码导航器"功能可为用户显示影响当前所选内容的所有代码源，如 CSS（层叠样式表）规则，服务器端包括外部 JavaScript 函数、Dreamweaver 模板、iFrame 源文件等，如图 1-4 所示。

（4）InContext Editing。

设计者可以使最终用户无需求助于他人或其他软件即可对其网页进行简单编辑。而 Dreamweaver 设计人员，可以快速准确地将更改限制在特定的页面、独立区域，甚至自定义的格式设置选项。

图 1-4　代码导航器

（5）　CSS 最佳做法。

Dreamweaver CS4 属性检查器使用户能够创建新的 CSS 规则，并对每个属性所适合的层叠样式提供简单明确的解释。

（6）　HTML 数据集。

用户可以在网页中集成动态数据的功能，而无需另外学习掌握数据库和 XML（可扩展置标语言）编码。Spry 数据集将简单的 HTML 表内容识别为交互式数据源。

（7）　Adobe Photoshop 智能对象。

在 Dreamweaver 中插入任何 Photoshop PSD（Photoshop 数据文件）文档即可创建一个图像智能对象。智能对象与源文件紧密链接。无需打开 Photoshop 即可在 Dreamweaver 中对源图像进行任何更改并更新图像，如图 1-5 所示。

图 1-5　在 Dreamweaver 中编辑 PSD 图像文件

（8） Subversion 集成。

Dreamweaver CS4 集成了 Subversion 软件（开源的版本控制系统），提供了更为可靠的存回/取出功能。用户可以直接从 Dreamweaver 中更新站点并存回修改。

（9） 新的用户界面。

使用共享的用户界面设计可以在 Adobe Creative Suite 4 组件中更加快速智能地工作。使用工作区切换器可以从一种工作环境快速切换到另一种工作环境。

1.4　认识 Dreamweaver 界面

在 Dreamweaver 中，所有的文档窗口和工具面板都被集成到应用程序窗口中，用户可以在这个集成的工作界面中查看文档和对象属性，并利用工具栏中的工具执行许多常用操作，从而快速更改文档。

1.4.1　运行 Dreamweaver CS4

安装 Dreamweaver CS4，并将菜单模式切换至"经典"模式，单击"开始"按钮，从弹出的"开始"菜单中选择"程序"｜"Adobe Dreamweaver CS4"命令，稍等片刻弹出"默认编辑器"对话框，如图 1-6 所示。

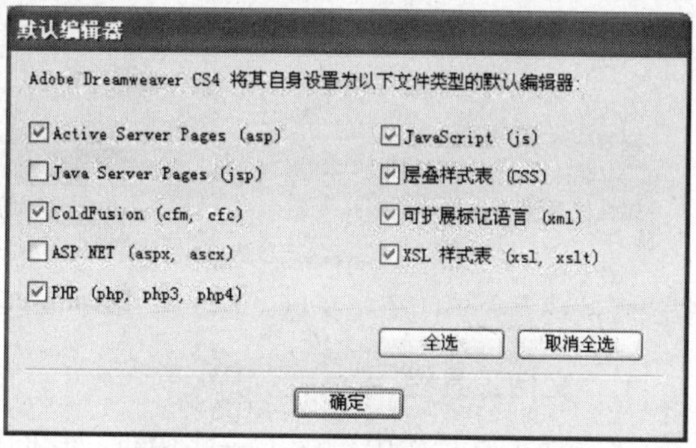

单击"确定"按钮，使用 Dreamweaver

图 1-6　"默认编辑器"对话框

默认选择的编辑器；或单击"全选"按钮选择所有的编辑器，然后单击"确定"按钮，进入 Dreamweaver CS4 的欢迎屏幕，如图 1-7 所示。使用欢迎屏幕可以打开最近使用过的文档或创建新文档。

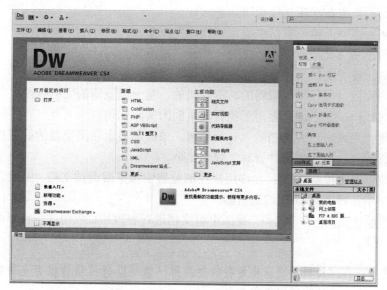

图 1-7　Dreamweaver CS4 欢迎屏幕

1.4.2 Dreamweaver CS4 工作界面

单击"欢迎屏幕"界面"新建"栏中的 HTML 选项，新建文档。接下来我们以文档工作界面为例，认识 Dreamweaver CS4 的工作界面，如图 1-8 所示。

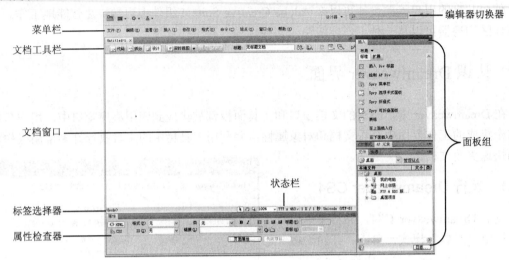

图 1-8 Dreamweaver CS4 工作界面

1. 文档工具栏

"文档工具栏"中包含了一些按钮，它们提供各种"文档"窗口视图（如"设计"视图和"代码"视图）的选项、各种查看选项和一些常用操作，如图 1-9 所示。

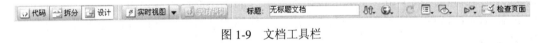

图 1-9 文档工具栏

"文档工具栏"中各选项功能说明如下。

（1）代码：在"文档"窗口中显示"代码"视图。

（2）拆分：将"文档"窗口拆分为"代码"视图和"设计"视图。

（3）设计：在"文档"窗口中显示"设计"视图。

（4）实时视图：显示不可编辑的、交互式的、基于浏览器的文档视图。

（5）实时代码：显示浏览器用于执行该页面的实际代码。

（6）标题：允许用户为文档输入一个标题，该标题显示在浏览器的标题栏中。

（7）文件管理：显示"文件管理"弹出菜单。

（8）在浏览器中预览/调试：允许用户在浏览器中预览或调试文档，除此之外，还允许用户从弹出菜单中选择预览/调试的浏览器。

（9）刷新设计视图：在"代码"视图中对文档进行更改后，应用此按钮可刷新文档"设计"视图下的效果。

 提示：在"代码"视图中所做的更改用户也可以通过执行保存文件操作刷新在"设计"视图中的效果。

（10）　视图选项：允许用户为"代码"视图和"设计"视图设置选项，其中包括想要这两个视图中的哪一个居上显示。

（11）　可视化助理：用户可以使用各种可视化助理来设计页面。

（12）　验证标记：用于验证当前文档或选定的标签。

（13）　检查页面：检查用户的 CSS 是否兼容各种浏览器。

2．状态栏

状态栏位于文档窗口底部，分为两部分，如图 1-10 所示。左侧为"标签选择器"，显示当前选定内容的标签层次结构。单击该层次结构中的任何标签可以选择该标签及其全部内容。例如单击<body>可以选择文档的整个正文。右侧为各种工具，下面介绍各工具功能。

<body>　　　　　　　　▶ ✋ ◯ 100% ▾ 492 x 445 ▾ 1 K / 1 秒 Unicode (UTF-8)

图 1-10　状态栏

（1）　选取工具▶：启用状态下可以选择"文档"窗口中的各种对象。

（2）　手形工具✋：启用状态下可以拖动文档。

（3）　缩放工具◯和"设置缩放比率"下拉列表框 100% ▾：设置文档缩放比率。

（4）　窗口大小 492 x 445 ▾：可将"文档"窗口的大小调整到预定义或自定义的尺寸。值得注意的是，该功能在"代码"视图中不可用。

（5）　文档大小和下载时间 1 K / 1 秒：显示页面预计文档大小和预计下载时间。

（6）　编码指示器 Unicode (UTF-8)：显示当前文档的文本编码。

3．编辑器切换器

编辑器切换器中提供了多种设计模式，默认使用"设计器"模式。用户可通过单击"设计器"按钮，从弹出的菜单中选择任意一种模式。

例如，选择"编码器"选项，得到如图 1-11 所示的界面。在该模式下，左侧显示的是面板组，右侧工作区域显示的是"代码"视图。

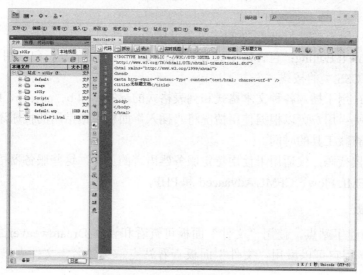

图 1-11　编码器界面

4. "插入"面板

"插入"面板包含用于创建和插入对象（例如表格、图像和链接）的按钮，如图 1-12 所示。这些按钮按不同的类别进行组织，用户可以通过从"类别"弹出菜单中选择所需类别来进行切换，如图 1-13 所示。若当前打开的文档包含 ASP 或 CFML 等服务器代码时，还会显示其他类别。

图 1-12 "插入"面板

图 1-13 切换类别菜单

某些类别具有带弹出菜单的按钮。从弹出菜单中选择一个选项时，该选项将成为按钮的默认操作。例如，从"图像"按钮的弹出菜单中选择"图像占位符"，下次单击"图像"按钮时，Dreamweaver 会插入一个图像占位符，如图 1-14 所示。

"插入"面板中共提供了 8 种不同的类别，先简单认识一下各类别的功能。

（1）常用：用于创建和插入最常用的对象，如图像和表格。

（2）布局：用于插入表格、表格元素、div 标签、框架和 Spry 构件。用户还可以根据需要选择表格的不同布局视图：标准和扩展。

（3）表单：用于创建表单和插入表单元素（包括 Spry 验证构件）。

（4）数据：用于插入 Spry 数据对象和其他动态元素，如记录集、重复区域以及插入记录表单和更新记录表单。

（5）Spry：用于构建 Spry 页面的按钮，包括 Spry 数据对象和构件。

（6）InContext Editing：包含供生成 InContext 编辑页面的按钮，包括用于可编辑区域、重复区域和管理 CSS 类的按钮。

（7）文本：用于插入各种文本格式和列表格式的标签，如 b、em、p、h1 和 ul。

（8）收藏夹：用户可以根据使用情况将"插入"面板中最常用的按钮添加至此，省去在各类别中切换查找工具的时间。

（9）服务器代码：仅适用于使用特定服务器语言的页面，这些服务器语言包括 ASP、CFML Basic、CFML Flow、CFML Advanced 和 PHP。

5. 文件面板

如果已经创建了站点，使用"文件"面板可查看和管理 Dreamweaver 站点中的文件，如图 1-15 所示。用户可以应用"文件"面板查看站点、文件名、文件夹以及文件大小。

图 1-14　"图像"弹出菜单

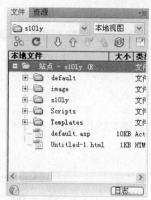

图 1-15　"文件"面板

1.5　创建站点

在使用 Dreamweaver 制作网页之前，用户需要在本地先创建一个站点，然后通过测试，确保网站没有断链或其他问题的情况后，即可上传网站了。

1.5.1　建立站点

建立站点也就是先在本地创建一个站点根目录，用于存储所有 Web 网站文件和文档。Dreamweaver 提供了站点定义向导，用来引导用户完成站点的创建。站点名称必须是英文的，或者英文与数字的混合，而不能使用中文字符。

选择"站点"|"新建站点"命令，或单击"欢迎屏幕"中"新建"栏内的"Dreamweaver 站点"命令，打开"未命名站点 1 的站点定义为"对话框，在其中输入网站名称和 URL 如图 1-16 所示。Dreamweaver 会根据用户指定的地址自动确定远程站点的根目录。例如，远程站点地址为 http://www.mysite.com/，远程站点根文件夹为 SalesApp，则在 URL 文本框中应输入 http://www.mysite.com/SalesApp/。

设置完毕，单击"下一步"按钮，打开如图 1-17 所示的对话框，在此可以设置是否使用服务器技术。默认情况下选中"否，我不想使用服务器技术"单选按钮，表示不使用服务器技术创建 Web 应用程序。

Dreamweaver 中可使用的技术有 ColdFusion、ASP.NET、ASP、JSP 或 PHP 等。如果使用服务器技术创建 Web 应用程序，则应选择"是，我想使用服务器技术"单选按钮，这时在该选项下方会显示"哪种服务器技术"下拉列表框，用户可从中选择要使用的服务器技术类型，如图 1-18 所示。

如果选择不使用服务器技术，单击"下一步"按钮，打开如图 1-19 所示的对话框，在此可选择开发环境。默认选择"编辑我的计算机上的本地副本，完成后再上传到服务器"单选按钮，然后在"您将把文件存储在计算机上的什么位置"文本框中指定站点的绝对路径。

如果选择使用服务器技术，单击"下一步"按钮，打开如图 1-20 所示的对话框。通常情况下，可选择"在本地进行编辑和测试（我的测试服务器是这台计算机）"单选按钮，然后指定站点的绝对路径。

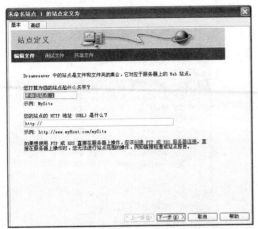

图 1-16　定义站点名称

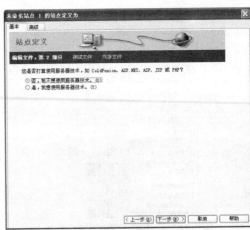

图 1-17　设置是否使用服务器技术

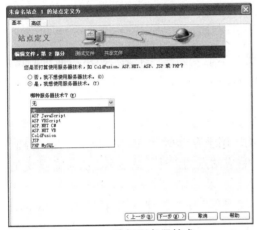

图 1-18　选择服务器技术

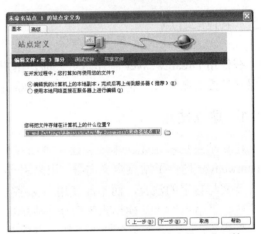

图 1-19　指定不使用服务器技术的开发环境

　　单击"下一步"按钮，打开如图 1-21 所示的对话框。在此可指定一个 URL 前缀，以便工作时 Dreamweaver 可以使用测试服务器显示数据并连接到数据库。

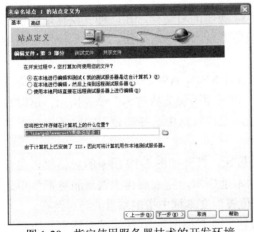

图 1-20　指定使用服务器技术的开发环境

图 1-21　指定 URL 前缀

　　URL 的前缀由域名和 Web 站点的主目录的任何一个子目录或虚拟目录组成。例如，假设 URL 是 www.macromedia.com/mycoolapp/start.jsp，则 URL 前缀为 www.macromedia.com/mycoolapp/。

提示： 如果 Dreamweaver 与 Web 服务器运行在同一计算机上，可使用 Dreamweaver 提供的"http://localhost/站点名称"作为 URL 前缀。设置完毕，可通过单击 "测试 URL"按钮，测试 URL 的正确性，以保证 URL 可以正常工作。

测试完毕，单击"下一步"按钮，打开如图 1-22 所示的对话框，在此可确定是否设置远程服务器文件夹。默认选择"否"单选按钮，如果要设置远程文件夹，则应选择"是的，我要使用远程服务器"单选按钮。

若不设置远程服务器文件夹，单击"下一步"按钮，打开如图 1-23 所示的对话框，列出用户对当前站点所进行的一系列设置参数，如本地信息、远程信息、测试服务器信息等。确定无误后，单击"完成"按钮即完成了站点的创建。

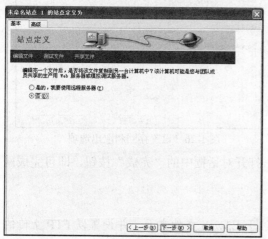

图 1-22　指定是否设置远程服务器

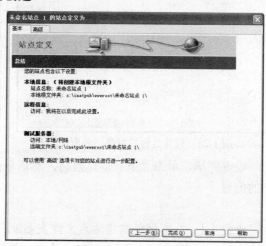

图 1-23　站点设置选项

若选择"是的，我要使用远程服务器"单选按钮，单击"下一步"按钮后将会打开让用户选择访问远程文件夹方法的对话框，如图 1-24 所示。在"您如何连接到远程服务器"下拉列表框中共提供了 5 种访问方法：本地/网络、FTP、RDS、WebDAV 和 SourceSafe 数据库。选择任意一种访问方式，然后根据选择的访问方式设置选项。

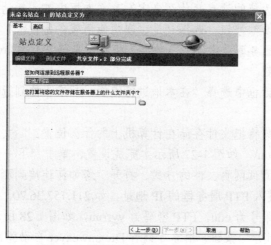

图 1-24　选择访问远程文件夹的方法

完成设置，单击"下一步"按钮，打开如图 1-25 所示的对话框，在此可设置文件"存回/取出"系统。默认设置为"否，不启用存回和取出"。

若要设置存回/取出系统，应选择"是，启用存回和取出"单选按钮。该选项有助于让其他人知道用户已取出文件进行编辑，或者提醒用户可能将文件的最新版本留在了另一台计算机上。选择该选项后，会显示相关的选项，并要求输入名称及电子邮件地址，如图 1-26 所示。

图 1-25　设置是否启用存回和取出　　　　　图 1-26　设置存回和取出选项

设置完毕，单击"下一步"按钮，然后单击打开对话框中的"完成"按钮，即可完成网站的创建。

★例 1.1　在本地创建空站点文件夹 edu，位于 E:\web 文件夹下，并设置以 FTP 上传的方式上传至站点 edu.free09.com.cn。其中，假设服务器 IP 地址为 211.157.36.70，FTP 账号为 edu，FTP 密码为 yyrruu，远程站点根目录为 web。

（1）　单击"开始"按钮，选择"程序"|Adobe Dreamweaver CS4 命令，启动 Dreamweaver CS4。

（2）　选择"站点"|"新建站点"命令，打开"未命名站点 1 的站点定义为"对话框。

（3）　在"您打算为您的站点起什么名字？"文本框中键入新站点的名称 edu。

（4）　单击"下一步"按钮，选择"是，我想使用服务器技术"单选按钮。

（5）　打开"哪种服务器技术？"下拉列表框从中选择"ASP JavaScript"选项。完成设置，单击"下一步"按钮。

（6）　在打开的对话框中选择"在本地进行编辑，然后上传到远程测试服务器"单选按钮。

（7）　在下方的"您将把文件存储在计算机上的什么位置？"文本框中键入本地站点文件的保存路径 E:\webs\edu\，如图 1-27 所示。完成设置，单击"下一步"按钮。

（8）　接下来选择测试网页文件的方式。打开"您如何连接到测试服务器"下拉列表框中选择"FTP"选项，键入 FTP 服务器的 IP 地址，如 211.157.36.70。然后从上至下分别输入站点文件夹 web，FTP 账号为 edu，FTP 密码为 yyrruu，如图 1-28 所示。

（9）　单击"测试连接"按钮，稍等片刻若 Dreamweaver 自动弹出如图 1-29 所示的对话框，表示连接已经设置成功，单击"确定"按钮。

（10）单击"下一步"按钮，在文本框中指定站点的远程目录，此处必须输入相对于网站域名的完整 URL，如 http://edu.free09.com.cn/。

（11）单击"测试 URL"按钮，稍等片刻若 Dreamweaver 自动弹出如图 1-30 所示的对话框，表示 URL 前缀已经设置成功，单击"确定"按钮。

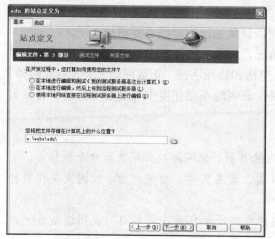
图 1-27　选择文件存放路径

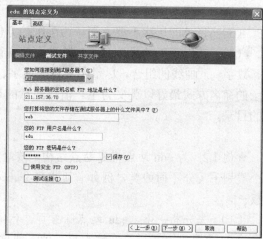
图 1-28　设置 FTP 服务器

（12）单击"下一步"按钮，在打开的对话框中选择"否，不启用存回和取出"单选按钮。

（13）单击"下一步"按钮，在打开的对话框中列出用户对当前站点所进行的一系列设置参数，如本地信息、远程信息、测试服务器信息等。

图 1-29　成功连接到服务器

图 1-30　成功设置 URL 前缀

（14）确定无误后，单击"完成"按钮，完成站点的创建。

1.5.2　搭建站点结构

应用 Dreamweaver 定义站点向导创建的网站只含有站点根文件夹，接下来就可以根据站点规划搭建站点结构。站点结构是指建立网站时创建的目录，站点结构的好坏对浏览者没有太大的影响，但对于站点本身的上传和维护、将来内容的扩充和移植有着重要的影响。下面是对搭建站点结构的一些建议。

（1）不要将所有的文件都存放在站点根目录下。在建立网站时，不要为了一时的方便，将所有文件都存放在站点根目录下。用户可以在站点根目录中开设子目录，例如 images、common、temp 和 media 等，不同的子目录用于存放不同内容，例如 images 目录中存放图像（如站标、广告横幅、菜单、按钮等）；common 子目录中存放 css、js、php 和 include 等公共文件；temp 子目录存放客户提供的各种文字图像等原始资料；media 子目录中存放 Flash、Avi 和 Quick Time 等多媒体文件。

（2）按栏目、类别或内容建立子目录。在根目录中原则上应该按照首页的栏目结构，给每一个栏目开设一个目录，根据需要在每一个栏目的目录中应开设 images 和 media 等子目录用以存放此栏目专用的图像和多媒体文件。如果某栏目的内容特别多，可相应地开设其他子目录。需要经常更新的栏目可以建立独立的子目录，而相关性强，不需要经常更新的栏目，可以合并放在一个统一的子目录下。除此之外，所有的程序文件最好存放在特定的目录下，如一些需要下载的文件。

（3）目录的层次不要太深。为了维护方便，目录的层次最好不要超过 3 层。

（4）使用正确的目录名称。除非有特殊情况，目录、文件的名称应全部用小写英文字母、数字、下画线的组合，尽量不要包含汉字、空格和特殊字符。正规网站（个人站点除外）目录的命名方式最好以英文为主。值得注意的是，命名时不要使用中文名称的目录和名称太长的目录。

★例 1.2：为 edu 站点搭建站点结构，该站点除首页、休闲游戏外还含有 9 个课程页；而每个类别下又分不同的类，例如首页中可分出 4 类：著名文学、相关活动、校园文学和教材赏板。

（1）先分析一下，edu 站点除首页、休闲游戏外还含有 9 个课程页，说明该站点一共包含有 11 个类别，可以先在站点根目录下创建 11 个文件夹。

（2）选择"文件"面板中的站点根目录文件夹，右击鼠标从弹出的快捷菜单中选择"新建文件夹"命令，如图 1-31 所示。

图 1-31　选择"新建文件夹"命令

（3）在站点 edu 根文件夹下创建名为 untitled 的文件夹，将其更改为 index，然后按 Enter 键，完成"首页"文件夹的创建。

（4）以同样的方式在 edu 根文件夹下分别创建语文（chinese）、数学（maths）、英语（english）、自然（nature）、品德（morality）、体育（training）、音乐（music）、美术（painting）、计算机（computer）和游戏（games）文件夹。

（5）在制作网页时，可以先制作其中一页，然后应用该页创建模板，再根据模板创建其他页面。为了便于管理，我们可新建两个文件夹 images 和 media，用于存放该页面中包含的图像或多媒体素材。如果该页中包含的图像文件或多媒体素材很少，则可以只建一个文件夹 images，将图像或多媒体文件全都存放在该文件夹中。

（6）站点 edu 根目录下一级目录结构创建完毕，然后进入各文件夹设置二级目录结构。

双击 index 文件夹，然后创建：著名文学（letters）、相关活动（actives）、校园文学（schoolyard）和教材赏板子目录（teaching）得到如图 1-32 所示的结构图。

图 1-32   edu 站点结构图

1.5.3   创建网页

Dreamweaver CS4 欢迎屏幕页面中提供了 3 类任务：打开最近的项目、新建和主要功能，其中"新建"栏中的各个按钮即用于创建相应的新项目，如基于文本的文档 HTML、CFML、ASP、JavaScript 和 CSS，源代码文件 Visual Basic.NET、C#和 Java 等。如果要创建列表中不存在的项目，可单击"更多"选项，打开"新建文档"对话框创建文档。

此外，还可以选择"文件"|"新建"命令，打开"新建文档"对话框，选择并创建所需新文档，如图 1-33 所示。

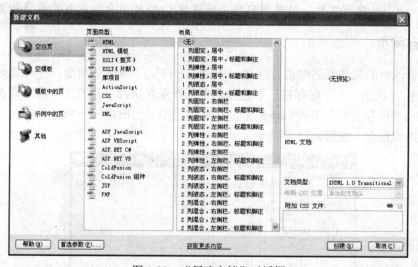

图 1-33   "新建文档"对话框

"新建文档"对话框提供了 5 种创建项目文档的方法：空白页、空模板、模板中的页、示例中的页以及其他。其中"空白页"用于新建空白网页；"空模板"基于模板创建新网页；"模板中的页"基于已有的网页创建新网页；"示例中的页"基于示例网页创建新网页。

创建空白网页和通过模板创建网页这两种创建网页的方法，在制作网站的过程中最常用到。若要新建空白文档，可切换至"空白页"选项卡，从"页面类型"列表框中先选择要创建的页面类型，然后从"布局"列表框中选择一种网页布局，单击"创建"按钮即可。若要基于模板创建网页，则应切换至"空模板"选项卡，在"模板类型"列表框中选择一类模板，然后在"布局"列表框中选择一种网页布局，如图1-34所示。选择模板布局后，单击"创建"按钮即可。

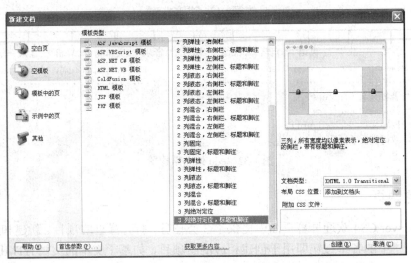

图1-34　选择模板类型和布局

提示：应用"文件"面板也可创建文档，在"文件"面板空白区域中右击鼠标，从弹出的快捷菜单中选择"创建新文件"命令，即可创建名为untitled的新文件。除此用户也可通过按Ctrl+N组合键的方式创建新文件。

1.5.4　保存网页

新建或修改后的文件要适时进行保存。选择"文件"│"保存"命令，打开"另存为"对话框，如图1-35所示。从"保存在"下拉列表中选择保存路径，在"文件名"列表框中输入文件名称，从"保存类型"下拉列表框中选择文件类型（一般情况下默认保存为 HTML），完成设置单击"保存"按钮即可。

图1-35　"另存为"对话框

★例 1.3：在站点 edu 根目录下创建名为 other，扩展名为 html 的新网页。除此之外，要求新建的网页"列绝对定位"。

（1）选择"文件"|"新建"命令，打开"新建文档"对话框。

（2）确认当前显示的是"空白页"选项卡，选择"页面类型"列表框中的"HTML"选项，选择"布局"列表框中的"列绝对定位"选项。

（3）完成设置，单击"创建"按钮，完成应用模板创建文档。

（4）选择"文件"|"保存"命令（或按 Ctrl+S 组合键），打开"另存为"对话框。

（5）确认"保存在"下拉列表中显示的是 edu 站点根文件夹，"保存类型"下拉列表框中显示的是 All Documents 类型，在"文件名"列表框中输入文件名 other。

（6）完成设置，单击"保存"按钮，在"文件"面板站点根目录下新增 other.html 文件，如图 1-36 所示。

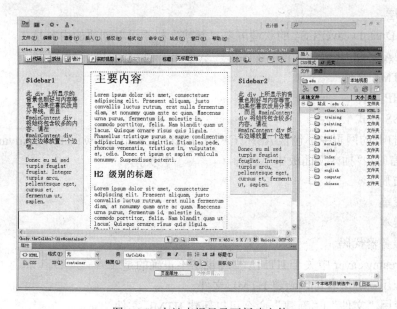

图 1-36　在站点根目录下新建文件

1.6　习题

1.6.1　填空题

1. 网页的英文名称为_____；网站也称为站点，英文名称为_____。

2. 用户浏览网站首页或主页时，该网页默认以_____或_____命名。

3. _____是指浏览器显示的完整的一个页面，_____是网页的集合。

4. 网站信息的准备和收集是一项非常重要的工作，因为_____是网站的灵魂。

5. _____是网站的精华部分，绝大部分网站的内容都可在此找到缩影，_____承载着网站的具体内容，是制作网站的重点。

1.6.2　选择题

1. 适合于网页标准色的 3 大系列颜色中不包括（　　　　）系列色。
   - A. 蓝色
   - B. 黄/橙色
   - C. 红色
   - D. 黑/灰/白色

2. 为了维护方便，目录的层次最好不要超过（　　　　）。
   - A. 2 层
   - B. 3 层
   - C. 4 层
   - D. 5 层

3. 应用 Dreamweaver CS4 的欢迎屏幕"新建"栏不可以创建的内容是（　　　　）。
   - A. FLA 文件
   - B. HTML 文件
   - C. PHP 文件
   - D. CSS 样式

4. 当前打开的网页中不包含 ASP、CFML Basic、CFML Flow、CFML Advanced 和 PHP 等服务器语言时，"插入"面板中不包含（　　　　）类别。
   - A. 布局
   - B. 表单
   - C. 文本
   - D. 服务器代码

5. 在 Dreamweaver 中关于 HTML 文件说法不正确的是（　　　　）。
   - A. 应用欢迎屏幕可以新建 HTML 文件
   - B. 应用"文件"|"新建"命令可以新建 HTML 文件
   - C. 按 Ctrl+N 组合键可以创建新文件
   - D. HTML 文件扩展名可以是 html，也可以是 htm

1.6.3　简答题

1. 简述网页与网站的概念。
2. 简述站点开发需要经过哪几个主要阶段？
3. 简述站点规划包括哪些方面？
4. 试述开发网站前准备、搜集素材都包括哪些内容？

1.6.4　上机练习

1. 规划一个网站并列出站点结构。
2. 运行 Dreamweaver CS4，在 D 盘创建一个名为 web 的站点。
3. 在站点根目录下新建名为 index 的 asp 文档。

第2章

设置文本和网页属性

教学目标:

Dreamweaver 提供了强大的文本处理功能,可以使用户很容易地运用文本设计网页。为了把创建的各网页连接在一起,形成一个有机的整体,就必须应用超链接,因此超链接是站点制作的一个重要环节。本章介绍关于文本、链接和网页属性的知识,包括文本对象的添加,格式化文本的方法,项目列表的使用,文本链接以及网页属性的设置等内容。

教学重点与难点:

1. 输入文本。
2. 格式化文本。
3. 为文本设置超链接。
4. 设置锚记链接。
5. 设置网页属性。

2.1　添加文本

文本是网页中最重要的元素,网站的主要信息都是依靠文本来表现的。Dreamweaver 允许用户向网页中输入文本、特殊字符、更新日期等元素。

2.1.1　输入普通文本

Windows 操作系统默认的输入状态为英文状态 CH ⌨ ❓,如果用户需要输入中文文字,就应先切换到汉字输入法(如微软、智能 ABC、全拼或五笔等),然后定位插入点,输入所需的内容。

在文档窗口中不断闪烁的黑色小竖条称为插入光标。在输入文字时,插入光标会自动向右移动。如果一行的宽度超过了文档窗口的显示范围,文字将自动换到下一行。这种换行方式被称为自动换行,使用这种换行方式时,在浏览器浏览网页时文字会根据窗口大小自动换行。除此之外，用户还可以使用硬换行或软换行两种换行方式。

（1）硬换行：在需要换行时按 Enter 键。此换行方式将创建新的段落，且上一段落的尾行与下一段落的首行之间会有较大的间隙。

（2）软换行：在需要换行时按 Shift+Enter 组合键。此换行方式不会创建新的段落，行与行之间也不会有较大的间隙。

下面以图示的方式直观预览一下 3 种不同换行方式的效果，如图 2-1 所示。

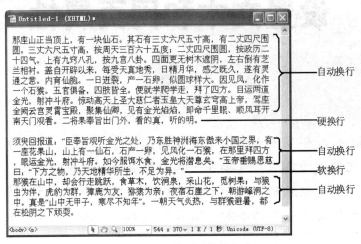

图 2-1　3 种不同换行方式

2.1.2　插入特殊字符

使用键盘可以输入英文字母、汉字、常用标点符号以及一些常规符号，但是，用户有时可能需要输入一些键盘上没有的特殊字符，如商标符（™ ）、版权符（©），或特殊的数学符号（ß）及物理符号（μ）等。

如果要插入特殊字符，Dreamweaver 中提供了两种插入方法：一是应用"插入"命令菜单，二是应用"插入"面板。

1. 使用"插入"命令

选择"插入"|"HTML"|"特殊字符"命令，然后从展开的级联菜单中选择要插入的命令。例如，若要添加版权符号，可选择"版权"命令；若要插入英镑符号，则选择"英镑符号"命令。

如果要插入的特殊字符没有在菜单中列出，可选择"插入"|"HTML"|"特殊字符"|"其他字符"命令，打开"插入其他字符"对话框，单击所需的字符按钮，然后单击"确定"按钮，完成特殊字符的插入，如图 2-2 所示。

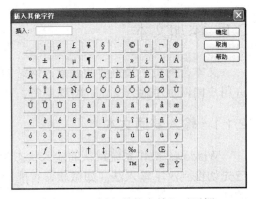

图 2-2　"插入其他字符"对话框

2. 使用"插入"面板

单击"插入"面板上的"类别"切换按钮，从弹出的菜单中选择"文本"选项，切换到

"文本"类别，单击面板底部的"字符"按钮，从弹出的菜单中选择所需的菜单命令，即可插入相应的特殊字符，如图 2-3 所示。

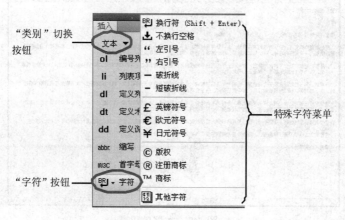

图 2-3　"字符"弹出菜单

2.1.3　插入日期

Dreamweaver 提供了一个方便的日期对象，允许用户在网页中插入喜欢的当前日期、时间格式，并且可以选择在每次保存文件时都自动更新该日期。值得注意的是，该日期并不是浏览者访问网页的日期/时间，而是设计者最后一次修改保存文件时的日期/时间。

使用 Dreamweaver 中提供的插入日期，可以省去用户手动输入日期或更新日期等操作。要在文档中插入日期，可先确定插入光标位置，然后选择"插入"|"日期"命令（或单击"插入"面板"常用"类别中的"日期"按钮），打开"插入日期"对话框，进行所需的设置，如图 2-4 所示。

"插入日期"对话框中各选项的功能如下。

（1）"星期格式"：用于选择星期的显示格式。选择"不要星期"选项将不在网页中显示星期。

（2）"日期格式"：用于选择日期的显示格式。

（3）"时间格式"：用于选择时间的显示格式。选择"不要时间"选项将不在网页中显示具体时间。

（4）"储存时自动更新"：用于设置每次保存文档时是否要更新插入的日期。

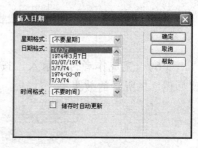

图 2-4　"插入日期"对话框

★例 2.1：新建 HTML 空白文档，输入一篇文章。要求每段行首缩进 2 个字符，插入日期并要求日期可随修订更新，如图 2-5 所示。

（1）单击"欢迎屏幕"中"新建"栏中的 HTML 选项，创建空白 HTML 文档。

（2）切换输入法为中文输入法，输入文档标题"爱，创造出力量"，然后按 Enter 键，换段以便输入作者行。

（3）输入"艾瑞克布特渥斯"，将插入光标置于"艾瑞克"与"布特渥斯"之间。

（4）选择"插入"|"HTML"|"特殊字符"|"其他字符"命令，打开"插入其他字符"对话框。

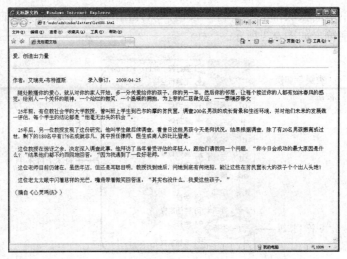

图 2-5　文档效果

（5）　单击最后一行第 4 个特殊字符按钮，如图 2-6 所示，然后单击"确定"按钮。

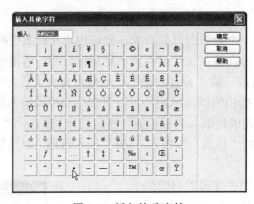

图 2-6　插入特殊字符

（6）　完成作者行的录入，按 Enter 键换行。以同样的方式，完成整篇文档的录入，得到如图 2-7 所示的效果。

图 2-7　录入文字后的效果

（7）将插入光标置于作者行"艾瑞克·布特渥斯"后，按空格键然后输入"录入修订时间："。

（8）选择"插入"｜"日期"命令，打开"插入日期"对话框。选择"日期格式"列表框中的"1974-03-07"选项，再选择"储存时自动更新"复选框，"星期格式"和"时间格式"使用默认选项，如图2-8所示。完成设置，单击"确定"按钮。

（9）使正文部分每段首缩进2个字符，可在正文每段首行起始处添加4个空格。选择"插入"｜"HTML"｜"特殊字符"｜"不换行空格"命令，插入一个空格。

（10）选择插入的空格，单击"文档工具栏"中的"代码"按钮，切换至"代码"视图，在"设计"视图中选择的空格，在"代码"视图中对应选择的是代码" "，由此可知空格该特殊字符的代码，如图2-9所示。

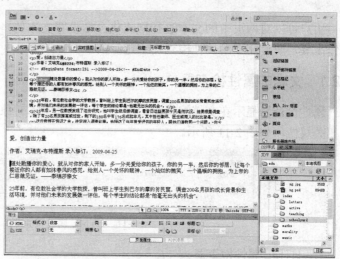

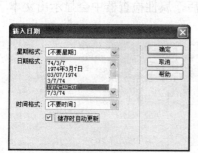

图2-8　插入日期　　　　　　　　　　　图2-9　查看空格特殊字符的代码

（11）复制此代码，以粘贴的方式为正文每段行首插入4个空格，并在作者与"录入修订"间粘贴15个空格代码。切换回"设计"视图，得到如图2-10所示的效果。

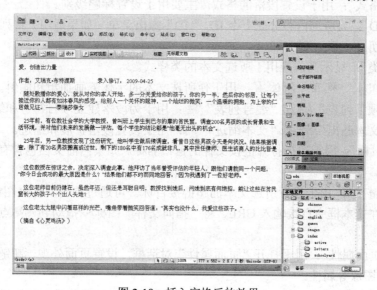

图2-10　插入空格后的效果

（12）为了将标题与正文分隔开，可在标题行下插入水平分隔线。将插入光标置于标题行右侧，选择"插入"|"HTML"|"水平线"命令。

（13）按 Ctrl+S 组合键，将文件保存在 edu 站点"index"|"letters"文件夹中，文件名为 let001.html。

提示：实例中介绍新知识：特殊字符代码" "与插入"水平线"，在制作网页的过程中常会用到，建议大家一定要牢记。

2.2 格式化文本

用户可以对网页中的文本进行格式化，如设置文本的格式和段落格式等。格式化文本的操作主要是通过文本的属性检查器来进行的。

2.2.1 文本的属性检查器

属性检查器显示在文档编辑窗口的下方，选择文本对象后，属性检查器中会显示出文本的相关属性，如图 2-11 所示。

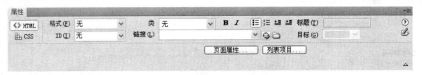

图 2-11　HTML 属性检查器

1. HTML 属性检查器

应用文本属性检查器用户可以设置 HTML 格式，也可以设置 CSS 规则。默认显示的是设置 HTML 格式的选项，各选项的作用如下。

（1）"格式"：用于设置段落的格式，主要用于设置标题级别。

（2）"ID"：为所选内容分配一个 ID。"ID"弹出菜单（如果适用）将列出文档的所有未使用的已声明 ID。

（3）"类"：显示当前应用于所选文本的类样式。

（4）"粗体" **B** 和"斜体" *I*：用于使所选文本的字体笔画加粗和倾斜。

（5）"项目列表" 和"编号列表"：用于为段落建立项目符号和编号。

（6）"文本凸出" 和"文本缩进"：用于设置段落扩展和缩进。

（7）"目标"：用于选择打开链接文件的窗口名称。如果当前文档包含有框架，则会经常使用此选项。

（8）"链接"：用于设置所选文本的超链接目标。可通过单击文件夹图标浏览到站点中的文件、在文本框中直接输入 URL、将"指向文件"图标拖动到"站点"面板中的文件。

（9）"页面属性"：用于打开"页面属性"对话框，设置页面外观、超链接、标题、标题/编辑和跟踪图像等属性。

（10）"列表项目"：此选项只在应用了"项目列表"和"编号列表"后才能使用，用于打开"列表属性"对话框，设置列表的相关属性。

2. CSS 属性检查器

单击文本属性检查器左侧的"CSS"按钮，可切换至设置 CSS 规则属性检查器模式，该模式下显示的是文本字体、字号、字形、颜色及段落对齐方式，如图 2-12 所示。该属性检查器中各选项的作用如下。

图 2-12　CSS 属性检查器

（1）"字体"：更改目标规则的字体。

（2）"大小"：设置目标规则的字体大小。

（3）"粗体" **B**：向目标规则添加粗体属性。

（4）"文本颜色"：将所选颜色设置为目标规则中的字体颜色。单击颜色框选择 Web 安全色，或在相邻的文本字段中输入十六进制值（例如#FF0000）。

（5）"斜体" *I*：向目标规则添加斜体属性。

（6）"左对齐"、"居中对齐"、"右对齐" 和"两端对齐"：向目标规则添加各个对齐属性。

2.2.2　设置文本格式

文本格式一般包括文字的字体、字形、字号和颜色等。如果要为文本设置格式，应先选择要设置格式的文本，然后应用属性检查器中的各选项为其设置格式。

1. 编辑字体列表

Dreamweaver 默认只能为英文字符设置字体，如果要为其设置中文字体，应打开"字体"下拉列表框，选择"编辑"命令，打开"编辑字体列表"对话框，如图 2-13 所示。

从"可用字体"列表框中选择要应用的字体，单击"添加字体"按钮将其添加至"选择的字体"列表框，然后单击上方的"添加列表"按钮将其添至"字体列表"列表框中。重复此操作，完成所有字体的添加，单击"确定"按钮，在属性检查器的"字体"下拉列表框中就会显示添加的中文字体，如图 2-14 所示。

图 2-13　"编辑字体列表"对话框

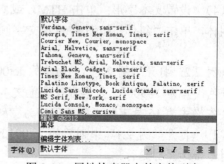

图 2-14　属性检查器上的字体列表

"编辑字体列表"对话框中各选项的作用如下。

（1）　"字体列表"：列出属性检查器"字体"下拉列表框所包含的可选字体。

（2）　"添加列表" ⊞ 和"删除列表" ⊟：向"字体列表"列表框中添加字体可单击"添加列表" ⊞ 按钮；反之，如果要删除"字体列表"列表框中选择的字体，可单击"删除列表" ⊟ 按钮。

（3）　"向上移动" ▲ 和"向下移动" ▼：如果要向上移动"字体列表"中选择的字体，可单击"向上移动" ▲ 按钮。反之，如果要向下移动"字体列表"中选择的字体，可单击"向下移动" ▼ 按钮。

（4）　"选择的字体"：显示用户添加的字体。

（5）　"可用字体"：显示系统中所有可使用的字体。

（6）　"添加字体" ⊠ 与"删除字体" ⊠：向"可用字体"列表框中添加字体，可单击"添加字体" ⊠ 按钮。反之，删除"可用字体"列表框中的字体，可单击"删除字体" ⊠ 按钮。

2．设置文本格式

选择文本后即可为其设置文本格式，下面介绍各种文本字符格式的设置方法。

（1）　设置文本字体：打开属性检查器"字体"下拉列表框，从中选择所需的字体。

（2）　设置文本大小：打开属性检查器"大小"下拉列表框，从中选择所需的字号，如图 2-15 所示。

（3）　设置文本颜色：单击属性检查器"文本颜色"按钮 □，从弹出的调色板中选择所需的颜色，如图 2-16 所示。如果用户知道所需颜色的代码，可直接在文本框中输入颜色代码。

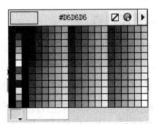

图 2-15　设置文本大小　　　　　　　　图 2-16　设置文本颜色

（4）　设置文本字形：单击 HTML 或 CSS 属性检查器"粗体"按钮 **B**，可为选择文本设置粗体，单击"斜体"按钮 *I* 可使文字倾斜。

★例 2.2：打开"例 2.1"中创建的 let001.html 网页，为标题行设置文本格式为 24 号楷体、颜色代码为 "#900"，为作者行设置文本格式为 14 号黑体、颜色代码为 "#900"，为正文设置文本格式为 16 号宋体、颜色代码为 "#933"，得到如图 2-17 所示的效果。

（1）　打开"例 2.1"中创建的 let001.html 网页，将指针移至标题行左侧，当指针变为向右时单击选择标题行。

（2）　单击"属性检查器"左侧的"CSS"按钮，切换至 CSS 属性检查器。

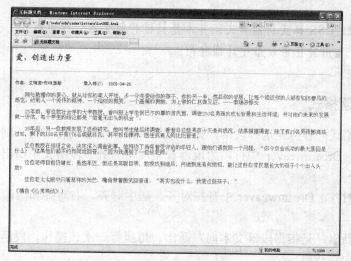

图 2-17　设置文本格式后的效果

（3）打开"字体"列表框从中选择"编辑字体列表"选项，打开"编辑字体列表"对话框。

（4）从"可用字体"列表框中选择"楷体_GB2312"，单击"添加字体"按钮将其添加至"选择的字体"列表框，然后单击上方的"添加列表"按钮。

（5）以同样的方式从"可用字体"列表框中选择"黑体"、"宋体"，分别添加至"添加列表"按钮。

（6）完成设置，单击"确定"按钮，返回属性检查器。打开"字体"下拉列表框从中选择"楷体_GB2312"选项。

（7）打开"新建 CSS 规则"对话框，在"选择或输入选择器名称"文本框中输入"style01"，然后单击"确定"按钮，如图 2-18 所示。

（8）打开"大小"下拉列表框，从中选择 24，然后单击右侧的"粗体"按钮。

（9）单击"文本颜色"按钮，从打开的调色板中选择代码为"#900"的颜色图标。

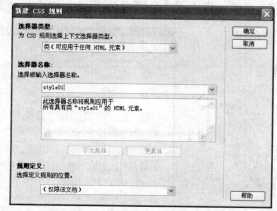

图 2-18　"新建 CSS 规则"对话框

（10）以同样的方式设置作者行文本格式为 14 号黑体，颜色代码为"#900"，设置 CSS 样式名为 style02；设置正文字体为宋体，样式名为 style03。

（11）以同样的方式设置正文字体大小为 16，文本颜色为"#933"。值得注意的是，再为正文设置字体与颜色时，都会打开"新建 CSS 规则"对话框，无需进行任何设置，单击"确定"按钮即可。

（12）完成设置，选择"文件"|"另存为"命令，将文件另存为 let002.html。

注意: CSS 样式功能强大,并不是只能控制文本、段落格式。关于 CSS 的应用会在第 6 章中详细介绍。

2.2.3 设置段落格式

为段落设置格式同样应先选择段落,如果只是为某个段落设置格式,则只需将插入点置于该段落中即可。Dreamweaver 中可以为段落设置段落对齐、段落文本凸出与缩进及项目符号和编号等格式。

(1) 段落对齐:Dreamweaver 中有左对齐、居中对齐、右对齐和两端对齐 4 种段落对齐方式。

(2) 文本凸出:是指将段落文本向左凸出,每执行一次该操作,段落文本都会以两个全角字符为单位向左凸出。

(3) 文本缩进:是指将段落文本向右缩进,每执行一次该操作,段落文本都会以两个全角字符为单位向右缩进。

(4) 项目符目和编号:可以使段落文本内容看起来更有条理性。例如,可为一些标题内容添加项目符号或编号,并通过设置不同字号和字体来表现它们的分级关系。

★例 2.3:打开"例 2.2"生成的 let002.html 文件,设置标题行与作者行居中对齐,设置正文最后一段右对齐,得到如图 2-19 所示的效果。

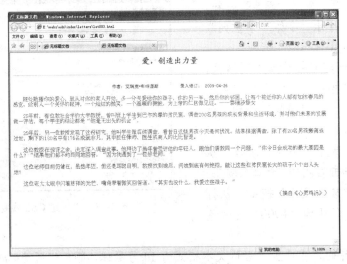

图 2-19 设置段落格式

(1) 打开"例 2.2"生成的 let002.html 文件。

(2) 将鼠标指针移至文档左侧,先选择标题行,然后单击属性检查器左侧的"CSS"按钮,切换至 CSS 属性检查器,单击"居中"按钮。

(3) 选择作者行,单击"居中"按钮。

(4) 选择正文最后一段"(摘自《心灵鸡汤》)",单击"文档工具栏"中的"拆分"按钮,查看代码:

```
<p    class="sytle03"><span    class="sytle03"><span    class="style03"><span
class="sytle03">（摘自《心灵鸡汤》）</span></span></span></p>
```

（5）将代码更改为：<p>（摘自《心灵鸡汤》）</p>，如图 2-20 所示。

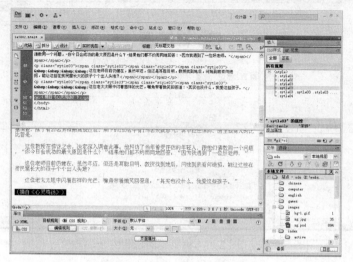

图 2-20　删除控制段落格式代码

（6）单击"文档工具栏"中的"设计"按钮，切换回设计视图，重新选择正文最后一段，为其设置字体格式：16 号#933 宋体。

（7）单击 HTML 属性检查器中的"右对齐"按钮，为其设置段落格式。

（8）完成设置，选择"文件"|"另存为"命令，另存文件为 let003.html。

注意：在"例 2.2"中已经为正文最后一段设置了 CSS 样式 style03，如果选择该段落，直接单击 CSS 属性检查器中的"右对齐"按钮，则所有应用 style03 样式的段落都会右对齐。因此，需要先删除控制正文最后一段的 CSS 样式，重新设置 CSS 样式。

2.2.4　为文本设置超链接

在制作网站时，用户不可能应用一个页面就将网站中所有内容都详尽地显示出来。为了方便用户分类查看、浏览，可以创建多个网页，然后通过添加超链接，来连接各网页，使网站成为一个有机的整体。

1. 超链接的概念

超链接是指从一个网页指向一个目标对象的连接关系，该目标对象可以是网页，也可以是当前网页上的其他位置，还可以是图片、电子邮件地址、文件，甚至可以是应用程序。

一般情况下，网页中带蓝色下画线的文本具有超链接功能。此外，用户将指针移至文本或图片等对象上时，若指针显示为小手形状，也表示该对象具有超链接功能，如图 2-21 所示。

图 2-21　网页中的超链接

2. 超链接分类

网页中常见的超链接一般分为 3 类：内部链接、外部链接与锚记。内部链接的目标是同一网站内的网页，将网站中的所有文档有机地连接起来形成一个整体。外部链接的目标是其他网站的网页，可用于扩展网站。锚记的链接目标是到当前网页中特定的位置，可用于快速定位。

3. 链接路径

路径是指网页的存放位置，即每个网页的地址。每个网页都有一个唯一的地址，被称为统一资源定位符（URL）。链接路径可分为 3 类：绝对路径、文档相对路径、站点根目录相对路径。

（1）绝对路径：绝对路径是指包括服务器协议，并且提供链接文档的完整地址的路径，如 http://www.sircn.com/mz/ai.wma（Web 页通常使用的服务器协议为 http://）。若要链接站点外远程服务器中的网页或图片等文件，建议用户使用绝对路径进行链接。

（2）文档相对路径：文档相对路径是针对当前打开的网页而言的，即省略掉与当前文档相同的路径部分，只提供不同部分。若要链接站点内相同目录下的网页或其他对象，建议使用文档相对路径。

（3）站点根目录相对路径：站点根目录相对路径是针对当前站点而言的，它描述的是从站点的根文件夹到当前网页或对象的路径。站点根目录相对路径以一个斜杠（/）开始，该斜杠表示站点根文件夹。

下面举一个简单的实例，来认识一下 3 种不同的链接路径。例如 E:\webs 文件夹中有一个站点 myweb，结构如图 2-22 所示。

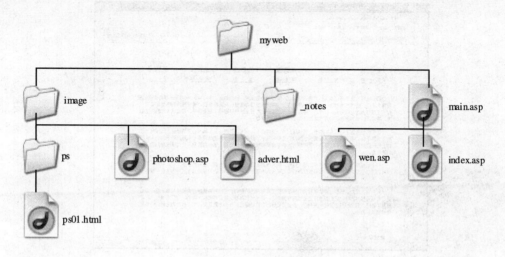

图 2-22 myweb 站点结构图

当前打开的网页为 photoshop.asp，链接不同目录下文件的路径也不同。

（1）链接到 adver.asp 网页，路径为：adver.asp。

（2）链接到 ps01.asp 网页，路径为：ps/ps01.asp

（3）链接到 main.asp 网页，路径为：../main.asp。

> **提示**：".."表示返回上层目录，如果当前打开的是 ps01.html 网页，要链接至
> main.asp 网页，则路径为../../main.asp。

4. 为文本设置超链接

为指定文字添加超链接必须先选择该文本，然后应用 HTML 属性检查器中的"链接"选项，为选择文本设置超链接。

（1）"链接"文本框：在"链接"文本框中输入链接目标的路径及文件名。

（2）"指向文件"图标：拖动"链接"文本框右侧的"指向文件"图标至链接目标。

（3）"浏览"文件夹：单击"链接"文本框右侧的"浏览"文件夹图标，从打开的"选择文件"对话框中选择链接目标对象，如图 2-23 所示。

图 2-23 "选择文件"对话框

★例 2.4：打开 edu 站点 other\xinling 文件夹下的 xinling.html 文件，分别为其中的"第一卷"至"第十二卷"文本设置超链接，分别链接至 xinling 文件夹中的 001.html～012.html，得到如图 2-24 所示的效果。

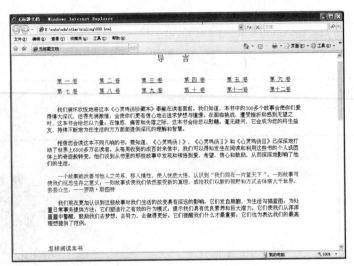

图 2-24　为文本设置链接

（1）　打开 edu 站点 other\xinling 文件夹下的 xinling.html 文件。

（2）　选择"第一卷"字样，单击属性检查器左侧的"HTML"按钮，切换至 HTML 属性检查器。

（3）拖动"链接"文本框右侧的"指向文件"图标，指向"站点"面板 edu 站点 other\xinling 文件夹下的 001.html 文件，如图 2-25 所示。完成"第一卷"文本链接设置。

图 2-25　应用"指向文件"设置链接

（4）　选择"第二卷"文字，在属性检查器的"链接"文本框中直接输入 002.html，然后按 Enter 键，完成"第二卷"文本链接设置。

提示： 由于 edu 站点中并不存在 002.html 网页，所以不能以拖动"指向文件"图标至"站点"面板的方式创建链接。

（5）重复步骤（4），完成"第三卷"～"第十二卷"文字链接设置，如图 2-26 所示。

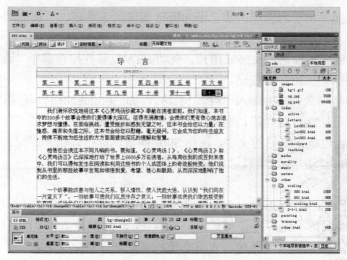

图 2-26　完成文本链接设置

（6）选择"文件"|"另存为"命令，将文件另存为 000.html。

2.3　设置特殊超链接

Dreamweaver 中涉及几种超链接，如下载链接、锚记链接、邮件链接、收藏夹链接等。下载链接设置方法与设置网页链接方法相同，只需要把链接的网页更改为下载的应用程序、RAR 或其他文件即可。下面介绍其他 3 种特殊链接的设置方法。

2.3.1　锚记链接

锚记链接常用于当前文档，且内容过多，需多屏显示的长文档网页。设置锚记链接要分为两步：一是命名锚记、二是链接锚记。单击含有锚记链接的对象，才可以快速跳转至文档中指定的位置。

1.　命名锚记

要创建锚记，应先确定要添加锚记的位置，例如将插入点置于某行或某段文字行首，单击"插入"面板"常用"类别中的"命名锚记"按钮，或选择"插入"|"命名锚记"命令，打开"命名锚记"对话框，如图 2-27 所示。在"锚记名称"文本框中输入名称，单击"确定"按钮，在插入光标所在位置处自动显示锚记图标。

图 2-27　"命名锚记"对话框

提示：用户可以通过选择"查看"|"可视化助理"|"不可见元素"命令显示或隐藏锚记图标。注意锚记不可置于 AP 元素中。

2. 链接锚记

创建锚记后，接下来要为创建的锚记添加链接实现快速跳转。下面介绍 3 种为锚记添加链接的方法。

（1）选择要链接到锚记的文字或图片，拖动 HTML 属性检查器中"链接"文本框右侧的"指向文件"图标至已命名的锚记。

（2）在"链接"文本框中输入"#锚记名称"，如"#mingchen"。值得注意的是其中的"#"为半角符号，且"#"与"锚记名称"之间不存在空格。

（3）选择要创建链接锚记的文字，按住 Shift 键将鼠标指针指向锚记，在属性检查器上的"链接"文本框中自动显示"#锚记名称"。

★例 2.5：打开 edu 站点 other\xinling 文件夹下的 001-1.html 文件，分别在正文中的"爱，创造出力量"～"最后的心愿"11 个标题左侧添加锚记，分别命名为 01～11，然后为文件顶部列出的所有标题文本设置锚记链接。为了方便从其他小标题处快速返回网页顶部，在"第一卷"文字左侧添加锚记 00，并为正文第一个标题行中的"置顶"字样设置锚记链接，得到如图 2-28 所示的效果。

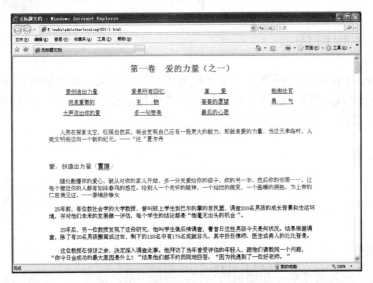

图 2-28　设置锚记链接后的效果

（1）打开 edu 站点 other\xinling 文件夹下的 001-1.html 文件。

（2）将插入光标置于正文标题"爱，创造出力量"左侧，单击"插入"面板"常用"类别中的"命名锚记"按钮，打开"命名锚记"对话框，在文本框中输入 01，单击"确定"按钮。

（3）选择顶部的"爱创造出力量"字样，然后拖动 HTML 属性检查器"链接"右侧的"指向文件"按钮，指向正文中"爱，创造出力量"标题行左侧的锚记，如图 2-29 所示。

（4）以同样的方式，从上至下分别在其他正文标题左侧插入锚记，并依次命名为 02～11；在"第一卷"文本左侧插入锚记，并命名为 00。

图 2-29　拖动"指向文件"图标设置锚记链接

（5）　选择顶部"爱是所有回忆"字样，并在 HTML 属性检查器"链接"文本框中输入"#02"，按 Enter 键完成第二个锚记链接设置；以同样的方式完成其他 9 个正文标题（从上至下分别链接至"#03"～"#11"），以及所有"置顶"（链接至"#00"）链接设置，如图 2-30 所示。

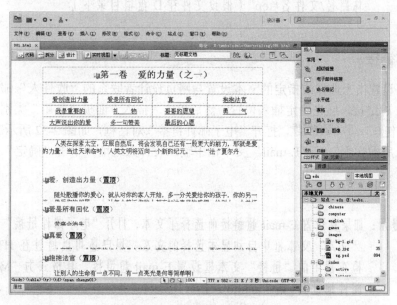

图 2-30　为命名锚记添加链接

（6）　选择"文件"|"另存为"命令，另保存文件为 001.html。

（7）　按 F12 键打开浏览器，单击网页顶部的"多一句赞美"，立即跳转至链接的目标位置，如图 2-31 所示；单击其后的"置顶"链接，返回网页首页。

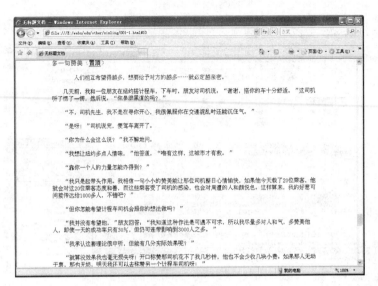

图 2-31　跳转至目标位置

提 示：为锚记设置链接时还可以链接其他文件的锚记。

（1） 链接到同目录下其他文档 top 锚记，可输入"文件名#top"。

（2） 链接到父目录文件中的 top 锚记，可输入"../文件名#top"。

（3） 如果需要链接到指定目录下的文件中名为 top 的锚记，可输入"具体路径/文件名#top"（假设文件在 D 盘根目录下）。

2.3.2　邮件链接

邮件链接设置指为选择或指定的文本设置与网页设计者联系的"收件人"邮件地址。若要添加 E-mail 超链接，应先确定插入位置，然后单击"插入"面板"常用"类别中的"电子邮件链接"按钮 电子邮件链接，打开"电子邮件链接"对话框，如图 2-32 所示。在"文本"文本框中输入所需文本，在"E-mail"文本框中输入收件人地址，单击"确定"按钮，完成邮件链接设置。

提 示：如果在设置 E-mail 超链接前选择了文本，打开"电子邮件链接"对话框时，"文本"文本框中自动显示选择的文本。用户还可以通过在 HTML 属性检查器中的"链接"文本框设置 E-mail 超链接，其格式为"Mailto:电子邮件地址"，如"mailto:z219@163.com"。

单击网页中添加了含有邮件链接的文本，自动打开当前操作系统自带的电子邮件收发界面。若当前操作系统为 Windows XP，则会打开 Outlook，如图 2-33 所示界面。网页浏览者只需填写"主题"、"正文"等内容即可。

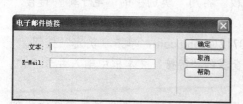

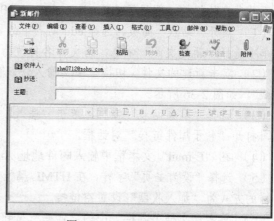

图 2-32　"电子邮件链接"对话框　　　　　　图 2-33　Outlook 新邮件界面

2.3.3　设为主页与收藏链接

网页中还有两种比较常见的链接：设为主页和加入收藏。

1.　设为主页

单击设置了"设为主页"链接的文本，将会打开"添加或更改主页"对话框，如图 2-34 所示。选择对话框中任意选项，单击"是"按钮即可将其设置为主页。

若要为"设为主页"文本设置添加或更改主页的链接，首先应为其设置空链接，即选择"设为主页"字样后，在 HTML 属性检查器"链接"文本框中输入井号"#"。然后再切换至"代码"模式，在空链接后输入代码：

```
onClick="this.style.behavior='url(#default#homepage)';this.setHomePage('URL.com');"
```

2.　加入收藏

单击设置了"加入收藏"链接的文本，会打开 "添加收藏"对话框，如图 2-35 所示。根据需要设置收藏名称和收藏位置后，单击"确定"按钮即可。

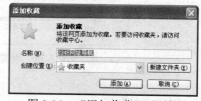

图 2-34　"添加或更改主页"对话框　　　　图 2-35　"添加收藏"对话框

若要为"加入收藏"设置添加收藏的链接，首先应为其设置空链接，即选择"设为主页"字样后，在 HTML 属性检查器"链接"文本框中输入井号"#"。然后再切换至"代码"模式，在空链接后输入代码：

```
onClick="window.external.AddFavorite('URL','收藏名称')"
```

★例 2.6：在 edu 站点 other 文件夹中新建一个名为 2-3-3 的 HTML 文件，为"联系站长"文本设置邮件链接，其地址为 zhm0712@sohu.com；为"加入收藏"设置链接，将当前网页添加至收藏夹的链接（假设置 URL 为 http://www.0712.com）。

（1）展开"站点"面板，选择 edu 站点中的 other 文件夹，右击该文件夹，从弹出的快捷菜单中选择"新建文件"命令，将文件名更改为 2-3-3.html。

（2）双击新建的文件，切换至中文输入法，输入文本"联系站长"、"设为主页"和"加入收藏"，如图 2-36 所示。

（3）选择"联系站长"字样，单击"插入"面板"常用"类别中的"电子邮件链接"按钮，打开"电子邮件链接"对话框。

（4）在"E-mail"文本框中输入邮件地址 zhm0712@sohu.com，单击"确定"按钮。

（5）选择"设为主页"字样，在 HTML 属性检查器的"链接"文本框中输入井号"#"，以同样的方式为"加入收藏"设置空链接。

（6）单击"文档工具栏"中的"代码"按钮，切换至"代码"视图，当前主体代码如图 2-37 所示。

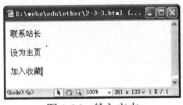

图 2-36　输入文本

图 2-37　设置空链接后的主体代码

（7）将插入光标置于第一个"href="#""代码右侧，添加一个半角空格，输入代码：

```
onClick="this.style.behavior='url(#default#homepage)';this.setHomePage('http://www.0712.com.com');"
```

（8）将插入光标置于第二个"href="#""代码右侧，添加一个半角空格，输入代码：

```
onClick="window.external.AddFavorite(' http://www.0712.com','收藏名称')"
```

（9）完成设置，按 Ctrl+S 组合键，保存文档，主体代码如图 2-38 所示。

图 2-38　设置特殊链接后的主体代码

2.4　设置网页属性

在未选择页面中任何内容的情况下单击属性检查器中的"页面属性"按钮，或者选择"修改"|"页面属性"命令，打开"页面属性"对话框，即可设置网页的属性，如外观、超链接、标题、网页标题和编码等。

2.4.1 为网站设置默认字体属性

在"页面属性"对话框的"分类"列表框中选择"外观 CSS"选项，可对网页的背景色、字体及边距等外观效果进行设置，如图 2-39 所示。

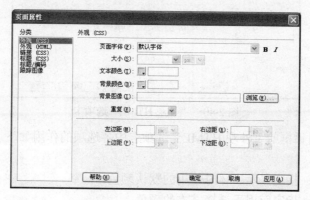

图 2-39 "外观 CSS"选项卡

"页面属性"对话框的"外观 CSS"选项卡中各选项的作用如下。

（1）"页面字体"：用于选择页面文字的字体。如果列表中没有可用的字体，可选择"编辑字体列表"命令进行添加。

（2）"加粗"和"倾斜"：用于加粗和倾斜页面文字。

（3）"大小"：用于选择页面文字的大小。

（4）"文本颜色"：用于设置页面文字的颜色。可单击"文本颜色"按钮，从弹出的调色板中选择颜色，也可直接在文本框中输入颜色代码。

（5）"背景颜色"：用于设置整个网页的背景色。

（6）"背景图像"：用于设置整个网页的背景图像，可通过单击"浏览"按钮，从打开的对话框中选择图像，也可直接输入背景图像的路径。

注意：背景图像的格式通常为 GIF、JPG 和 PNG。网页的背景图像与背景色不能同时显示，如果同时在网页中设置背景图像与背景色，则在浏览器中只显示网页背景图像。为了加快网页的下载速度，建议尽可能使用背景色而避免使用背景图像。

（7）"重复"：用于指定背景图像在页面上的显示方式，有"no-repeat（不重复）"、"repeat（重复）"、"repeat-x（横向重复）"和"repeat-y（纵向重复）"4 种选择。

（8）"左边距"、"右边距"、"上边距"、"下边距"：用于设置网页内容与页面边界的距离。

在"页面属性"对话框的"分类"列表框中选择"外观 HTML"选项，即可设置当前网页中超链接的属性，如图 2-40 所示。

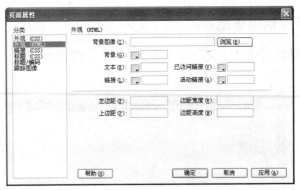

图 2-40 "外观 HTML"选项卡

"页面属性"对话框的"外观 HTML"选项卡中各选项的作用如下（重复选项功能不再介绍）。

（1）"文本"：指定显示字体时使用的默认颜色。

（2）"链接"：指定应用于链接文本的颜色。

（3）"已访问链接"：指定应用于已访问链接的颜色。

（4）"活动链接"：指定当鼠标（或指针）在链接上单击时应用的颜色。

2.4.2 设置超链接属性

设置超链接的文本含有 4 种不同的状态，分别为：指针未移至文字前、指针移至时、单击文字时和单击文字后。在指针未移至链接文字时，其颜色默认为蓝色，且自动添加下画线。用户可以根据需要设置不同状态下链接文字效果，如图 2-41 所示。

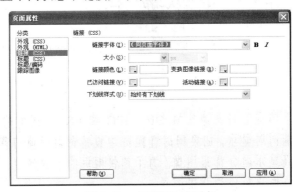

图 2-41 "链接"选项卡

"链接"选项卡中各选项的功能如下。

（1）"链接字体"：用于设置超链接文本的字体。

（2）"大小"：用于设置超链接文本字体大小。

（3）"链接颜色"：用于设置鼠标尚未移至超链接文字时的字体颜色。

（4）"变换图像链接"：用于设置鼠标经过超链接文字时的字体颜色。

（5）"已访问链接"：用于设置鼠标单击超链接文字后的字体颜色。

（6）"活动链接"：用于设置鼠标单击超链接文字时的字体颜色。

（7）"下画线样式"：用于设置超链接文本下画线样式。有"始终有下画线"、"始终无下画线"、"仅在变换图像时显示下画线"和"变换图像时隐藏下画线"4个选项。

2.4.3 添加标题效果

网页的标题级别有"标题1"～"标题6"共6个级别，其中标题1的字号最大，标题6的字号最小。在"页面属性"对话框的"分类"列表框中选择"标题（CSS）"选项，即可设置当前网页的标题效果，如图2-42所示。

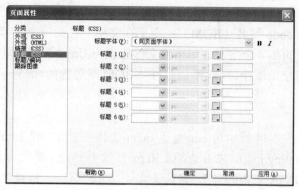

图2-42　"标题CSS"选项卡

"标题（CSS）"选项卡中各选项的作用如下。

（1）　"标题字体"：设置标题字体。

（2）　"加粗"和"倾斜"：为标题文字设置加粗和倾斜字型。

（3）　"标题1"至"标题6"：设置各级别标题的字号和颜色。

2.4.4 设置网页标题

若要正确显示网页中的文本，必须选择正确的编码。在"页面属性"对话框的"分类"列表框中选择"标题/编码"选项，即可设置编码语言。此外还可设置网页标题、文档类型等参数，如图2-43所示。

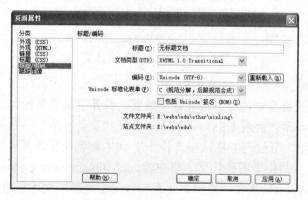

图2-43　"标题/编码"选项卡

"标题/编码"选项卡中各选项的作用如下。

（1）　"标题"：用于指定网页标题。

（2）"文档类型（DTD）"：用于指定文档类型定义，默认选择"XHTML 1.0 Transitional"

选项。

（3）　"编码"：用于选择编码语言。可选择"Unicode（UTF-8）"选项，这样即不需要实体编码，因为 UTF-8 可以安全地表示所有字符。

（4）　"重新载入"：转换现有文档或者使用新编码重新打开。

（5）　"Unicode 标准化表单"：用于选择 Unicode 范式，仅在选择 UTF-8 作为文档编码时才可用。该选项提供了 C、D、KC、KD 4 种范式，其中范式 C 是用于万维网的字符模型的最常用范式。

（6）　"包括 Unicode 签名（BOM）"：用于在文档中包括一个字节顺序标记（BOM），BOM 是位于文本开头的 2~4 个字节。如果将文件标识为 Unicode，还须标识后面字节的字节顺序。由于 UTF-8 没有字节顺序，因此添加 UTF-8 BOM 是可选的，而对于 UTF-16 和 UTF-32，则必须添加 BOM。

★例 2.7：打开如图 2-44 所示的 edu 站点 other 文件夹中的 002-1.html 文件，为该文件设置属性：背景图片（xinling.jpg）、左右边距（50 px）、文档标题（爱的力量二）、标题 1（24 px 宋体#909）、标题 2（18 px 宋体#93F）、默认正文（16 px 宋体）、链接字体（楷体_GB2312）、链接颜色（默认蓝色）、变换图像链接颜色（红色）和活动链接颜色（#93C）。

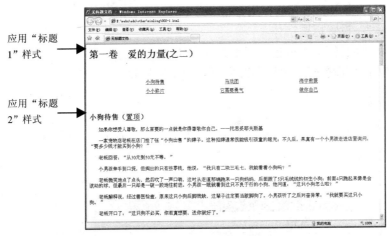

图 2-44　002-1.html 网页效果

（1）　打开 edu 站点 other 文件夹中的 002-1.html 文件。

（2）　单击属性检查器中的"页面属性"按钮，打开"页面属性"对话框。

（3）　确认当前显示"外观 CSS"选项卡，打开"页面字体"下拉列表框从中选择"宋体"选项，打开"大小"下拉列表框从中选择 16，文本颜色设置为黑体（即配色方案"立方色"中的"#000"），在"背景图像"文本框中输入"../images/xinling.jpg"，打开"重复"下拉列表框从中选择"repeat"选项，在"左边距"和"右边距"文本框中输入 50。

（4）　切换至"链接 CSS"选项卡，打开"页面字体"下拉列表框从中选择"楷体_GB2312"，设置"链接颜色"为"#00F"，设置"变换图像链接"为"#F00"，设置"活动链接"为"#93C"，打开"下画线样式"下拉列表框从中选择"始终无下画线"选项，如图 2-45 所示。

（5）　切换至"标题 CSS"选项卡，打开"标题 1"字体下拉列表框从中选择 24，并在右侧设置颜色为"#909"，以同样的方式设置"标题 2"字体大小为 18 px，颜色为"#93F"，如图 2-46 所示。

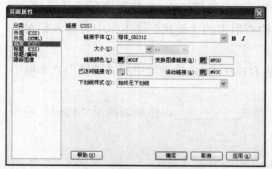

图 2-45　设置文本链接效果

图 2-46　设置标题 1 与标题 2

（6）切换至"标题/编码"选项卡，在"标题"文本框中输入"爱的力量二"。

（7）完成所有设置，单击"确定"按钮。

（8）选择"文件"|"另存为"命令，将文件另存为 002.html。

（9）按 F12 键浏览网页效果，当指针移至含链接的文字上时，链接文字变为红色，文档标题也变成了"爱的力量二"不再是"无标题文档"。除此之外网页也添加了背景图片，设置的属性全都体现在网页中，如图 2-47 所示。

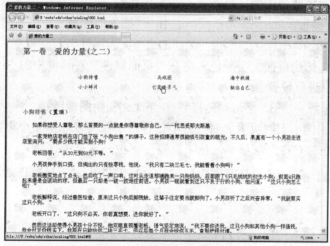

图 2-47　设置属性后的网页效果

2.5　习题

2.5.1　填空题

1. 应用"插入"面板_____类别中的_____下拉菜单，可在网页中插入如版权等符号。

2. 如果希望插入到网页中的日期可以随修改日期的变动而变动，应选择"插入日期"对话框中的_____选项。

3. 要在网页中添加水平分隔线，应选择"插入"|_____|"水平线"命令。

4. Dreamweaver 的超链接中可用于链接到当前网页中指定位置的是_____。

5. 为 blog 站点下 index.html 网页中的"相册"字样设置超链接，将其链接至同目录 album 文件夹中的 ps01.html 网页，则在 HTML 属性检查器中的"链接"文本框中可输入相对路径_____。

6. 为选择的文本设置邮件链接时，可直接在 HTML 属性检查器中的"链接"文本框中输入邮件链接，例如_____z63@163.com。

7. 在为选择的文本设置加入收藏的链接前，应先_____，然后切换至"代码"视图输入收藏链接代码。

2.5.2 选择题

1. 在网页中输入文字时，如果需要换行但又不想在行与行之间有较大的间隙，可执行以下操作中的（   ）。

　　A. 不做任何操作，自动换行　　　　B. 按 Enter 键更换行

　　C. 按 Shift+ Enter 组合键软换行　　　D. 执行任何操作也做不到

2. 在"页面属性"对话框的"分类"列表框中选择（   ）选项可设置各级标题属性。

　　A. 标题　　　　　　B. 链接　　　　　　C. 外观　　　　　　D. 标题/编码

3. 要在网页中添加背景图像，可在（   ）中执行。

　　A. "站点"面板　　　　　　　　　B. "插入"面板

　　C. "插入"菜单　　　　　　　　　D. "页面属性"对话框

4. 要设置访问过的超链接文字颜色，应在"页面属性"对话框中的"链接 CSS"选项卡中的（   ）选项中进行设置。

　　A. 链接颜色　　　　B. 已访问链接　　　　C. 变换图像链接　　　D. 活动链接

5. 当网页背景图像小于网页页面时，为了使背景图像可以布满整个页面，应打开"页面属性"对话框的"外观 CSS"选项卡，从"重复"下拉列表框中选择（   ）。

　　A. no repeat　　　　　　B. repeat-x　　　　　C. repeat　　　D. repeat-y

2.5.3 简答题

1. 如何在网页中插入特殊字符？

2. 什么是超链接？简述网站中常用的超链接类型。

3. 如何创建锚记链接？

4. 如何为链接文本设置样式？

5. 如何为选择的文本设置字体、字号和颜色？

2.5.4 上机练习

1. 创建一个网页，在其中添加文本、水平分隔线和修订日期，并根据自己的需要设置文本的格式。

2. 通过更改网页属性来设置网页的外观。

第 3 章

插入图像和 Flash 动画

教学目标：

图像和 Flash 动画与文本一样都是网页的重要组成元素之一。无论是个人网站还是企业网站，如果网页中只有文本总会让人感到单调，适当地插入一些图片可以增加美感，而且为网页内容的说明起着极好的辅助作用；插入 Flash 动画还可以给网页带来活力。本章介绍向网页中插入图像和 Flash 动画的相关知识，其中包括网页图像的基本概念，插入图像、编辑图像和创建图像热点的方法，插入图像占位符、导航条和 SWF 动画的方法等内容。

教学重点与难点：

1. 网页图像的格式。
2. 插入图像。
3. 编辑图像。
4. 创建图像热点。
5. 插入导航条。
6. 插入 SWF 动画。

3.1　网页图像简述

计算机中的图形分为两类：矢量图和位图，其中矢量图又称为向量图，位图又称为点阵图。图像的格式有很多种，但不是每一种格式的图像都适用于网页，下面就介绍一些有关图像的基本知识，以及适用于网页的图像格式。

3.1.1　位图和矢量图

位图是由称作像素（图片元素）的单个点组成的。这些点可以进行不同的排列和染色以构成图样。当放大位图时，可以看见构成整个图像的无数单个方块。扩大位图尺寸的效果是增多单个像素，从而使线条和形状显得参差不齐，如图3-1所示。

100%的位图　　　　　　　　　　　　放大到200%的位图

图 3-1　位图

矢量图以数学的矢量方式记录图像内容，以一系列的线段或其他造型描述一幅图像，内容以线条和色块为主，通常它以一组指令的形式存在，这些指令描绘图中所包含的每个直线、圆、弧线和矩形的大小及形状。矢量图文件占的容量相对较小，可以很容易地进行放大、缩小或旋转等操作，并且不会失真，精确度较高，如图3-2所示。

100%矢量图　　　　　　　　　　　　放大到200%的矢量图

图 3-2　矢量图

3.1.2　常见网页图像格式

计算机中虽然存在很多种图像文件格式，但网页中用到的图像一般有 3 种：GIF、JPEG和 PNG 格式。

1.　GIF 格式

GIF 为图形交换格式，扩展名是 gif，是一种索引颜色格式。现在所有的图形浏览器都支持 GIF 格式。下面介绍一下 GIF 格式的优点。

（1）　支持背景透明：将图片背景色设置为透明，容易与网页背景相融合。

（2）　支持动画：在 Flash 动画出现之前，GIF 动画是网页中唯一的动画形式，目前所有的图形浏览器都已经支持 GIF 动画格式。

（3）支持图形渐进：渐进是指图片渐渐显示在屏幕上，渐进图片将比非渐进图片更快地出现在屏幕上，可以让访问者更快地知道图片的概貌。

（4）支持无损压缩：无损压缩是指不损失图片细节而压缩图片的有效方法，由于 GIF 格式采用无损压缩，所以它更适合于线条、图标和图纸。

提示：虽然该格式只有 256 种颜色，不能用于画质要求较高的图像（如照片），但可用于网页小图标、平铺背景等色彩比较少的小型图片。

2．JPEG 格式

JPEG 为联合图像专家组格式，扩展名为 jpg，是用于摄影或连续色调图像的高级格式。JPEG 格式最主要的优点是能支持上百万种颜色，较 GIF 更适合于照片，使用了更有效的有损压缩算法，压缩的级别越低，得到的图像品质越高。由于有损压缩会放弃图像中的某些细节，对图像会产生不可恢复的损失。所以经过压缩的 JPEG 的图片一般不适合打印，在备份重要图片时也最好不要使用 JPEG。JPEG 的不足之处在于不如 GIF 图像灵活，不支持图形渐进、透明背景和动画。

注意：在网页中使用的图片的实际尺寸和文件大小要尽可能小，否则会增加页面下载的时间；大图片可分成若干张小图片，再利用表格拼接。

3．PNG 格式

PNG 格式即可移植网络图形格式，是一种替代 GIF 格式的无专利权限制的格式，扩展名为 png。它包括对索引色、灰度、真彩色图像及 Alpha 通道透明的支持。PNG 文件可保留所有原始层、矢量、颜色和效果信息（如阴影），并且在任何时候所有元素都是完全可编辑的。

提示：SVG 是近年流行的一种图片格式，是一种可缩放的矢量图形，严格来说应该是一种开放标准的矢量图形语言。它具备 GIF 和 JPEG 所不具备的优势，可以任意放大显示图形，却不牺牲图像质量，且下载速度更快。

3.2 设置图像

为确保插入 Dreamweaver 文档中的图像上传网络后可以正常显示，Dreamweaver 会自动询问用户是否将图像文件存在于与文档相同的站点中。图像插入文档后，Dreamweaver 会自动在 HTML 源代码中生成对该图像文件的引用。

3.2.1 插入图像

要向 Dreamweaver 文档中插入图像，应先确认插入光标所在位置，然后单击"插入"面板"常用"类别中的"图像"按钮，或选择"插入"|"图像"命令，或直接从"文件"面板中拖动图像至文档，打开"选择图像源文件"对话框，选择所需的图像文件，如图 3-3 所示。

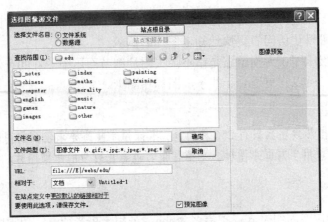

图 3-3　"选择图像源文件"对话框

提示：在"选择图像源文件"对话框中的"选取文件名自"选项组中有两个选项，一个是"文件系统"单选按钮，用于选择一个图像文件；另一个是"数据源"单选按钮，用于选择一个动态图像源文件。一般情况下使用默认选项"文件系统"。

选择要插入的图像，单击"确定"按钮，打开"图像标签辅助功能属性"对话框，如图 3-4 所示。根据提示进行标签设置后，单击"确定"按钮即可将所选择的图像添加到文档中；反之，单击"取消"按钮即可。

"图像标签辅助功能属性"对话框中各选项的功能如下。

（1）"替换文本"：为图像指定名称或简短的描述，最大字符数为 50。

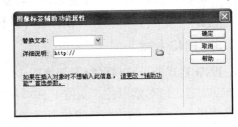

图 3-4　"图像标签辅助功能属性"对话框

（2）"详细说明"：输入图像位置的具体路径，也可单击文件夹图标，从打开的对话框中选择图像。

如果插入图像的文档还未保存过，Dreamweaver 会自动提示用户若要使用相对路径应先保存文档，在保存文档前使用"file://"路径，如图 3-5 所示。

如果插入的图像并非当前正在操作的站点中，Dreamweaver 会提示位于站点以外的文件发布时可能无法访问，并询问是否将文件复制到站点根文件夹中，如图 3-6 所示。此处应单击"是"按钮，将图像复制到站点图像文件夹中。

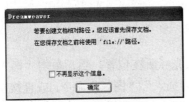

图 3-5　提示保存文件

图 3-6　提示复制文件至站点中

提示： 如果用户插入的图片为 Photoshop 的 PSD 格式，Dreamweaver 会自动打开"图像预览"对话框。用户可以根据需要将 PSD 格式的图像保存为 JPEG、GIF 或 PNG 格式的图像。

3.2.2 编辑图像

插入文档中的图像，应用 Dreamweaver 的图像属性检查器可以进行简单的编辑，如调整图像大小、裁剪图像、调整图像亮度和对比度，对齐图像、设置图像至页面的边距和图像边框等。

1. 图像属性检查器

编辑图像的操作主要应用图像属性检查器完成，选择插入文档中的图像，属性检查器中会显示该图像的属性，如图 3-7 所示。

图 3-7　图像属性检查器

图像属性检查器中各选项的功能如下。

（1）　"宽"和"高"：设置图像的宽度和高度，以 px（像素）为单位。

（2）　"重设大小" ⟳：将"宽"和"高"值重设为图像的原始大小。调整所选图像的值时，此按钮显示在"宽"和"高"文本框的右侧。

（3）　"源文件"：指定图像的源文件。可单击文本框右侧的文件夹图标 📁 浏览源文件，也可直接在文本框中输入源文件的路径。

（4）　"链接"：设置选定图像的超链接。

（5）　"替换"：指定只显示文本的浏览器或已设置为手动下载图像的浏览器中代替图像显示的替代文本。

（6）　"编辑"：打开图像编辑器对图像进行编辑。此图标根据用户所安装的图像软件不同而各异。例如，如果用户安装的是 Photoshop 软件，则显示 📷 图标，单击此按钮可启动 Photoshop。

（7）　"编辑图像设置" 🔗：用于打开"图像预览"对话框，对图像进行优化处理。

（8）　"裁剪" ⬛：用于裁切图像，删除图像中多余的部分。

（9）　"从源文件更新" 🔄：将插入到文档的图像与源文件相链接，修改并保存源文件时 Dreamweaver 会自动更新插入到文档的图像。

（10）　"重新取样" 🔳：对已调整大小的图像进行重新取样，提高图片在新的大小和形状下的品质。

（11）　"亮度和对比度" ◑：调整图像的亮度和对比度值。

（12）　"锐化" ◭：调整对象边缘的像素的对比度，从而增加或减弱图像的清晰度或锐度。

（13）　"地图"：用于输入图像地图的名称。

（14）"指针热点工具" ：用于选择热点。

（15）"矩形热点工具"□、"椭圆形热点工具"○、"多边形热点工具"▽：用于创建不同形状的热点。

（16）"垂直边距"和"水平边距"：用于设置图像相对于网页的垂直边缘或水平边缘之间的距离。

（17）"目标"：用于指定链接目标页应当在其中载入的框架或窗口。

（18）"原始"：用于指定在载入主图像之前预先载入的图像。

（19）"边框"：设置图像边框的宽度，以像素为单位，默认为无边框。

（20）"对齐"：设置同一行上的图像和文本的对齐方式。

2. 调整图像大小

插入文档中未进行编辑的图像通常以原大小呈现，如果要更改图像大小以适应网页的需要，可选择所需图像，然后执行以下方法之一。

（1）属性检查器：在属性检查器上的"宽"与"高"文本框中输入图像的宽、高值。若要将图像的宽、高大小按比例缩放，则可在"宽"或"高"中任意一个文本框中输入值，然后按Enter键，系统会自动确定另一个值。

（2）拖动鼠标：在图像的选择状态下，图像选择框上会显示3个控制点，如图3-8所示。拖动任意一个控制点均可改变图像大小；若要进行等比例缩放图像，可在按住Shift键的同时拖动右下角控制点。值得注意的是，以拖动的方式调整图像大小，最小可调整至 8×8 像素（即宽、高均为8像素）。

图3-8　选择图像显示3个控制点

 提示：想要重新调整图像大小，可单击图像属性检查器"宽""高"文本框右侧的"重设大小"按钮 ⟳。如果想要保存调整图像大小后的效果，可单击"重新取样"按钮 ⟳。

3. 裁剪图像

如果插入的图像中包含一些多余的部分，可对图像进行裁剪。选择所需的图像后，单击属性检查器中的"裁剪"按钮 ⬚，或选择"修改"｜"图像"｜"裁剪"命令，所选图像即会出现裁剪控制柄，如图3-9所示。

图像被裁剪的部分以暗色调的方式显示，正常显示部分为保留部分。调整裁剪控制柄至图像要保留部分，在图像正常显示部分双击或按 Enter 键，即可裁剪图像的多余部分，如图3-10所示。

 提示：当图像裁剪后，站点中的原图像文件会相应地发生变化。因此，建议在进行裁剪操作前最好先备份原始图像，以便需要时恢复原始图像。

图 3-9　图像的裁剪状态

图 3-10　完成裁剪后保留部分

4. 图像的亮度和对比度

要调整图像的亮度和对比度，选择所需图像后，选择"修改"|"图像"|"亮度/对比度"命令，或单击图像属性检查器中的"亮度和对比度"按钮 ，打开"亮度/对比度"对话框，如图 3-11 所示。向左拖动滑块可以降低亮度和对比度，向右拖动滑块可以增加亮度和对比度，其取值范围为-100~+100。

5. 锐化图像

选择要锐化的图像，单击图像属性检查器中的"锐化"按钮 ，或选择"修改"|"图像"|"锐化"命令，打开"锐化"对话框，如图 3-12 所示。用鼠标左右拖动滑块或在文本框中输入 0~10 的数值，即可指定锐化程度。

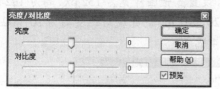

图 3-11　"亮度/对比度"对话框

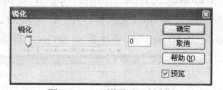

图 3-12　"锐化"对话框

提示：默认情况下，在对图像进行裁剪、更改亮度和对比度、锐化等编辑操作时，会打开一个提示对话框，警告用户要执行的操作将永久改变图像，只能通过选择"撤销"命令撤销所做的更改。如果希望以后操作时不再打开该对话框，可在对话框中选中"不再显示这个信息"复选框。

6. 对齐图像

用户可以应用图像属性检查器中的"对齐"选项，设置图像与同一行中其他元素的相互对齐方式，也可以设置图像在页面上的水平对齐方式，如图 3-13 所示。

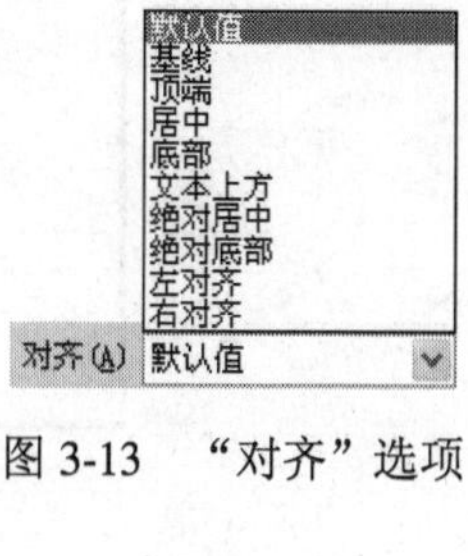

"对齐"下拉列表框中包含的选项及其作用如下。

（1）"默认值"：指定基线对齐，使用不同的浏览器，默认值也有所不同。

图 3-13　"对齐"选项

（2）"基线"：将所选图像的底部与同一行中其他对象的基线对齐。

（3）　"顶端"：将所选图像的顶端与当前行中最高项（图像或文本）的顶端对齐。

（4）　"居中"：将所选图像的中部与当前行的基线对齐。

（5）　"底部"：将所选图像的底部与当前行中最低项的底部对齐。

（6）　"文本上方"：将所选图像的顶端与文本行中最高字符的顶端对齐。

（7）　"绝对居中"：将所选图像的中部与当前行中文本的中部对齐。

（8）　"绝对底部"：将所选图像的底部与文本行（包括字母下部，如字母 j）的底部对齐。

（9）　"左对齐"：用于将所选图像放置在页面左侧，文本在图像的右侧换行。

（10）　"右对齐"：用于将所选图像放置在页面右侧，文本在图像的左侧换行。如果右对齐文本在当前行上位于对象之前，它通常强制右对齐对象换到一个新行。

7.　图像边距

网页中元素与元素之间的距离太近或者太远都不合适，太近会给人以压迫感，太远则导致网页布局不美观。因此，用户在安排网页元素时，应适当地调整元素之间的距离。

若要调整图像与文字的间距，只须在属性检查器的"垂直边距"与"水平边距"文本框中输入适当的数值即可，默认单位为像素。

8.　设置图像边框

为图像添加边框可以突出图片的边界。在图像属性检查器上的"边框"文本框中输入适当的数值，即可为图像设置边框。若要取消边框，只需删除"边框"文本框中的数值即可。

★例 3.1：打开 edu 站点 other 文件夹中的 000.html 网页，在正文第二段下新增一行，插入 other/images 文件夹中的 jt01.jpg、jt02.jpg、jt03.jpg，设置 3 张图片宽为 132 px、高为 192 px、1 px 的蓝色边框，jt01.jpg、jt03.jpg 的亮度对比度均为 20，jt02.jpg 的亮度对比度均为 10，jt02.jpg 垂直边距为 10 px、水平边距为 80 px，效果如图 3-14 所示。

图 3-14　设置网页图像

（1）　打开 edu 站点 other 文件夹中的文件 000.html，将插入光标置于正文第二段末，按 Enter 键，插入新行。

（2）切换至"代码"视图，删除新增行中的class="zhengw01"代码，然后返回"设计"视图。

（3）单击"插入"面板"常用"类别中的"图像"按钮，打开"选择图像源文件"对话框，选择other/images文件夹中的jt01.jpg，单击"确定"按钮，将图片插入文件。

（4）以同样的方式插入jt02.jpg、jt03.jpg；或者直接展开"文件"面板other/images文件夹，分别将jt02.jpg、jt03.jpg拖动至网页。

（5）选择jt01.jpg，在图像属性检查器的"宽"文本框中输入数值132、在"高"文本框中输入数值192；以同样的方式设置jt02.jpg、jt03.jpg的宽值为132、高值为192，得到如图3-15所示的效果。

（6）以拖动鼠标的方式选择文档中的3张图片，单击CSS属性检查器中的"居中对齐"按钮，并设置颜色为"立体色"#00F（即蓝色）。

（7）选择图像jt01.jpg，在图像属性检查器的"边框"文本框中输入数值1；以同样的方式选择jt02.jpg、jt03.jpg设置边框值为1，完成边框设置，如图3-16所示。

图3-15　设置图像大小

图3-16　设置图像边框

（8）选择图像jt02.jpg，在图像属性检查器的"垂直边距"文本框中输入数值10，在"水平边距"文本框中输入数值80。

（9）打开图像属性检查器的"对齐"下拉列表框，从中选择"绝对居中"选项，得到如图3-17所示的效果。

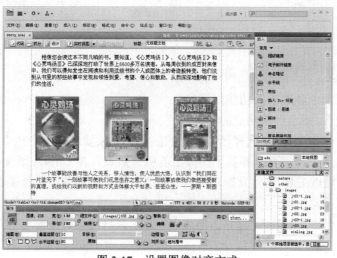

图3-17　设置图像对齐方式

（10）　选择"文件" | "另存为"命令，另存文件为 000tp.html。

3.3　图像热点

图像与文字的相同之处在于都可以设置超链接，图像与文字的不同之处在于，用户不但可以为整个图像设置超链接，还可以将图像划分为多个区域，为不同的区别设置不同的链接。Dreamweaver 中把这些划分出来的区域称为热点，用于划分图像区域的工具称为热点工具。

3.3.1　定义和编辑热点

Dreamweaver 中的热点工具分为"矩形热点工具"、"椭圆形热点工具"及"多边形热点工具"。要为图像定义热点，应先选择图像，单击图像属性检查器中的"矩形热点工具" □、"椭圆形热点工具" ○ 或"多边形热点工具" ♡ 按钮，然后将鼠标指针移到所选图像上，拖动十字形指针即可绘制出相应的热点形状。

定义热点后还可对它们进行编辑，如移动、对齐、调整区域大小及删除等。

（1）　选择热点：单击"指针热点工具"按钮，使之呈按下状态，然后在热点上单击鼠标。

（2）　调整热点的大小和形状：选择热点并拖动热点轮廓线上的控制点。

（3）　移动热点：选择热点将其拖动到新的位置。

（4）　删除热点：选择热点按 Delete 键。

（5）　对齐热点：右击要对齐的热点，从弹出的快捷菜单中选择所需的对齐命令，如左对齐、右对齐、顶对齐和对齐下缘等。

3.3.2　设置热点属性

为图像添加热点后，选择某个热点，即会在属性检查器中自动显示该热点的相关属性，如图 3-18 所示。

图 3-18　热点属性检查器

热点属性检查器中各选项的功能如下。

（1）　"地图"：指定当前热点的名称。

（2）　"指针热点工具"：选择已经建立的热点。如果要选择多个热点，按住 Shift 键单击要选择的所有热点；如果要选择整个图像上的所有热点，按 Ctrl+A 组合键。

（3）　"矩形热点工具"：建立矩形热点。若要创建正方形热点，可在选择此工具后按住 Shift 键拖动指针。

（4）　"椭圆形热点工具"：建立圆形热点。此工具只能创建正圆形的热点，而无法定义椭圆形状的热点。

（5）　"多边形热点工具"：建立多边形热点。

（6）"链接"：指定当前热点的超链接目标。

（7）"目标"：指定当前热点的目标框架名。

（8）"替换"：指定当前热点的替换文本。

热点所指向的目标可以是不同的对象，如网页、图像或动画等。为热点建立链接时，应先选择热点，然后在属性检查器中的"链接"文本框中输入相应的链接，或者单击其后的文件夹图标，从本地硬盘上选择链接到的文件。

为热点建立链接后，可以在"目标"下拉列表框中选择链接目标文件在浏览器中打开的方式，并在"替换"文本框中输入光标移至热点时所显示的文字。

★例 3.2：edu 站点 other 文件夹中新建空白 HTML 文档，插入 other/images 文件夹中的 001.jpg 文件。为该图像创建 3 个热点：雪人为矩形热点、左下角花朵为圆形热点，圣诞树顶部装饰为多边形热点；然后分别为其添加链接，依次为 other/map 文件夹中的 xuer.jpg、flower.gif 和 tree.gif；替换文本分别为：圣诞雪人、送朵玫瑰和圣诞树，得到如图 3-19 所示的效果。

图 3-19　单击图像上的热点打开相应的图像

（1）新建 HTML 空白文档，选择"文件"|"保存"命令，将文件保存在 edu 站点 other 文件夹中，文件名为 map.html。

（2）单击图像属性检查器中的"矩形热点工具"按钮，在雪人上方拖动，绘制一个矩形热点；然后单击热点属性检查器中的"指针热点工具"按钮，移动矩形热点至适当位置，如图 3-20 所示。

（3）以同样的方式，在左下角处绘制一个圆形热点，如图 3-21 所示。

（4）保持圆形热点选择状态，单击热点属性检查器中的"多边形热点工具"按钮，沿着图像顶部的装饰物边沿连续单击。

（5）在图像外任意位置处单击鼠标，完成热点的定义。

（6）应用"指针热点工具"选择矩形热点，在热点属性检查器的"链接"文本框中输入 "map/xuer.jpg"、在"替换"文本框中输入"圣诞雪人"。

（7）应用"指针热点工具"选择圆形热点，在热点属性检查器的"链接"文本框中输入 "map/flower.gif"，在"替换"文本框中输入"送朵玫瑰"。

图 3-20 矩形热点   图 3-21 圆形热点

（8） 应用"指针热点工具"选择多边形热点，在热点属性检查器的"链接"文本框中输入"map/tree.gif"，在"替换"文本框中输入"圣诞树"，如图 3-22 所示。

图 3-22 设置热点属性

（9） 按 Ctrl+S 组合键，保存文件。

3.4 插入图像占位符

在网页图像未制作完毕，但其他内容已准备妥当时，可用图像占位符先将图像的位置预留出来，以便网页中其他对象的添加，从而加快网页制作速度。

要插入图像占位符，在指定要插入图像的位置后，单击"插入"面板"常用"类别"图像"按钮中的三角按钮，从弹出的菜单中选择"图像占位符"选项，或选择"插入"｜"图像对象"｜"图像占位符"命令，打开"图像占位符"对话框，在其中进行相关的设置，如图 3-23 所示。

"图像占位符"对话框中各选项的功能如下。

（1） "名称"：用于输入要作为图像占位符的标签文字显示的文本。此文本必须以字母开头，且只能包含字母和数字，不允许使用空格和高位

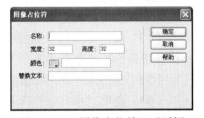

图 3-23 "图像占位符"对话框

ASCII 字符。此选项为可选项，如果不想显示标签，可不进行设置，即文本框为空。

（2）"宽度"和"高度"：用于指定图像占位符的宽度和高度，单位为 px（像素）。

（3）"颜色"：用于选择图像占位符的颜色，可单击颜色按钮打开调色板进行选择，也可直接在文本框中输入颜色代码或网页安全色名称（如 red）。此为可选项。

（4）"替代文本"：用于输入描述图像的文本。

提示：如果要在图像占位符处插入图像，只需双击占位符应用打开的"选择图像"对话框选择所需图像即可。

★例 3.3：在 edu 站点 other 文件夹中新建空白 HTML 文档，插入名为 logo 的图像占位符，背景颜色为灰色（#CCCCCC），宽为 340 px，高为 60 px。

（1）新建 HTML 空白文档，选择"文件"|"保存"命令，将文件保存在 edu 站点 other 文件夹中，文件名为 pholder.html。

（2）选择"插入"|"图像对象"|"图像占位符"命令，打开"图像占位符"对话框。

（3）在"名称"文本框中输入 logo，在"宽度"文本框中输入数值 340，在"高度"文本框中输入数值 70，单击"颜色"按钮从打开的调色板中选择"灰色"（即#CCCCCC），如图 3-24 所示。

（4）完成设置，单击"确定"按钮，得到如图 3-25 所示的图像占位符。

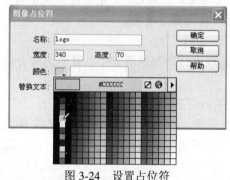

图 3-24　设置占位符　　　　　　　　图 3-25　插入的占位符

（5）按 Ctrl+S 组合键，保存文件。

提示：前面章节中设置颜色时，颜色代码为#90C、#93F 等，为什么此处的颜色代码为#CCCCCC 呢？其实颜色代码是由十六进制位前面加#符号表示的，颜色代码#90C、#93F 是#9900CC、#9933FF 的简写，而#CCCCCC 则可以简写为#CCC。

3.5　插入鼠标经过时变化的图像

鼠标经过时变化的图像是指当把鼠标指针移到插入图像上时，该图像会变为另一个图像。要使鼠标经过时图像发生改变，可将光标置于要插入图像的位置后，单击"插入"面板"常

用"类别"图像"按钮中的三角按钮，从弹出的菜单中选择"鼠标经过图像"命令，或选择"插入"|"图像对象"|"鼠标经过图像"命令，打开"插入鼠标经过图像"对话框，在其中进行所需设置，如图 3-26 所示。

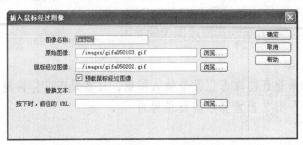

图 3-26 "插入鼠标经过图像"对话框

"插入鼠标经过图像"对话框中各选项的功能如下。

（1） "图像名称"：输入鼠标经过图像的名称。

（2） "原始图像"：指定载入网页时显示的图像。可通过单击"浏览"按钮从打开的对话框中进行选择图像，也可以直接在文本框中输入图像路径及文件名。

（3） "鼠标经过图像"：指定鼠标指针滑过原始图像时显示的图像。

注意：设置鼠标经过图像效果时，"鼠标经过图像"会根据"原始图像"大小自动缩放图像。所以在选择原始图像与变化图像时，一定要选择大小相同或相近的图像，否则可能会出现图像失真等现象。

（4） "预载鼠标经过图像"：指定是否将图像预先载入浏览器的缓存中，以便访问者将鼠标指针滑过图像时不发生延迟。

（5） "替换文本"：输入描述图像的文本，此选项为可选项。

（6） "按下时，前往的 URL"：指定当访问者在图像上按下鼠标键时要打开的文件的路径。如果不为图像设置链接，Dreamweaver 将在 HTML 源代码中插入一个空链接（#），以便于附加鼠标经过图像行为。

提示：鼠标经过图像的效果必须在浏览器中才能预览，在文档窗口中只能看到插入的"原始图像"。

★例 3.4：打开 edu 站点 other/change 文件夹中的 change.html，如图 3-27 所示。在两段文字中的空行内插入鼠标经过时变化图像，原始图像为 other/change 文件夹中 sdj-046.jpg，变化图像为 other/change 文件夹中 sdj-044.jpg，单击图片时打开同文件夹中的 see.html 网页。

（1） 打开 edu 站点 other/change 文件夹中的 change.html。

（2） 将插入点置于两段文字间的空行内，选择"插入"|"图像对象"|"鼠标经过图像"命令，打开"插入鼠标经过图像"对话框。

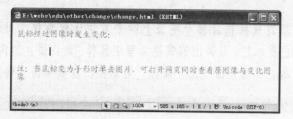

图 3-27　原文档效果

（3）单击"原始图像"右侧的"浏览"按钮，从打开的对话框中选择 edu 站点 other/change 文件夹中的 sdj-046.jpg 图像。

（4）在"鼠标经过图像"文本框中输入"sdj-044.jpg"，确认"预载鼠标经过图像"复选框，在"按下时，前往的 UEL"文本框中输入"see.html"。

（5）完成设置，单击"确定"按钮，得到如图 3-28 所示的效果。

（6）按 Ctrl+S 组合键，保存文件。

（7）按 F12 键，打开浏览器查看效果。将鼠标移至图像上时，图像会发生变化，如图 3-29 所示。

图 3-28　插入鼠标经过图像

图 3-29　图像发生变化

（8）单击图像，自动打开链接的网页，如图 3-30 所示。

图 3-30　链接的网页效果

提示： 如果将鼠标指针移至图像上时未发生任何变化，可单击浏览器窗口中的黄色提示栏，从弹出的快捷菜单中选择"允许阻止的内容"命令，如图 3-31 所示。系统弹出"安全警告"对话框，直接单击"确定"按钮即可。

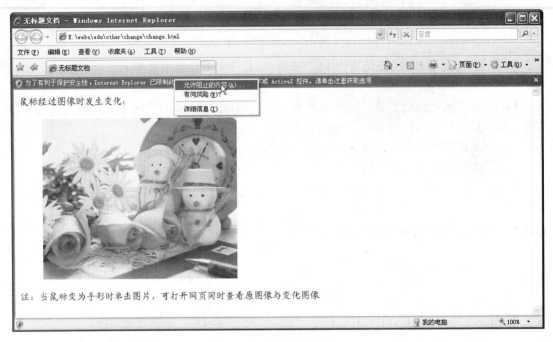

图 3-31　允许阻止内容

3.6　设置导航条

导航条可分为水平和垂直两种模式，它是由一组图像组成的，允许用户设置 4 种不同状态：一般、鼠标经过、按下和按下时鼠标经过。

要在文件中插入导航条，必须先准备一组可用的图像，然后单击"插入"面板"常用"类别"图像"按钮中的三角按钮，从弹出的菜单中选择"导航条"命令，或选择"插入"|"图像对象"|"导航条"命令，打开"插入导航条"对话框，如图 3-32 所示。进行所需设置后单击"确定"按钮，即可在文档中插入导航条。

"插入导航条"对话框中各选项的功能如下。

（1）"添加项" ➕、"移除项" ➖：单击 ➕ 按钮可向"导航条元件"列表框中添加项目，单击 ➖ 按钮可从"导航条元件"列表框中删除选择的项目。

（2）"上移项" 🔼、"下移项" 🔽：单击 🔼 按钮可向上移动选择项目，单击 🔽 按钮可向下移动选择项目。

（3）"导航条元件"：用于显示所有项目。

（4）"项目名称"：用于为导航条项目命名。

（5）"状态图像"：用于定义最初显示的图像。该选项为必选项，其他图像状态选项则为可选项。

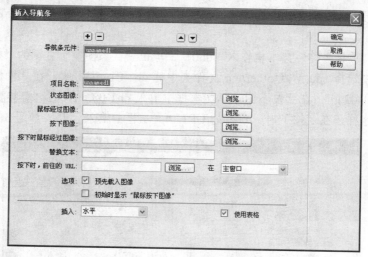

图 3-32 "插入导航条"对话框

（6）"鼠标经过图像"：用于定义鼠标指针滑过项目所显示的图像。

（7）"按下图像"：用于定义单击项目后显示的图像。

（8）"按下时鼠标经过图像"：用于定义鼠标指针滑过并按下鼠标时显示的图像。

（9）"替换文本"：用于输入项目的描述替换文件。

（10）"按下时，前往的 URL"：用于设置单击后要打开的链接目标。

（11）"预先载入图像"：用于在载入页面时下载图像。如果未选择此选项，则会在用户鼠标指针滑过图像时载入图片。建议用户选择该选项，以免出现延迟。

（12）"页面载入时就显示'鼠标按下图像'"：用于在显示页面时，以按下状态显示所选项目，而不是以默认的"一般"状态显示。

（13）"插入"：用于设置导航条插入到网页中的方式，可选项为"水平"和"垂直"。

（14）"使用表格"：用于指定是否以表格的形式插入导航条。

提示：若要修改导航条，可选择"修改"|"导航条"命令，打开"修改导航条"对话框。根据需要选择要修改的项目，然后单击"确定"按钮即可。

★例 3.5：在 edu 站点 other/bar 文件夹中新建名为 bar.html 的 HTML 文档，插入一个包含有 5 个按钮的导航条，从左至右依次为按钮命名为 dh01、dh02、dh03、dh04、dh05，并为每个按钮设置 3 种不同的状态："状态图像"（*-01.gif）、"鼠标经过图像"（*-02.gif）、"按下图像"（*-03.gif），替换文本依次为"首页"、"语文"、"数学"、"英语"和"计算机"，链接设置为空，得到如图 3-33 所示的导航条。

首　页　语　文　数　学　英　语　计算机

图 3-33　导航条效果

（1）在 edu 站点 other/bar 文件夹中新建 HTML 文档，并命名为 bar.html。

（2）打开 bar.html 文档，选择"插入"|"图像对象"|"导航条"命令，打开"插入导航条"对话框。

（3）在"项目名称"文本框输入"dh01"，单击"状态图像"右侧的"浏览"按钮，从打开的对话框中选择 edu 站点 other/bar 文件夹中的 dh1-01.gif 图像，在"鼠标经过图像"文本框中输入 dh1-02.gif，在"按下图像"文本框中输入 dh1-03.gif，在"替换文本"对话框中输入"首页"字样，在"按下时，前往的 URL"文本框中输入"#"，如图 3-34 所示。

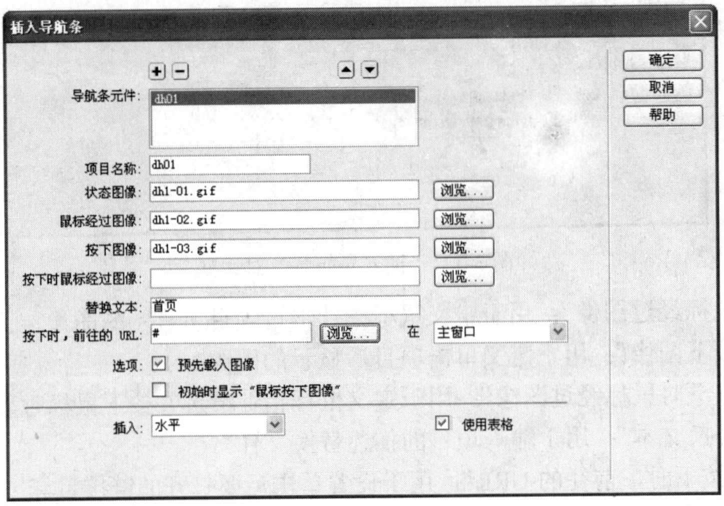

图 3-34 设置 dh01 元件

（4）单击"添加项"按钮，新增导航条元件 dh02，该元件各项设置如下。

"项目名称"："dh02"

"状态图像"：dh2-01.gif

"鼠标经过图像"：dh2-02.gif

"按下图像"：dh2-03.gif

"替换文本"：语文

"按下时，前往的 URL"：#。

（5）以同样的方式添加导航条元件 dh03、dh04 和 dh05，各元件设置如表 3-1 所示。

表 3-1 设置导航条元件

	dh03	dh04	dh05
项目名称	dh03	dh04	dh05
状态图像	dh3-01.gif	dh4-01.gif	dh5-01.gif
鼠标经过图像	dh3-02.gif	dh4-02.gif	dh5-02.gif
按下图像	dh3-03.gif	dh4-03.gif	dh5-03.gif
替换文本	数学	英语	计算机
按下时，前往的 URL	#	#	#

（6）完成设置，单击"确定"按钮，退出"插入导航条"对话框。

（7）按 Ctrl+S 组合键保存文件，然后按 F12 键打开浏览器预览效果。图 3-35 所示为按下"英语"按钮后的效果，"语文"按钮为指针移至图片时的效果，其他按钮为"状态图像"效果。

首 页 语 文 数 学 英 语 计算机

语文

图 3-35　预览导航条

提示： 虽然导航条允许用户设置按钮的 4 种不同状态，用户可以根据需要设置两种或三种状态即可。按钮的 4 种状态有继承性，若当前状态未设置，则会自动继承前一种状态。例如，设置了"状态图像"和"按下图像"两种状态，则"鼠标经过图像"这一状态会继承"状态图像"效果。

3.7　设置 Flash 动画

插入 Dreamweaver 中的 Flash 动画，指的是扩展名为 SWF 的 Flash 文件。插入文档的 Flash 动画以占位符的方式显示，用户必须通过浏览器才可以预览动画效果。

3.7.1　插入 Flash 动画

要插入 Flash 动画，应先确定插入点所在位置，然后单击"插入"面板"常用"类别"媒体"按钮中的三角按钮，从弹出的菜单中选择"SWF"命令，或选择"插入"|"媒体"|"SWF"命令，打开"选择文件"对话框，从中选择要插入的 Flash 动画。单击"确定"按钮，即会在文档中插入一个 Flash 占位符，如图 3-36 所示。

Flash 占位符有一个选项卡式蓝色外框，该选项卡指示资源的类型（SWF 文件）和 SWF 文件的 ID（FlashID）。此选项卡还显示一个眼睛图标，此图标可用于在 SWF 文件和用户在没有正确的 Flash Player 版本时看到的下载信息之间切换，如图 3-37 所示。

图 3-36　文档中的 Flash 占位符

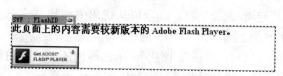

图 3-37　未正确安装 Flash Player 时的提示

保存文件后，按 F12 键，或单击"文档工具栏"中的"在浏览器中预览/调度"按钮打开默认浏览器，浏览 Flash 动画效果。

3.7.2　设置动画属性

选择文档窗口中的 Flash 占位符，即可在属性检查器中显示该对象的相关属性，用户可以根据需要在此更改其属性，如图 3-38 所示。

Flash 对象属性检查器中各选项的作用如下。

（1）"ID"：为 SWF 文件指定唯一 ID，值得注意的是，从 Dreamweaver CS4 起，需要

唯一 ID。

图 3-38　Flash 动画的属性检查器

（2）　"宽"、"高"：以像素为单位设置对象的宽度与高度。

（3）　"重设大小" **C**：将所选对象的尺寸恢复为初始大小。

（4）　"文件"：指定指向 Flash 文件（SWF）的路径，可以通过文件夹按钮来浏览文件的路径和文件名，也可以直接输入文件路径及文件名。

（5）　"源文件"：指定指向 Flash 源文档（FLA）的路径。若要编辑 Flash 文件（SWF），应更新影片的源文档。

（6）　"背景颜色"：指定动画区域的背景颜色。设置的背景颜色在不播放影片时（在加载时和在播放后）显示。

（7）　"编辑"：启动 Flash 应用程序更新 Flash 文件。若用户的计算机上没有安装 Flash 软件，此按钮将被禁用。

（8）　"循环"：选择该选项时影片将连续播放；否则只播放一次即停止。

（9）　"自由播放"：在加载页面时自动播放动画。

（10）　"垂直边距"、"水平边距"：指定动画上、下、左、右空白的像素数。

（11）　"品质"：在动画播放期间控制失真。品质越高，影片的观看效果就越好。该参数下含有"低品质"、"自动低品质"、"自动高品质"与"高品质"共 4 项。

（12）　"比例"：指定动画合适的宽度和高度。

（13）　"对齐"：指定动画在页面上的对齐方式。

（14）　"Wmode"：为 SWF 文件设置 Wmode 参数，以避免与 DHTML 元素（例如 Spry 构件）相冲突。默认值是不透明，这样在浏览器中，DHTML 元素就可以显示在 SWF 文件的上面。如果 SWF 文件包括透明度，并且希望 DHTML 元素显示在它们的后面，请选择"透明"选项。选择"窗口"选项可从代码中删除 Wmode 参数并允许 SWF 文件显示在其他 DHTML 元素的上面。

（15）　"播放/停止"：单击绿色的播放按钮可以在文档窗口浏览动画，单击红色的停止按钮停止播放动画。

（16）　"参数"：打开"参数"对话框，设置 Falsh 对象的参数，但所设的这些额外参数必须能被动画所接受。

★例 3.6：打开 edu 站点 other/flash 文件夹中的 flash.html，如图 3-39 所示。在标题行下行的空行内插入 SWF 动画 yy.swf，设置 ID 为 yy，宽为 600 px，高为 350 px，垂直间距为 20 px，"背景颜色"为"绿色"（代码#00FF00）。

（1）　打开 edu 站点 other/flash 文件夹中的 flash.html 文档。

（2）　将插入点置于标题行下方，选择"插入" | "媒体" | "SWF"命令，打开"选择文件"对话框，选择插入 edu 站点 other/flash 文件夹中的 yy.swf。

图 3-39　原 flash.html 文档效果

（3）选择 Flash 占位符，在 Flash 属性检查器中设置属性：在"ID"文本框中输入"yy"，在"宽"文本框中输入数值 600，在"高"文本框中输入数值 350，在"垂直间距"文本框中输入数值 20，在"背景颜色"右侧的文本框中直接输入代码 #00FF00。

（4）完成设置，按 Ctrl+S 组合键保存文件，系统自动弹出如图 3-40 所示"复制相关文件"对话框，直接单击"确定"按钮。

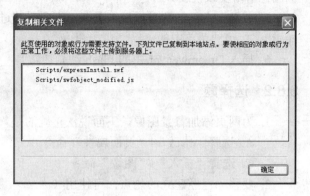

图 3-40　"复制相关文件"对话框

（5）单击 Flash 属性检查器中的"播放"按钮，预览插入的 SWF 动画效果。当用户在 SWF 动画上移动指针时，小鱼会随着指针移动的路径而移动，如图 3-41 所示。

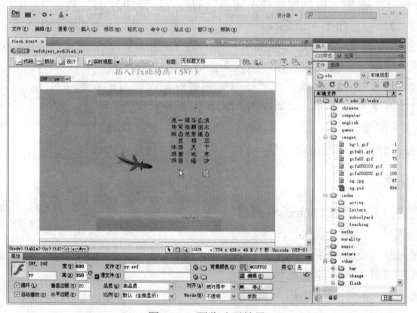

图 3-41　预览动画效果

3.8　习题

3.8.1　填空题

1. GIF 格式即图形交换格式，图片中最多可使用_____种颜色。

2. 网页中一般用到的图像有 3 种，分别为_____、_____和_____。

3. 应用 Dreamwevaer 自带的裁剪工具编辑图像时，系统会自动替换裁剪前的图像，在未关闭文档前，用户可以应用_____命令恢复裁剪图像为原图像。

4. 单击图像属性检查器中的_____按钮，可调图像边缘的像素的对比度，从而增加图像清晰度或锐度。

5. 若网页中已经含有导航工具条，需要对其进行编辑、修改以达到用户所需效果，可选择_____菜单中的_____命令。

6. 插入 Dreamweaver 中的 Flash 动画通常是_____格式，它在文档中以_____显示。

3.8.2　选择题

1. 为网页添加背景图像，下面说法正确的是（　　　　）。
   A. 选择"修改"|"页面属性"命令　　　　B. 选择"修改"|"图像"命令
   C. 选择"插入"|"图像"命令　　　　　　D. 选择"编辑"|"首选参数"命令

2. 要移动已经建立的热点，可使用（　　　）按钮。
   A. ▶　　　　　B. ▢　　　　　C. ◯　　　　　D. ▽

3. 用户不能对热点进行（　　　）操作。
   A. 删除　　　　B. 移动　　　　C. 对齐　　　　D. 添加颜色

4. Dreamwevaaer 中可以创建 3 种不同形状的热点，分别为（　　　　）。
   A. 多边形、三角形和矩形　　　　　　B. 矩形、多边形和圆形
   C. 多边形、平行四边形和椭圆形　　　D. 矩形、多边形和椭圆形

5. 要插入导航工具条，应选择"插入"命令菜单中的（　　　　）命令。
   A. 媒体　　　　B. 图像　　　　C. 图像对象　　　　D. 标签

6. 导航工具条具有 4 种不同的状态，其中必须指定的状态是（　　　　）。
   A. 按下图像　　　　　　　　　　　B. 状态图像
   C. 按下时鼠标经过图像　　　　　　D. 鼠标经过图像

3.8.3　简答题

1. 如何向网页中插入 Photoshop 图像？
2. 如何在网页中用文字代替图像？
3. 如何为热点建立链接？
4. 如何在网页中插入导航条？
5. 如何在 Dreamweaver 中插入 Flash 动画？

3.8.4　上机练习

1. 向新建文档中插入一张图像，在图像上绘制几种不同形状的热点区域，并将其链接到不同的网页。

2. 应用 Dreamwever 中的导航条功能，为网页添加导航工具条。

第 4 章

创建和使用表格

教学目标:

表格是网页中常用的页面布局工具,使用表格可以有效地组织网页中的各种对象,不但为网页的制作注入了灵性,而且还使网页内容更具有条理性。本章介绍在 Dreamweaver 中创建和使用表格的方法,包括表格的创建和使用、表格的编辑和修改,以及制作嵌套表格等内容。

教学重点与难点:

1. 创建表格。
2. 编辑表格。
3. 编辑表格对象。
4. 创建嵌套表格。

4.1 创建表格

表格是网页中常用的布局工具,以行列网格的方式显示,可用于组织文本和图形等对象。Dreamweaver 提供了两种编辑和查看表格的方式:"标准"模式和"扩展"模式。"扩展"模式可以帮助设计者定位插入点,避免选择单元格中的对象;诸如创建、编辑表格等操作通常都是在"标准"模式下进行的。

4.1.1 插入表格

在网页中确定了插入点的位置后,单击"常用"工具栏中的"表格"按钮田 表格,或选择"插入"|"表格"命令,打开如图 4-1 所示的"表格"对话框。进行相关设置后单击"确定"按钮,即可创建相应的表格。

"表格"对话框中各选项功能如下。

(1) "行数"和"列":指定表格的行数与列数。

(2) "表格宽度":指定表格的宽度及单位。

图 4-1　"表格"对话框

（3）　"边框粗细"：指定表格边框的宽度，单位为像素。如果将该选项留白，在浏览器中将会以边框为 1 显示表格；如果不希望显示表格边框，应将值设置为 0。

（4）　"单元格边距"：指定单元格边框和单元格内容间的像素值。

（5）　"单元格间距"：指定表格内相邻单元格间的像素值。

（6）　"标题"：指定表格是否显示行、列标题。

- "无"：不启用行、列标题。
- "左"：将表格的第一列作为标题列。
- "顶部"：将表格的第一行作为标题行。
- "两者"：启用表格行、列标题，即将表格的第一行、第一列做为标题行/列。

（7）　辅助功能：设置表格外部内容，该选项包括"标题"和"摘要"两个选项。

- "标题"：输入显示在表格外的标题。
- "摘要"：输入表格的说明文字。该文本可在屏幕阅读器中读取，但不会显示在用户的浏览器中。

（8）　"标题"：输入显示在表格外的标题。

（9）　"摘要"：输入表格的说明文字。该文本可在屏幕阅读器中读取，但不会显示在用户的浏览器中。

★例 4.1：新建 HTML 空白文档，在其中新建一个 5 行 3 列表格，要求："表格宽度"为 350，"边框粗细"为 1，"单元格边距"和"单元格间距"均为 0，如图 4-2 所示。

图 4-2　5 行 3 列空白表格

（1）　新建空白 HTML 文档，按 Ctrl+S 组合键，将保存文档在 edu 站点 other/table 文件夹中，文件名为 table01.html。

（2）　选择"插入"|"表格"命令，打开"表格"对话框。

（3）　在"行数"文本框中输入数值 5，在"列数"文本框中输入数 3。

（4）打开"表格宽度"右侧的下拉列表框从中选择"像素"选项，在前面的文本框中输入数值 350。

（5）在"边框粗细"文本框中输入数值 1，在"单元格边距"文本框中输入数值 0，在"单元格间距"文本框中输入数值 0。

（6）单击"标题"组中的"顶"选项，设置表格第一行为标题行。

（7）完成设置，单击"确定"按钮。

（8）按 Ctrl+S 组合键，保存文件。

4.1.2 添加表格数据

组成表格的一个个方框被称为单元格，用户可以在每个单元格中输入文字、插入图像或者其他网页元素，如图 4-3 所示。在单元格中添加、编辑数据的方法与在普通文档中相同，需要先确定插入点，才能插入网页元素。

编辑完当前单元格数据后，用户可以移动插入点，编辑下一个单元格。在表格中移动插入点最简单的方法是单击鼠标，除此之外还可以应用以下方法移动插入点。

图 4-3　向表格中插入网页元素

（1）按 Tab 键移动至下一单元格。

（2）按 Shift+Tab 组合键移至上一个单元格。

（3）按↑、↓、←、→箭头键移动上、下、左、右相邻单元格。

4.1.3 导入表格数据文件

Dreamweaver 允许用户直接将已有的表格数据导入到文件中，但并不是什么样的外部文件导入 Dreamweavre 都能得到想要的表格，要求导入的外部文件内部数据以分隔符的方式隔开，如制表符、逗号、冒号、分号等。

要导入数据文件，可选择"文件"|"导入"|"表格式数据"命令或选择"插入"|"表格对象"|"导入表格式数据"命令，打开如图 4-4 所示的"导入表格式数据"对话框。进行相关设置后单击"确定"按钮，即可将所选文件中的数据以表格的形式导入到 Dreamweaver 文档中。

图 4-4　"导入表格式数据"对话框

"导入表格式数据"对话框中各选项功能如下。

（1）"数据文件"：指定要导入的数据文件。

（2）"定界符"：选择导入文件中所使用的分隔符。可选择包括 Tab、逗号、分号和引号。如果选择"其他"选项，可在右侧的文本框中输入自定义的分隔符。

（3）"表格宽度"：指定创建表格的宽度。

- "匹配内容"：表示使每个列足够宽以适应该列中最长的文本字符串。
- "设置为"：用于指定表格宽度。可以像素为单位指定固定的表格宽度，也可按占浏览器窗口宽度的百分比指定表格宽度。

（4）"单元格边距"：指定单元格内容和单元格边框之间的像素数。

（5）"单元格间距"：指定相邻的单元格之间的像素数。

（6）"格式化首行"：选择应用于表格首行的格式设置（如果存在）。

（7）"边框"：以像素为单位指定的表格边框的宽度值。

★例 4.2：将 edu 站点 other/table 文件夹中的 table02.txt 导入到新建 HTML 空白文档，得到如图 4-5 所示的表格。

	Monday	Tuesday	Wednesday	Thursday	Friday
morning class	chinese	english	chinese	english	chinese
1	chinese	english	maths	english	chinese
2	english	maths	english	maths	maths
3	training	morality	music	training	painting
4	maths	chinese	chinese	write	english
5	computer	painting	computer	write	music
6	Individual study	Individual study	Individual study	Individual study	physical labor

图 4-5　导入的表格式数据

（1）新建空白 HTML 文档，按 Ctrl+S 组合键，将保存文档在 edu 站点 other/table 文件夹中，文件名为 table02.html。

（2）选择"插入"｜"表格对象"｜"导入表格式数据"命令，打开"导入表格式数据"对话框。

（3）单击"数据文件"右侧的"浏览"按钮，弹出"打开"对话框，从中选择 edu 站点 other/table 文件夹中的 table02.txt 文件，单击"打开"按钮。

（4）返回"导入表格式数据"对话框，确认"定界符"为"Tab"，"表格宽度"为"匹配内容"，"单元格边距"值为 5，"边框"值为 1。

（5）完成设置，单击"确定"按钮。

（6）按 Ctrl+S 组合键，保存文件。

4.2　编辑表格

基本的表格创建好后，有时还需要对表格进行调整。例如，重新设置表格大小，删除表格的行/列或添加行/列，调整填充、间距和边框，为背景添加背景颜色等更改表格外观或结构的操作。

4.2.1　选择表格

无论要对表格进行任何操作，都要先选择表格。要选择整个表格，可执行以下任意一种操作。

（1）将指针移至表格左上角指针变为时单击鼠标。

（2）将指针移至表格任意边框上单击鼠标。

（3）单击任意单元格，然后单击文档窗口左下角标签选择器中的<table>标记。

（4）单击任意单元格，然后选择"修改"|"表格"|"选择表格"命令。

（5）在表格上右击鼠标，从弹出的快捷菜单中选择"表格"|"选择表格"命令。

（6）单击任意单元格，然后连续按两次 Ctrl+A 组合键。

选择表格后，表格的下边缘和右边缘会出现大小控制柄，如图 4-6 所示。用户可以通过拖动表格边框的方式调整表格的宽度。

	Monday	Tuesday	Wednesday	Thursday	Friday
morning class	chinese	english	chinese	english	chinese
1	chinese	english	maths	english	chinese
2	english	maths	english	maths	maths
3	training	morality	music	training	painting
4	maths	chinese	chinese	write	english
5	computer	painting	computer	write	music
6	Individual study	Individual study	Individual study	Individual study	physical labor

图 4-6　选择表格

4.2.2　设置表格属性

格式化表格的所有操作都可以通过表格的属性检查器来完成。选择表格后，属性检查器上会显示当前表格的相关属性，如图 4-7 所示。

图 4-7　表格属性检查器

表格属性检查器中各选项的功能如下。

（1）"表格"：指定表格名称。

（2）"行"、"列"：更改表格的行、列数。

（3）"宽"以像素为单位或按百分比设置表格宽度。

（4）"填充"：指定单元格内容和单元格边框之间的像素数。

（5）"间距"：指定相邻的表格单元格之间的像素数。

（6）"对齐"：选择表格相对于同一段落中其他元素的显示位置。

（7）"边框"：以像素为单位指定表格边框的宽度。

（8）"清除列宽"和"清除行高"：删除表格中明确指定的行高或列宽。

（9）"将表格宽度转换成像素"、"将表格宽度转换成百分比"：将表格中以百分比为单位的宽度值更改为以像素为单位，或将以像素为单位的宽度值更改为以百分比为单位。

★例 4.3：打开 edu 站点 other/table 文件夹中 table02.html 文件，设置表格"宽"为 660像素，"对齐"为居中对齐，"填充"值为 6，"间距"值为 1，得到如图 4-8 所示的效果。

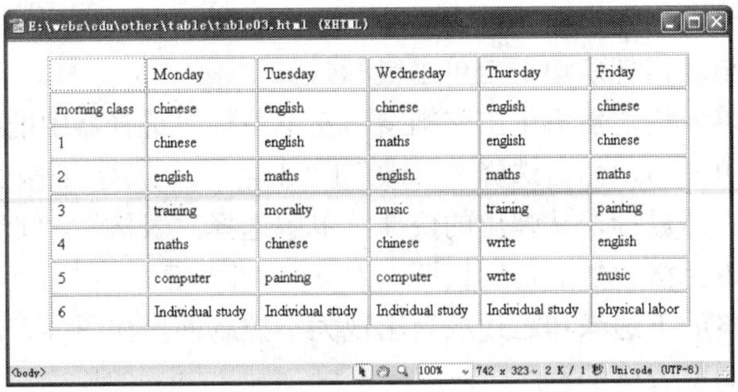

图 4-8 设置表格属性

（1）打开 edu 站点 other/table 文件夹中的 table02.html 文件。

（2）将指针移至表格任意边框单击鼠标，选择整个表格。

（3）在表格属性检查器进行如下设置：打开"宽"右侧的下拉列表框从中选择"像素"选项，在"宽"文本框中输入数值 660，在"填充"文本框中输入数值 6，在"间距"文本框中输入数值 1，打开"对齐"下拉列表框从中选择"居中对齐"选项。

（4）完成设置，选择"文件"|"另存为"命令，将文件另存为 table03.html。

4.2.3　添加与删除行或列

表格创建后，用户可以根据需要添加或删除行/列。添加/删除行/列的方法有多种，如使用"插入"|"表格对象"或"修改"|"表格"菜单中相应的命令，使用"插入"面板"布局"类别中的按钮，使用属性面板及组合键等。

1.　应用菜单命令添加行/列

"插入"|"表格对象"菜单中包含有 4 个可选项："在上面插入行"、"在下面插入行"、"在左边插入列"和"在右边插入列"。在表格的任意单元格中单击鼠标，选择任意命令即可向表格添加一行或一列。

若选择"修改"|"表格"|"插入行"命令，Dreamweaver 会在插入点所在行前插入一空行；若选择"修改"|"表格"|"插入列"命令，Dreamweaver 会在插入点所在列左侧插入一新列，如图 4-9 所示。

图 4-9　插入行列

如果用户希望一次插入多行或多列，可以选择"修改"|"表格"|"插入行或列"命令，打开"插入行或列"对话框，完成设置后单击"确定"按钮。默认选择"插入"组中的"行"，

表示插入对象为行，在"行数"文本框中设置插入行数，在"位置"中设置插入的新行是在当前插入点所在行或选择的行上方或下方，如图 4-10 所示。

如果用户选择"插入"组中的"列"，则"插入行或列"对话框如图 4-11 所示。虽然选项内容稍有变化，但设置方法是相同的，用户只需在"列数"文本框中输入数值，从"位置"组中选择列插入位置，然后单击"确定"按钮即可。

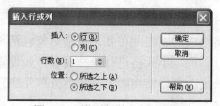

图 4-10　设置行数及插入位置

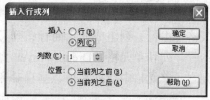

图 4-11　设置列数及插入位置

提示： 切换至"插入"面板"布局"类别，其中包含有"在上面插入行"、"在下面插入行"、"在左边插入列"和"在右边插入列"4 个按钮。确定插入点在表格中的位置后，应用这些按钮同样可添加行/列。

2.　应用菜单命令删除行/列

如果要删除行/列，可先将插入点置于要删除的行/列中，然后选择"修改"|"表格"|"删除行"或"修改"|"表格"|"删除列"命令。

如果要一次删除多行或多列，可选择要删除的行/列，然后执行"修改"|"表格"|"删除行"或"修改"|"表格"|"删除列"命令。

提示： 选择表格行/列的方法，可参看 4.3.1 节中的选择表格对象。

3.　应用属性检查器添加/删除行/列

在选择文档中的表格时，属性检查器中会显示当前表格的相关属性。用户可通过更改其中"行"或"列"的值为表格添加与删除行或列。例如，当前选择的表格为 5 行 2 列，要新增一个空白行，可直接在"行"文本框中输入 6，按 Enter 键即可在表格的底部添加一个新行。应用此方法添加或删除行列时，Dreamweaver 会从表格的底部开始添加或删除行，从表格的右侧添加或删除列，如图 4-12 所示。

	Monday	Tuesday	Wednesday	Thursday	Friday
morning class	chinese	english	chinese	english	chinese
1	chinese	english	maths	english	chinese
2	english	maths	english	maths	maths
3	training	morality	music	training	painting
4	maths	chinese	chinese	write	english
5	computer	painting	computer	write	music
6	Individual study	Individual study	Individual study	Individual study	physical labor

图 4-12　应用属性检查器为表格添加行/列

4. 应用组合键添加/删除行/列

将插入点置于表格右下角最后一个单元格中，按 Tab 键在表格下方新增一行。如果要删除行/列，应先选择要删除的行/列，然后按 Back Space 键或 Delete 键即可。

4.3 编辑表格对象

表格是由行、列组成的，而行、列又是由单元格组成的。由此可知，表格对象包括 3 个部分：行、列和单元格。Dreamweaver 允许用户对行、列、单元格进行单独设置，如设置行高、列宽，单元格中数据水平、垂直对齐方式，以及更改表格结构的合并、拆分单元格。

4.3.1 选择表格对象

无论对表格对象进行任何操作，都要先选择它。用户可以一次选择一行、一列或一个单元格，也可以同时选择多行、多列或多个单元格。下面介绍选择表格对象的方法。

（1）选择行：将指针移至表格左侧，当指针形状变为➡时单击选择当前行；按住鼠标不放上下拖动可选择连续多行；或按住 Ctrl 键单击可选择不连续多行，如图 4-13 所示。

（2）选择列：将指针移至表格上方，当指针形状变为⬇时单击选择当前列；左右拖动可选择连续多列；或按住 Ctrl 键单击可选择不连续多列。此外，确定插入点所在位置后，单击该列下方的标题按钮▾，从弹出的菜单中选择"选择列"命令也可以选择列，如图 4-14 所示。

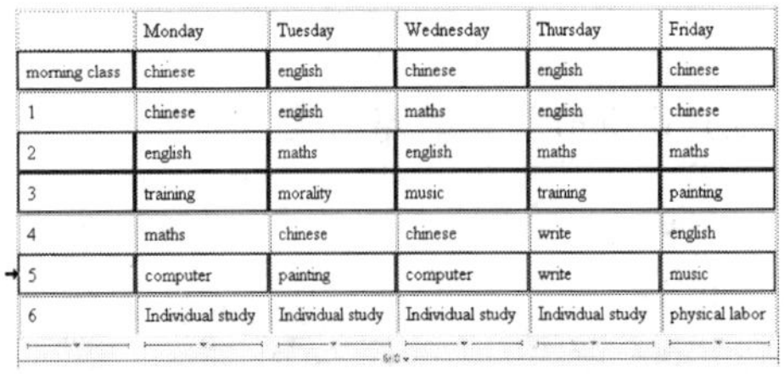

图 4-13　按住 Ctrl 键选择不连续多行

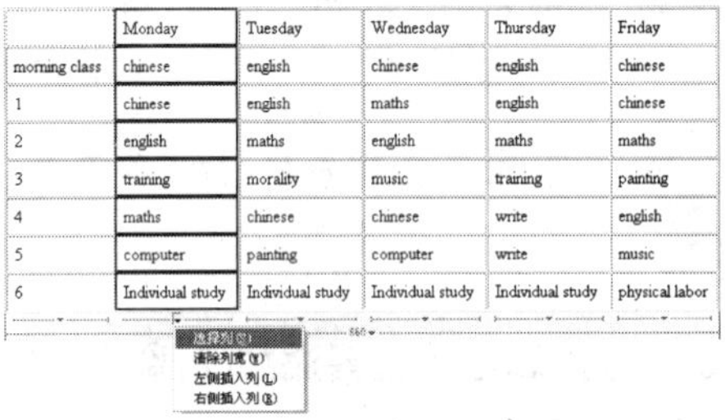

图 4-14　通过列标题菜单选择列

（3）选择单元格：在要选择的单元格中单击鼠标，然后单击文档窗口左下角标签选择器中的<td>标签，或选择"编辑"|"全选"命令（或按 Ctrl+A 组合键）；除此之外，最简单的选择单元格方法是直接双击要选择的单元格。

（4）选择连续单元格区域：将鼠标指针从一个单元格拖动到另一个单元格，或者先单击一个单元格，然后按住 Shift 键单击另一个单元格。两个单元格定义的矩形区域中的所有单元格都将被选中。

（5）选择不相邻单元格：按住 Ctrl 键单击要选择的单元格。如果按住 Ctrl 键单击的是已经选中的单元格（行或列），则会取消选择。

4.3.2 设置表格对象属性

选择行、列或单元格等表格对象，在属性面板下半部分中会显示出设置表格对象的相关属性，如图 4-15 所示。

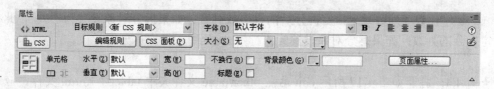

图 4-15　单元格属性检查器

单元格属性检查器中各选项功能如下。

（1）　"合并单元格"：将所选的相邻单元格、行或列合并为一个单元格。

（2）　"拆分单元格"：将一个单元格分成两个或更多个单元格。

（3）　"水平"：指定选择的表格对象内数据水平对齐方式。

（4）　"垂直"：指定选择的表格对象内数据垂直对齐方式。

（5）　"宽"和"高"：指定选择表格对象的宽度值和高度值。

（6）　"不换行"：强制指定单元格中所有内容都在一行中。如果启用该选项，单元格会自动扩展以容纳更多的内容。

（7）　"标题"：将所选的单元格格式设置为表格标题单元格。默认情况下，表格标题单元格的内容为粗体并且居中。

（8）　"背景颜色"：使用颜色选择器设置表格对象的背景颜色。

4.3.3　合并与拆分单元格

合并单元格可以将任意数目的相邻单元格（选择的相邻单元格可组成的图形只能是矩形或长方形）合并为一个跨多列或行的单元格，拆分单元格可以将一个单元格拆分成任意数目的行或列。

1.　合并单元格

要合并单元格，首先选择需要合并的相邻单元格，然后选择"修改"│"表格"│"合并单元格"命令，或单击单元格属性检查器中的"合并单元格"按钮。

合并单元格后，原来单元格中的内容全都放置在最终合并的单元格中，合并后的单元格会自动继承所选的第 1 个单元格的属性。

2.　拆分单元格

要拆分单元格，可选择"修改"│"表格"│"拆分单元格"命令，或单击单元格属性检查器中的"拆分单元格"按钮，打开"拆分单元格"对话框。从中指定要拆分为的元素及数目，如图 4-16 所示。

图 4-16　"拆分单元格"对话框

"拆分单元格"对话框中各选项功能如下。

（1）　"把单元格拆分"：指定将单元格拆分为多行还是多列。

（2）"行数（列数）"：指定拆分后的行数或列数。如果拆分对象设置为"列"，此处用于指定拆分的列数；如果拆分对象设置为"行"，此处用于指定拆分的行数。

★例 4.4：打开如图 4-17 所示 edu 站点 other/table 文件夹中 table04-1.html 文件，应用合并、拆分单元格功能合并拆分表格对象，得到如图 4-18 所示的表格。

图 4-17　原表格效果　　　　　　　　　　　图 4-18　合并拆分单元格后的效果

（1）　打开 edu 站点 other/table 文件夹中 table04-1.html 文件。

（2）　将指针移至表格左侧，当指针变为 ➡ 时单击鼠标，选择表格第 1 行，然后单击属性检查器中的"合并单元格"按钮 ▣。

（3）　以同样的方式选择表格第 3 行，单击属性检查器中的"合并单元格"按钮。

（4）　在 2 行 2 列单元格中单击鼠标，确定插入点位置，如图 4-19 所示。

（5）　单击属性检查器中的"拆分单元格"按钮 ▥，打开"拆分单元格"对话框。

（6）　选择"把单元格拆分"组中的"行"单选按钮，在"行数"文本框中输入数值 3，如图 4-20 所示。

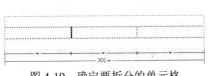
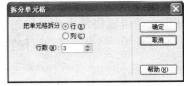

图 4-19　确定要拆分的单元格　　　　　　　　　图 4-20　设置拆分行数

（7）　完成设置，单击"确定"按钮。

（8）　选择"文件"|"另存为"命令，将文件另存为 table04-2.html。

4.3.4　设置表格对象宽高值

默认情况下单元格属性检查器中的"宽"与"高"文本框为空，表示浏览器会根据单元格的内容，或其他行/列的宽度和高度确定适当的宽度或高度。当然用户也可以根据需要应用属性检查器定制行高、列宽。下面以实例的方式介绍一下设置表格对象宽、高值的方法。

★例 4.5：打开如图 4-21 所示 edu 站点 other/table 文件夹中 table05-1.html 文件，通过指定宽、高值，得到如图 4-22 所示的表格。其中 1、3 列宽值为 1 像素、2 行高值为 50 像素、3 行 2 列与 5 行 2 列单元格高为 15 像素、4 行 2 列单元格高为 140 像素。

（1）　打开 edu 站点 other/table 文件夹中 table05-1.html 文件。

（2）　将指针移至表格左侧，当指针变为 ➡ 时单击鼠标，选择表格第 2 行，在属性检查器的"高"文本框中输入数值 50。

（3）　按住 Ctrl 键，单击 3 行 2 列与 5 行 2 列单元格，在属性检查器的"高"文本框中输入数值 15，得到如图 4-23 所示的效果。

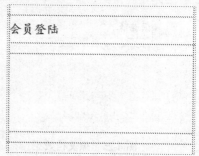

图 4-21 原表格效果　　　　　　　　图 4-22 设置宽度值后的表格效果

（4）将插入点置于 4 行 2 列单元格中，在属性检查器的"高"文本框中输入数值 140。

（5）将指针移至表格上方，当指针变为↓时单击鼠标，按住 Ctrl 键选择表格 1、3 列，并在属性检查器的"宽"文本框中输入数值 1，得到如图 4-24 所示的效果。

（6）选择"文件"｜"另存为"命令，将文件另存为 table05-2.html。

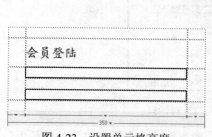

图 4-23 设置单元格高度　　　　　　　图 4-24 设置列宽值

提示： 用户可以拖动行、列边框的方式调整行高、列宽，以此方式调整列宽时表格总宽度不会发生改变。如果用户在拖动列边框的同时，按住 Shift 键不放，则只会改变列边框左侧列的宽度，其他各列宽值不变。此操作不但改变左侧列宽，同时也改变了表格的宽度。

4.3.5 设置单元格数据对齐方式

单元格中的数据除了标题行外，默认"水平"对齐方式为左对齐，"垂直"对齐方式为中间。应用属性检查器，用户可以根据需要设置"水平"、"垂直"对齐方式。例如将数据"水平"方向设置为左对齐、右对齐或居中对齐，"垂直"方向设置为顶端、中间、底部或基线对齐。

4.3.6 设置表格对齐背景颜色

默认创建的表格背景颜色为无色，为了美化表格，可以为其设置背景颜色，也可以为选择的单元格、行或列设置背景颜色。下面以实例的方式介绍设置表格对象背景颜色的方法。

★例 4.6：打开如图 4-25 所示 edu 站点 other/table 文件夹中 table06-1.html 文件，为其中 1、3 列和 1、3、7 行设置背景颜色为#9900FF，为 2、4、6 行设置背景颜色为#CCFFFF，得到如图 4-26 所示的表格效果。

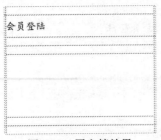

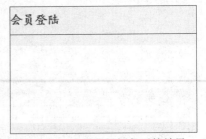

| 图 4-25 原文档效果 | 图 4-26 设置背景颜色后的效果 |

（1）打开 edu 站点 other/table 文件夹中 table06-1.html 文件。

（2）切换至"插入"面板"布局"类别，单击其中的"扩展"按钮，打开如图 4-27 所示的"扩展表格模式入门"对话框，单击"确定"按钮切换至表格"扩展"模式。

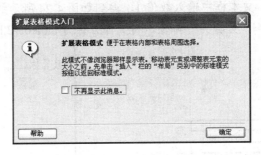

图 4-27 "扩展表格模式入门"对话框

（3）按住 Ctrl 键选择 1、3 列和 1、3、7 行，单击属性检查器中的"背景颜色"调色板，从打开的面板中选择#9900FF，如图 4-28 所示。

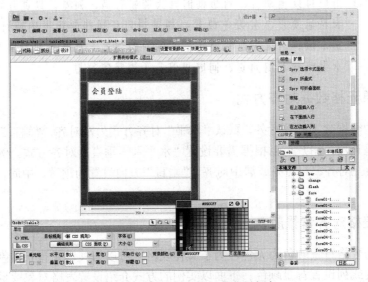

图 4-28 设置选择表格对象背景颜色

（4）以同样的方式选择为 2 列中的 2、4、6 行单元格，设置背景颜色为#CCFFFF。

（5）将插入点置于 1 行 1 列单元格中，单击"文档工具栏"中的"拆分"按钮，找到
<td></td>中间的" "，如图 4-29 所示。

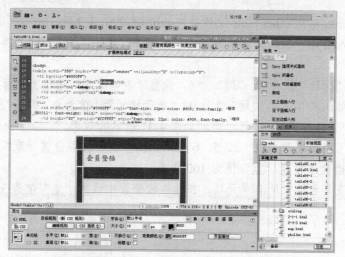

图 4-29　在拆分视图中删除表格中的空格符号

（6）按 Delete 键，将其删除。以同样的方式，将背景颜色为#9900FF 的单元格中的" "删除。

（7）单击"文档工具栏"中的"设计"按钮，返回设计视图。单击文档窗口上方"扩展表格模式"右侧的"退出"字样，退出表格的"扩展"模式。

（8）选择"文件"|"另存为"命令，另存文件为"table06-2.html"。

（9）按 F12 键，打开浏览器预览效果。

提示： 要在表格的"标准"模式下，将插入点定位于1像素宽的单元格中，有些困难。为了方便将插入点定位于单元格，可切换至表格的"扩展"模式。

4.4　嵌套表格

嵌套表格是指在现有表格的某个单元格中再插入另一个表格，嵌入的表格宽度受所在单元格宽度的限制。Dreamweaver 允许用户创建多级嵌套。

将插入点定位于要插入嵌套表格的单元格中，然后选择"插入"|"表格"命令，或单击"常用"工具栏中的"表格"按钮，打开"表格"对话框，为嵌套表格指定行、列等属性。设置完毕单击"确定"按钮，即可在当前单元格中插入一个嵌套表格。

★例 4.7：打开"例 4.6"中的结果文件 table06-2.html，在未设置背景的单元格中插入一个 4 行 6 列、间距、边距、边框均为 0，宽度为 100%的表格，并将嵌套表格 1、2、5、6 列宽设置为 15 像素，1、6 列背景颜色为#CCFFFF，第 3 列宽为 100 像素，各行高度值为 35 像素，得到如图 4-30 所示的表格效果。

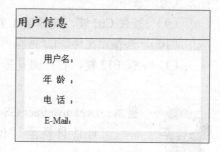

图 4-30　设置嵌套表格效果

— 81 —

（1）打开 edu 站点 other/table 文件夹中 table06-2.html 文件。

（2）将插入点置于未设置背景颜色的单元格中，选择"插入"|"表格"命令，打开"表格"对话框。

（3）设置"行数"值为4，"列"为6，设置"表格宽度"单位为"百分比"，值为100，"边框粗细"值为0，"单元格边距"值为0，"单元格间距"值为0，单击"标题"组中的"无"选项，完成设置单击"确定"按钮，得到如图4-31所示的效果。

（4）按住 Ctrl 键，选择1、2、5、6列，在属性检查器中设置"宽"值为15像素，选择3列，在属性检查器设置"宽"值为100像素。

（5）选择嵌套表格中所有单元格，在属性检查器中设置"宽"值为35像素，得到如图4-32所示的效果。

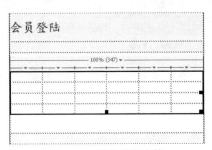

图 4-31　插入嵌套表格

图 4-32　设置行高列宽

（6）根据需要修改表格中的数据，并向表格中输入内容，如图4-33所示。

（7）选择第3列，在属性检查器中设置"水平"对齐方式为"居中对齐"，"垂直"对齐方式为"居中"，如图4-34所示。

图 4-33　输入数据

图 4-34　设置数据对齐方式

（8）以同样的方式，设置第4列中单元格"水平"对齐方式为"左对齐"、"垂直"对齐方式为"居中"。

（9）按住 Ctrl 键，选择第1列与第6列中所有单元格，设置背景颜色为#CCFFFF。

（10）选择"文件"|"另存为"命令，另存文件为"table07.html"。

（11）按 F12 键，打开浏览器预览效果。

提示：Dreamwevaer CS4 属性面板中没有提供设置表格边框颜色的选项，用户可以切换至"代码"视图在 \<table\> 标签中添加表格边框代码，如 bordercolor（设置表格边框颜色）、bordercolordark（设置暗边框颜色）和 bordercolorlight（设置亮边框颜色）。

例如，下段代码预览得到如图 4-35 所示的效果。如果删除 \<table\> 中的代码 "bordercolordark="#FFFFFF" bordercolorlight="#9900FF""，插入代码 "bordercolor="#9900FF""，则会得如图 4-36 所示的效果。应用前一种方式为表格设置的边框要比后一种方式设置的表格边框秀气，这种为表格指定暗、亮边框两种不同颜色的边框设置方法，通常用于为表格设置细线边框。

用户名：	
年 龄 ：	
电 话 ：	
E-Mail：	

图 4-35　设置暗亮边框

用户名：	
年 龄 ：	
电 话 ：	
E-Mail：	

图 4-36　设置表格边框

```html
<table width="100%" border="1" bordercolordark="#FFFFFF"
bordercolorlight="#9900FF" cellspacing="0" cellpadding="0">
    <tr>
      <tdwidth="100" height="35" align="center" valign="middle">用户名：</td>
      <td height="35" align="left" valign="middle"> </td>
    </tr>
    <tr>
      <tdwidth="100" hcight="35" align="center" valign="middle">年  
龄 ：</td>
      <td height="35" align="left" valign="middle"> </td>
    </tr>
    <tr>
      <td width="100" height="35" align="center" valign="middle">电
  话 ：</td>
      <td height="35" align="left" valign="middle"> </td>
    </tr>
    <tr>
      <td width="100" height="35" align="center" valign="middle">E-Mail:
</td>
      <td height="35" align="left" valign="middle"> </td>
    </tr>
  </table>
```

4.5 习题

4.5.1 填空题

1. Dreamweaver 提供了两种编辑和查看表格的方式：_____模式和_____模式。

2. 要导入表格式数据文件，可选择"文件"菜单_____级联菜单中的"表格式数据"命令。

3. 如果在其他应用程序（如写字板）中创建了使用分隔符分隔数据的文件，可以直接将此文件导入 Dreamweaver 中，常见的分隔符有_____、_____、_____、_____。

4. 若要调整表格中某列的宽度，保持其他列的大小不变，可按住_____键，然后拖动列边框。

　　5. 嵌套表格是指在表格的_____中再插入在一个表格。

4.5.2　选择题

　　1. 选择表格中任意单元格的正确方法是（　　　　　　）。

　　　A. 单击单元格的右边或底部边缘的任意位置　　　　B. 选择"编辑"I"全选"命令

　　　C. 单击单元格，再选择"编辑"I"全选"命令　　　　D. 在单元格中拖动

　　2. 在合并单元格时，所选择的单元格必须是（　　　　　　）。

　　　A. 一个单元格　　　　　　　　　B. 多个相邻的单元格

　　　C. 多个不相邻的单元格　　　　　D. 多个相邻的单元格，并且形状必须为矩形

　　3. 下列哪种情况，最可切换到表格"扩展"模式下进行（　　　　　　）。

　　　A. 选择宽为 1 像素的单元格　　　B. 选择单元格中的图像

　　　C. 选择某列单元格　　　　　　　D. 选择整个表格

　　4. 下面关于"扩展"模式说法正确的是（　　　　　　）。

　　　A. 应用"插入"面板"常用"类别可以进入"扩展"模式

　　　B. 选择"查看"I"表格模式"I"扩展表格模式"命令可进入表格"扩展"模式

　　　C. 用户可以在"代码"和"设计"视图进入"扩展"模式

　　　D. 在"扩展"模式中不能进行表格行高列宽设置

　　5. 下列关于表格细线边框的制作方法说法不正确的是（　　　　　　）。

　　　A. 直接应用属性检查器设置"边框"值为 1 即可设置细线边框

　　　B. 在"代码"视图<table>标签中设置 bordercolordark、bordercolorlight 为不同颜色代
　　　　码，且其中一种颜色代码与网页背景颜色相同

　　　C. 设置 bordercolordark、bordercolorlight 颜色代码值时，必须要求 border 值不为 0 才
　　　　能设置细线边框

　　　D. 设置行高、列宽值为 1 像素，并为其设置背景颜色，删除该行或该列所有单元格
　　　　中的 字符，也可以为表格设置细线边框

4.5.3　简答题

　　1. 如何用键盘在表格中移动插入点？
　　2. 如何应用鼠标选择表格中的行？
　　3. 如何应用组合键添加行、删除列？
　　4. 如果为表格设置暗、亮边框颜色？
　　5. 如何进入和退出表格的"扩展"模式？

4.5.4　上机练习

　　1. 在"标准"模式下创建一个表格，并应用合并、拆分单元格调整表格内部结构。
　　2. 向创建的表格中添加数据，并根据需要设置行高、列宽、背景颜色等格式。

第 5 章

使用表单及表单对象

教学目标：

表单的应用范围十分广泛，在很多网站上都可以看到表单，如注册表格、搜索栏和订单等。表单由多种类型的表单对象组成，设计者可以根据需要定制表单，以便收集所需的信息。使用 Dreamweaver 不但可以创建表单，还可以通过使用行为来验证用户输入信息的正确性。本章介绍表单的制作与使用，主要包括表单与表单对象的基本概念、表单的创建、表单对象的插入和设置方法，检查表单以及 Spry 表单验证构件的使用等内容。

教学重点与难点：

1. 创建表单。
2. 插入与设置文本域和文本区域。
3. 插入与设置复选框、单选按钮和单选按钮组。
4. 插入与设置列表框和弹出菜单。
5. 插入与设置跳转菜单。
6. 插入与设置文件域。
7. 插入与设置表单按钮。
8. 验证表单。
9. Spry 表单验证构件。

5.1 创建表单

在网页中允许浏览者填写信息，可以实现网页交互的页面元素，我们将其称为表单。表单是网站设计者与浏览者沟通的桥梁，网站设计者可以通过表单与访问者进行交流，或从网站收集信息。当访问者在客户端的 Web 浏览器中显示的表单中输入信息，并单击"提交"按钮提交表单，提交的信息将被发送到服务器，服务器中的服务器端脚本或应用程序会对这些信息进行处理。

5.1.1 创建表单

将插入点置于要插入表单的位置后，切换至"插入"面板"表单"类别，单击其中的"表单"按钮 ，或选择"插入"|"表单"|"表单"命令，即可在插入点位置插入一个空白表单。在设计视图中，表单以红色虚轮廓线表示，如图 5-1 所示。

图 5-1　空白表单

 提示：如果红色轮廓线未显示，可选择"查看"|"可视化助理"|"不可见元素"命令，显示不可见元素。

5.1.2 设置表单属性

选择该表单或将插入点置于表单内，属性检查器中即可显示出表单的所有设置选项，如图 5-2 所示。除此之外，还可以通过单击表单的红色轮廓线，或选择文档窗口左下角"标签选择器"中的<form>标签选择表单。

图 5-2　表单属性检查器

表单属性检查器中各选项的功能如下。

（1）"表单 ID"：用于设置标识表单的唯一名称。命名表单后，可以使用脚本语言（如 JavaScript 或 VBScript）引用或控制该表单。

（2）"动作"：用于指定处理该表单的动态页或脚本的路径。可在文本框中直接输入完整路径，也可通过单击文件夹图标定位到包含该脚本或应用程序页的适当文件夹。如果指定动态页的路径，则 URL 路径应类似于 http://www.mysite.com/应用程序名称/process.asp。

（3）"方法"：用于选择将表单数据传输到服务器的方法，可选项有 3 个：默认值、GET 和 POST。"默认值"使用浏览器的默认设置将表单数据发送到服务器，通常默认值为 GET 方法。"GET"将值附加到请求该页面的 URL 中。"POST"在 HTTP 请求中嵌入表单数据。

（4）"编码类型"：指定提交给服务器进行处理的数据使用的编码类型。默认设置 application/x-www-form-urlencode 通常与 POST 方法协同使用。如果要创建文件上传域，应指定 multipart/form-data 编码类型。

提示：不要使用 GET 方法发送长表单，URL 的长度限制在 8192 个字符以内，如果发送的数据量太大，数据会被截断，从而会导致意外的或失败的处理结果。

若要收集机密用户名和密码、信用卡号或其他机密信息，POST 比 GET 更安全。值得注意的是：由 POST 方法发送的信息是未经加密的，容易被黑客获取。若要确保安全性，应通过安全的连接方式与安全的服务器相连。

（5）"目标"：指定一个窗口显示被调用程序所返回的数据。可选项为_blank、_parent、_self 和_top，各选项功能如下。

_blank：在未命名的新窗口中打开目标文档。

_parent：在显示当前文档的窗口的父窗口中打开目标文档。

_self：在提交表单时所在的同一窗口中打开目标文档。

_top：在当前窗口的窗体内打开目标文档。

5.2 创建表单对象

表单创建完毕即可在其中插入表单对象，而表单对象必须放在表单域中才起作用。Dreamwevaer 提供了多种可供使用的表单对象，下面先认识一下各表单对象，然后再介绍插入及设置各表单对象的方法。

5.2.1 认识表单对象

在 Dreamweaver 中，表单输入类型称为表单对象。表单对象是允许用户输入数据的机制。Dreamweaver 中共提供了 9 种可选择的表单对象。

（1）文本域：用于接受任何类型的字母、数字、文本输入内容。文本可以单行或多行显示，或者以密码方式显示。在密码域中，输入的文本将被替换为星号或项目符号，以免旁观者看到这些文本，如图 5-3 所示。

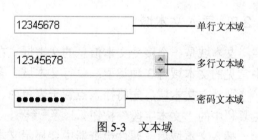

图 5-3 文本域

（2）隐藏域：用于存储用户输入的信息，如姓名、电子邮件地址或偏爱的查看方式，并在该用户下次访问此站点时使用这些数据。

（3）按钮：用于在单击时执行操作。设计者可以为按钮添加自定义名称或标签，或者使用预定义的"提交"或"重置"标签，如图 5-4 所示。使用按钮可将表单数据提交到服务器，或者重置表单数据。还可以指定其他已在脚本中定义的处理任务，例如，在购物网站中可能会使用按钮根据指定的值计算所选商品的总价。

（4）复选框：允许用户在一组选项中选择多个选项。访问者可以选择任意多个适用的选项。例如，用户在选择兴趣爱好时可能会同时选择"美食"、"摄影"和"旅游"，如图 5-5 所示。

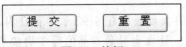

图 5-4 按钮

图 5-5 复选框

（5）单选按钮：代表互相排斥的选择。在某单选按钮组（由两个或多个共享同一名称的按钮组成）中选择一个按钮，就会取消选择该组中的其他按钮。例如，用户在选择性别时，如果选择了"女"，即会自动取消"男"按钮的选择，如图 5-6 所示。

（6）列表/菜单：在一个滚动列表中显示选项值供访问者选择。"列表"选项在一个菜单中显示选项值，用户只能从中选择单个选项。在下列情况下使用"菜单"：只有有限的空间但必须显示多个内容项，或者要控制返回给服务器的值，如图 5-7 所示。

图 5-6 单选按钮   图 5-7 列表与菜单

（7）跳转菜单：是一种可导航的列表或弹出菜单，其中的每个选项都链接到某个文档或文件，如图 5-8 所示。

（8）文件域：用于将计算机上的某个文件作为表单数据上传，如图 5-9 所示。

图 5-8 跳转菜单   图 5-9 文件域

（9）图像域：用于使设计者在表单中插入一个图像。使用图像可生成图形化按钮，例如"提交"或"重置"按钮。如果使用图像来执行任务而不是提交数据，则需要将某种行为附加到表单对象。

5.2.2 插入文本域

文本域是一个接受文本信息的文本框。在文本域中几乎可以容纳任何类型的数据。网页中常见的文本域有 3 种类型：单行文本域、多行文本域和密码文本域。

要插入文本域，先将插入点置于表单内，然后切换至"插入"面板"表单"类别，单击工具栏中的"文本字段"按钮 [□ 文本字段]，或选择"插入"|"表单"|"文本域"命令。

插入文本域后，属性检查器中会显示文本域的属性，用户可在"类型"选项组中指定当前文本域的类型，如图 5-10 所示。

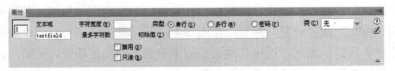

图 5-10 文本域属性检查器

文本域属性检查器中的各选项的功能如下。

（1）"文本域"：为文本域指定一个名称，且名称必须是该表单内唯一的。

（2）"字符宽度"：设置文本域中最多可显示的字符数。此数字可以小于"最多字符数"。例如，如果"字符宽度"文本框中设置为 20（默认值），而用户输入 100 个字符，则在该文本域中只能看到其中的 20 个字符。虽然无法在该域中看到这些字符，但域对象可以识别它们，而且它们会被发送到服务器进行处理。

（3）"最多字符数"：指定在单行文本域中最多可输入的字符数。例如，可将邮政编码限制为 6 位数，将密码限制为 10 个字符等。如果将此文本框保留为空白，则用户可以输入任意数量的文本。如果输入文本超过域的字符宽度，文本将滚动显示。如果输入文本超过最大字符数，则会发出警告。

 提示：选择"类型"组中的"多行"选项后，"最多字符数"参数变为"行数"，可用于指定多行文本域的高度。

（4）"类型"：指定域为单行、多行还是密码域。

（5）"初始值"：用于指定表单在首次载入时文本框中显示的值。在用户浏览器中首次载入表单时，文本域中将显示此文本。例如，通过包含说明或示例值，可以指示用户在域中输入信息。

（6）"禁用"：选择此复选框，可禁用文本区域。

（7）"只读"：选择此复选框，可使文本区域成为只读文本区域。

（8）"类"：为表单对象应用一个已有的 CSS 样式。

★例 5.1：打开 edu 站点 other/form 文件夹中的 form01-1.html 文件，应用文本域创建一个如图 5-11 所示的表单。

（1）打开 edu 站点 other/form 文件夹中的 form01-1.html 文件，源文件由表格组成，将插入光标置于"会员登陆"文字下方的空白单元格内，如图 5-12 所示。

图 5-11　插入文本域

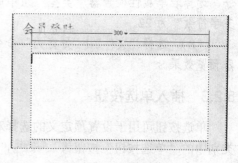

图 5-12　源文件效果

（2）选择"插入"｜"表单"｜"表单"命令，插入空白表单，如图 5-13 所示。

（3）将插入点置于空表单中，选择"插入"｜"表格"命令，插入一个 5 行 4 列，宽为 100%，填充、间距和边框均为 0 的表格，然后设置行高列宽，如图 5-14 所示。

（4）将插入点置于新建表格 2 行 2 列单元格中，输入"数字ID:"，将插入点置于 3 行 2 列单元格中，输入"密　码:"。

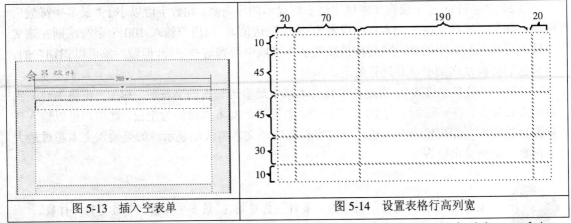

图 5-13　插入空表单	图 5-14　设置表格行高列宽

（5）选择这两个单元格，应用表格属性检查器设置"水平"为"居中对齐"，"垂直"为"居中"，如图 5-15 所示。

（6）将插入点置于新建表格 2 行 3 列单元格中，选择"插入"|"表单"|"文本域"命令，在表单属性检查器中设置"字符宽度"为 20，"最多字符数"为 20，"初始值"为"请输入 ID"，如图 5-16 所示。

图 5-15　设置表单标签

图 5-16　设置单行文本域

（7）将插入点置于新建表格 3 行 3 列单元格中，选择"插入"|"表单"|"文本域"命令，选择表单属性检查器"类型"组中的"密码"单选按钮，设置"字符宽度"为 20，"最多字符数"为 22。

（8）选择"文件"|"另存为"命令，将文件另存为 form01-2.html，按 F12 键打开浏览器预览效果。

5.2.3　插入单选按钮

单选按钮可用于设置预定义的选择对象。确定插入点位置，单击"插入"面板"表单"类别中的"单选按钮"按钮 ，或选择"插入"|"表单"|"单选按钮"命令，即可插入一个单选按钮。

单选按钮的属性比较简单，除了设置单选按钮名称的文本框外，只有"选定值"和"初始状态"两组主要选项，如图 5-17 所示。

图 5-17　单选按钮的属性检查器

单选按钮各选项功能如下。

（1）"单选按钮"：为单选按钮命名。同一组中的单选按钮名称必须相同。

（2）"选定值"：设置单选按钮被选中时的取值。当用户提交表单时，该值被传送给处理程序（如 CGI 脚本）。应赋给同组的每个单选按钮不同的值。

（3）"初始状态"：指定首次载入表单时单选按钮是否处于选中状态。

5.2.4 插入单选按钮组

单选按钮组总是作为一个组使用，提供彼此排斥的选项值，用户在一组单选按钮组内只能选择一个选项。要插入一个单选按钮组，可单击"插入"面板"表单"类别中的"单选按钮组"按钮 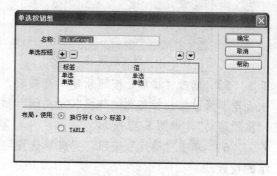 单选按钮组 ，或选择"插入"|"表单"|"单选按钮组"命令，打开"单选按钮组"对话框，在其中设置单选按钮组的名称、组中包含的单选按钮个数、各按钮的文本标签及按钮布局方式等，如图 5-18 所示。

图 5-18 "单选按钮组"对话框

"单选按钮组"对话框中各选项的功能如下。

（1）"名称"：用于输入单选按钮组的名称。

（2）"添加"按钮 + 和"删除" - 按钮：单击"添加"按钮 + 向单选按钮组中添加单选按钮，单击"删除"按钮 - 可从单选按钮组中删除选定的单选按钮。

（3）"上移"按钮 ▲ 和"下移"按钮 ▼ ：向上或向下移动选定的单选按钮，以重新排序这些按钮。

（4）"布局，使用"：设置 Dreamweaver 如何布局按钮组中的各个按钮。该选项组中提供了两种布局方式："换行符"和"TABLE"，其中"换行符"方式用于使系统自动在每个单选按钮后添加一个
标记；"TABLE"方式用于使系统自动创建一个只含一列的表格（行数由按钮组中的按钮数来决定），并将这些单选按钮放在表格中。

★例 5.2：打开 edu 站点 other/form 文件夹中的 form02-1.html 文件，应用单选按钮与单选按钮组创建如图 5-19 所示的表单。

（1）打开 edu 站点 other/form 文件夹中的 form02-1.html 文件，源文件由表格组成，将插入光标置于"退出程序设置"文字下方中间的空白单元格内，如图 5-20 所示。

（2）选择"插入"|"表单"|"单选按钮"命令，插入单选按钮，并在其后输入标签，如图 5-21 所示。

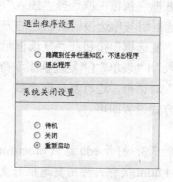

图 5-19 利用单选按钮和单选按钮组制作的表单

（3）按 Shift+Enter 组合键，以同样的方式插入第 2 个单选按钮，并在单选按钮属性检查器中设置"初始状态"为"已勾选"。

（4）将插入点置于"系统关闭设置"下方中间的空白单元格内，选择"插入"|"表单"|"单选按钮组"命令，打开"单选按钮组"对话框。

图 5-20　原文档效果

图 5-21　插入单选按钮

（5）单击"添加"按钮新建单选按钮，从上至下修改按钮标签为"待机"、"关闭"和"重新启动"，如图 5-22 所示。

（6）单击"确定"按钮，完成单选按钮组的设置。

（7）选择"重新启动"单选按钮，在单选按钮属性检查器中设置"初始状态"为"已勾选"。

（8）选择"文件"|"另存为"命令，将文件另存为 form02-2.html，按 F12 键打开浏览器预览表单效果。

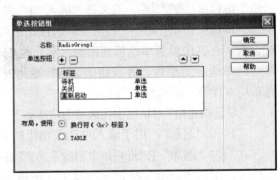

图 5-22　设置按钮组标签

5.2.5　插入复选框与复选框组

复选框与单选按钮有相同之外，都可以用于设置预定义的选择对象。不同之外在于：复选框对每个单独的响应进行"关闭"和"打开"状态切换，用户可从复选框组中选择多个选项。

复选框与单选按钮的创建方法相似，先确定插入点，单击"插入"面板"表单"类别中的"复选框"按钮，或选择"插入"|"表单"|"复选框"命令即可。

复选框组与单选按钮组创建的方法相似，先确定插入点，单击"插入"面板"表单"类别中的"复选框"按钮或"复选框组"按钮，或选择"插入"|"表单"|"复选框组"命令，打开"复选框组"对话框，进行复选框个数、文本标签及按钮布局方式设置即可。

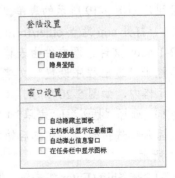

★例 5.3：打开 edu 站点 other/form 文件夹中的 form03-1.html 文件，应用复选框与复选框组创建如图 5-23 所示的表单。

（1）打开 edu 站点 other/form 文件夹中的 form03-1.html 文件，源文件由表格组成，将插入光

图 5-23　利用复选框和复选框组制作的表单

标置于"登陆设置"文字下方中间的空白单元格内，如图 5-24 所示。

（2） 选择"插入"|"表单"|"复选框"命令，插入复选框并在其后输入标签。

（3） 按 Shift+Enter 组合键，以同样的方式插入第二个复选框，如图 5-25 所示。

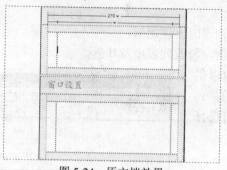

图 5-24　原文档效果

图 5-25　插入复选框

（4） 将插入点置于"窗口设置"下方中间的空白单元格内，选择"插入"|"表单"|"复选框组"命令，打开"复选框组"对话框。

（5） 单击"添加"按钮新建两个复选框，从上至下修改按钮标签为"自动隐藏主面板"、"主机板总显示在最前面"、"自动弹出信息窗口"和"在任务栏中显示图标"，完成设置单击"确定"按钮，如图 5-26 所示。

（6） 选择"文件"|"另存为"命令，将文件另存为 form03-2.html，按 F12 键打开浏览器预览表单效果。

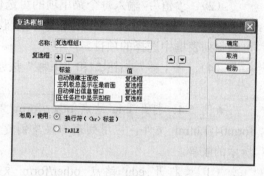

图 5-26　设置复选框组标签

5.2.6　插入列表/菜单

Dreamweaver 允许在表单中插入两种类型的菜单：一种是弹出式下拉菜单，一种是列表框。这两种菜单均允许浏览者从一个列表中选择一个或多个项目。当空间有限且比较小时可使用弹出菜单，当空间允许时则可使用列表框。

单击"插入"面板"表单"类别中的"列表/菜单"按钮 ，或选择"插入"|"表单"|"列表/菜单"命令，即可在表单中插入一个弹出菜单 。

如果要插入列表框，应先选择弹出菜单，然后选择列表/菜单属性检查器"类型"选项组中的"列表"单选按钮，如图 5-27 所示。

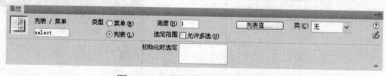

图 5-27　列表/菜单属性检查器

列表/菜单属性检查器中各选项功能如下。

（1） "列表/菜单"：用于为列表/菜单输入一个唯一名称。

（2） "类型"：用于设置表单对象的表现形式，即列表还是菜单。

（3）"高度"：用于指定列表将显示的行（或项目）数。如果指定的数字小于该列表包含的选项数，会出现滚动条。

（4）"选定范围"：用于指定用户在列表中的选定范围。如果允许用户选择该列表中的多个选项，可选中此复选框。

（5）"初始化时选定"：用于输入首次载入列表时出现的值。

（6）"列表值"：用于打开"列表值"对话框，修改列表项及其值。

无论是弹出菜单还是列表框，都需要添加内容以供浏览者选择。选择列表/菜单后，单击属性检查器中的"列表值"按钮，打开"列表值"对话框，即可设置可选择内容，如图 5-28 所示。

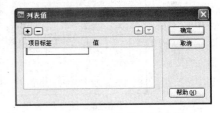

图 5-28 "列表值"对话框

"列表值"对话框中各选项的功能说明如下。

（1）"项目标签"：输入每个菜单项的标签文本。

（2）"值"：输入每个菜单项的可选值。

（3）"添加"按钮⊞和"删除"按钮⊟：应用⊞按钮可向列表框中添加项目。应用⊟可删除列表框中选择的项目。

（4）"上移"按钮▲和"下移"按钮▼：使用▲或▼按钮重新排列项目顺序。

★例 5.4：打开 edu 站点 other/form 文件夹中的 form04-1.html 文件，应用列表与菜单创建如图 5-29 所示的表单。

（1）打开 edu 站点 other/form 文件夹中的 form04-1.html 文件，源文件由表格组成，将插入光标置于空白单元格内，如图 5-30 所示。

（2）先输入标签"血型:"，然后将插入光标置于右侧单元格，选择"插入"|"表单"|"列表/菜单"命令，插入菜单。

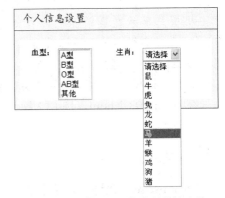

图 5-29 利用列表/菜单制作的表单

（3）选择属性检查器"类型"组中的"列表"单选按钮，在"高度"文本框中输入数值 5，单击右侧的"列表框"按钮，打开"列表框"对话框。

（4）单击"添加"按钮，然后输入项目"A型"，应用"添加"按钮，完成其他项目的添加，如图 5-31 所示。

图 5-30 原文档效果

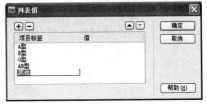

图 5-31 设置列表框中的列表值

（5）完成设置单击"确定"按钮，得到如图 5-32 所示的效果。

（6）向右移动插入光标，输入标签"生肖:"，然后将插入光标置于右侧单元格中，单击"插入"面板"表单"类别中的"列表/菜单"按钮，插入菜单。

（7）保持菜单选择状态，单击属性检查器"列表值"按钮，打开"列表值"对话框，应用"添加"按钮，添加"请选择"和12生肖，如图5-33所示。

图5-32 插入列表框

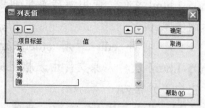

图5-33 设置弹出菜单的列表值

（8）单击"确定"按钮，完成菜单的设置。

（9）选择"文件"|"另存为"命令，将文件另存为 form04-2.html，按 F12 键打开浏览器预览表单效果。

5.2.7 插入跳转菜单

跳转菜单是网页中的一种弹出菜单，用户可以在跳转菜单中放置可在浏览器中打开的任何文件类型的链接。跳转菜单可包含以下 3 个基本部分。

（1）菜单选择提示：菜单项的类别说明或一些指导信息等，该选项为可选项。

（2）链接目标列表：选择某个选项则链接目标被打开，该选项为必选项。

（3）"前往"按钮：也称为"跳转"按钮，该选项为可选项。

定位插入点后，单击"插入"面板"表单"类别中的"跳转菜单"按钮，或选择"插入"|"表单"|"跳转菜单"命令，打开如图 5-34 所示的"插入跳转菜单"对话框，进行所需的设置后单击"确定"按钮，即可在表单中插入跳转菜单。

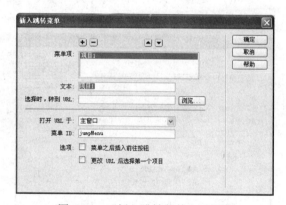

图5-34 "插入跳转菜单"对话框

"插入跳转菜单"对话框中各选项功能如下。

（1）"添加项"➕和"移除项"➖：添加或删除菜单项。

（2）"在列表中上移项"🔼和"在列表中下移项"🔽：更改在"菜单项"列表中所选项的顺序。

（3）"文本"：为未命名菜单项输入名称。

（4）"选择时，转到 URL"：指定链接目标的 URL 地址。

（5）"打开 URL 于"：选择文件的打开位置。选择"主窗口"选项，将在同一窗口中打开文件；选择"框架"选项，则在所选框架中打开文件。

（6）"菜单 ID"：输入菜单项的名称。

（7）"菜单之后插入前往按钮"：选择插入"前往"按钮，而非菜单选择提示。

（8）"更改 URL 后选择第一个项目"：选择是否插入菜单选择提示（如"选择其中一

项")作为第一个菜单项。

★例5.5：打开edu站点other/form文件夹中的form05-1.html文件，应用跳转菜单创建一个如图5-35所示的表单。

（1）打开edu站点other/form文件夹中的form05-1.html文件，原文件由表格组成，将插入光标置于空白单元格内。

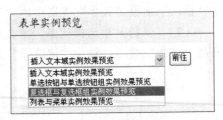

图5-35 跳转菜单

（2）单击"插入"面板"表单"类别中的"跳转菜单"按钮，打开"插入跳转菜单"对话框，在"文本"文本框中输入"插入文本域实例效果预览"。

（3）单击"选择时，转到URL"文本框右侧的"浏览"按钮，从打开的对话框中选择edu站点other/form/form01-2.html文件，单击"确定"按钮对话框。

（4）选择"选项"组中的两个选项"菜单之后插入前往按钮"与"更改URL后选择第一个项目"，如图5-36所示。

（5）单击"添加项"按钮添加其他菜单项，并设置"文本"与"选择时，转到URL"，如图5-37所示，完成设置单击"确定"按钮。

（6）选择"文件"|"另存为"命令，另存文件为form05-2.html，按F12键打开浏览器预览效果。

图5-36 添加第一个菜单项

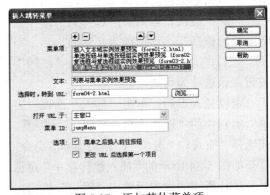

图5-37 添加其他菜单项

5.2.8 插入文件域

文件域允许用户将本地计算机中的文件上传到服务器，文件域与文本框类似，不过文件域还包含了一个"浏览"按钮。用户可以在文件域中手动输入要上传文件的路径，也可以通过"浏览"按钮定位选择文件。

要在表单中插入文件域，必须先对表单进行设置：从表单的属性检查器中选择"方法"下拉列表框中的"POST"选项，再从"编码类型"下拉列表框中选择"multipart/form-data"选项。然后再插入文件域：单击"插入"面板"表单"类别中的"文件域"按钮，或选择"插入"|"表单"|"文件域"命令。

文件域的属性设置比较简单，除了可以为文件域指定名称外，还可以指定字符宽度和最多字符数，如图5-38所示。

图 5-38　文件域属性检查器

★例 5.6：打开 edu 站点 other/form 文件夹中的 form06-1.html 文件，应用文件域创建一个如图 5-39 所示的表单。

（1）打开 edu 站点 other/form 文件夹中的 form06-1.html 文件。

图 5-39　文件域

（2）切换至"拆分"视图将插入光标置于 27～65 行间任意位置，选择"文档窗口"在下角"标签选择器"中的"<form>#<form1>"，并在表单属性检查器中设置"方法"为 POST，"编码类型"为 multipart/form-data。

（3）源文件由表格组成，将插入光标置于空白单元格内，单击"插入"面板"表单"类别中的"文件域"按钮，插入一个文件域。

（4）在属性检查器中设置"字符宽度"为 25、"最多字符数"为 50。

（5）选择"文件"|"另存为"命令，另存文件为 form06-2.html。

（6）按 F12 键打开浏览器预览效果，单击"浏览"按钮，打开"选择文件"对话框，从中选择一个文件，单击"打开"按钮，此文件的路径即会显示在跳转菜单文本框中，如图 5-40 所示。

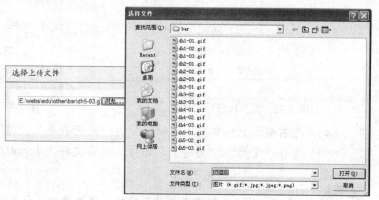

图 5-40　选择文件

提示： 如果用户通过浏览来定位文件，在文本域中输入的文件名和路径可超过指定的"最大字符数"的值。但是，如果用户尝试输入文件名和路径，则文件域仅允许输入"最大字符数"值所指定的字符数。

5.2.9　插入按钮

一般情况下，作为表单发送的最后一道程序，按钮通常被放在表单底部。表单按钮通常标记为"提交"、"重置"或普通按钮，这 3 类按钮的作用如下。

（1）"提交"：提交表单，即将表单内容发送到表单的 action 参数指定的地址。

（2）"重置"：使表单恢复刚载入时的状态，以便重新填写表单。

（3）普通按钮：根据处理脚本激活一种操作。要指定某种操作，可在文档窗口的状态栏中单击<form>标签以选择该表单，然后在表单的属性检查器中通过设置"动作"选项来选择处理该表单的脚本或页面。该按钮没有内在行为，但可用 JavaScript 等脚本语言指定动作。

要在表单中插入表单按钮，应先确定插入点，然后单击"插入"面板"表单"类别中的"按钮"按钮，或选择"插入"|"表单"|"按钮"命令。

默认创建的按钮为"提交"按钮，如果要创建"重置"或"发送"按钮，须从按钮的属性检查器中选择"动作"选项组中的"重设表单"或"无"单选按钮。按钮的属性检查器如图 5-41 所示。

图 5-41　按钮属性检查器

★例 5.7：打开 edu 站点 other/form 文件夹中的 form07-1.html 文件，应用文件域创建一个如图 5-42 所示的表单。

（1）　打开 edu 站点 other/form 文件夹中的 form07-1.html 文件。

（2）　确定插入光标位置，选择"插入"|"表单"|"按钮"命令，插入一个按钮。

（3）　在属性检查器中选择"动作"为"重设表单"选项，设置"值"为"重新填写"，如图 5-43 所示。

图 5-42　插入按钮后的效果

图 5-43　插入"重新填写"按钮

（4）　在右侧单元格中插入"动作"为"提交表单"，"值"为"登　陆"的按钮。

（5）　选择"文件"|"另存为"命令，另存文件为 form07-2.html，按 F12 键打开浏览器预览效果。

提示：如果未创建表单就直接插入表单对象，会弹出一个提示对话框，询问用户是否添加表单标签，单击其中的"是"按钮即可。

5.3　检查表单

Dreamweaver 提供了检查表单对象正确性的功能，可以检查指定文本域的内容，以确保用户输入正确的数据类型。用户可使用 onBlur 事件将此动作附加到单个文本域，以便在用户填写表单时对单个域进行检查；也可使用 onSubmit 事件将其附加到表单，以便在用户单击"提交"按钮时同时对多个文本域进行检查。

要验证表单对象的正确性，首先在表单中选择要检查的对象。然后展开"标签检查器"中的"行为"面板，单击"添加行为"按钮 +,，从弹出的菜单中选择"检查表单"命令，打开"检查表单"对话框，从中进行相关设置，如图 5-44 所示。

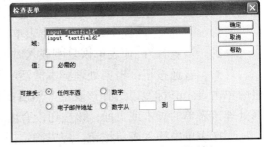

图 5-44　"检查表单"对话框

"检查表单"对话框中各选项的功能如下。

（1）"域"：如果要检查多个域，须从该列表框中选择要验证的域；如果检查单个域，则系统会自动选择该域，用户只须进行相关设置即可。

（2）"值"：如果必须包含某种数据，则应在此选项组中选中"必需的"复选框。

（3）"可接受"：指定表单对象所能接受的值。

· "任何东西"：检查域中包含有数据，不限制数据类型。

· "数字"：检查域是否只包含数字。

· "电子邮件地址"：检查域是否包含合法的电子邮件地址。

· "数字从…到…"：检查域是否包含指定范围内的数字。

★例 5.8：打开 edu 站点 other/form 文件夹中的 form07-2.html 文件，分别为表单中的两个文本域设置检查。

（1）打开 edu 站点 other/form 文件夹中的 form07-2.html 文件。

（2）选择"窗口"|"行为"命令，打开"标签检查器"面板，单击"行为"按钮切换至"行为"面板。

（3）选择"数字 ID"右侧的文本域，单击"行为"面板中的"添加行为"按钮，从弹出的下拉菜单中选择"检查表单"命令。

（4）打开"检查表单"对话框，选择"域"中的"imput "textfield""选项，选择"必需的"复选框，选择"可接受"组中的"数字 ID"单选按钮，完成设置单击"确定"按钮。

（5）选择"密码"右侧的文本域，以同样的方式打开"检查表单"对话框，选择"域"中的"imput "textfield2""选项，选择"必需的"复选框，选择"可接受"组中的"任何东西"单选按钮，完成设置单击"确定"按钮。

（6）选择"文件"|"另存为"命令，另存文件为 form08-2.html。

（7）按 F12 键打开浏览器，在"数字 ID"文本框中输入非数字内容，则会弹出提示对话框要求用户输入数字，如图 5-45 所示。

图 5-45　检查后弹出提示对话框

5.4　Spry 表单验证构件

Dreamweaver CS4 中还提供了一组 Spry 表单验证构件，不需要添加"检查表单"行为即可对设置内容进行验证，如 Spry 验证文本域、Spry 验证文本区域、Spry 验证复选框、Spry 验证选择、Spry 验证密码、Spry 验证确认、Spry 验证单选按钮等。下面以 Spry 验证文本域为例，认识一下 Spry 验证构件及使用方法。

5.4.1　认识 Spry 验证文本域

Spry 验证文本域构件是一个文本域，该域用于在站点访问者输入文本时显示文本的状态是有效还是无效。例如，可以向电子邮件地址的表单中添加验证文本域构件。如果访问者未输入"@"，验证文本域构件会返回一条消息，声明用户输入的信息无效。

验证文本域构件具有许多状态，设计者可以根据所需的验证结果，使用属性检查器来修改这些状态的属性。除此之外，设计者还可以指定验证文本域构件发生的时间，如访问者在构件外单击时、输入内容时或尝试提交表单时。

5.4.2 插入 Spry 验证文本域

单击"插入"面板"表单"类别中的"Spry 验证文本域"按钮，或选择"插入"｜"表单"｜"Spry 验证文本域"（"插入"｜"Spry"｜"Spry 验证文本域"）命令，即可插入验证文本域构件。单击其中的蓝色"Spry 文本域"部分，可在属性面板中设置验证内容，如图 5-46 所示。

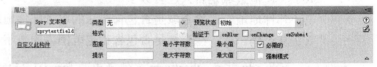

图 5-46　Spry 文本域对话框

"Spry 文本域"内包含着表单文本域，该文本域属性设置可参看 5.2.2 节，再此就不介绍了。下面认识一下 Spry 文本域属性检查器中各选项功能。

（1）"类型"：可以为验证文本域构件指定不同的验证类型。

（2）"格式"：根据选择的"类型"设置格式。例如，为文本域应用整数验证类型，用户必须向该文本域中输入数字，否则无法通过验证。表 5-1 列出了可通过属性检查器使用的验证类型和格式。

表 5-1　可通过验证的类型与格式一览表

验证类型	格　式
无	没有任何要求，可以输入任何内容
整数	只接受数字
电子邮件地址	接受包含@和句点（.）的电子邮件地址，而且@和句点的前面和后面都必须至少有一个字母
日期	可以从属性检查器的"格式"菜单中选择格式
时间	可以从属性检查器的"格式"菜单中选择格式。（"tt"表示 am/pm 格式，"t"表示 a/p 格式）
信用卡	可以从属性检查器的"格式"菜单中选择格式。可以选择接受所有信用卡，或指定特定种类的信用卡，但不接受包含空格的信用卡号，例如 4321 3456 4567 4567
邮政编码	可以从属性检查器的"格式"菜单中进行选择格式
电话号码	接受美国和加拿大格式（000）000-0000，也可以自定义电话号码格式
社会安全号码	接受 000-00-0000 格式的社会安全号码，如果要使用其他格式可选择"自定义"作为验证类型，然后指定模式
货币	接受 1,000,000.00 或 1.000.000,00 格式的货币
实数/科学记数法	验证各种数字：数字（例如 1）、浮点值（例如，12.123）、以科学记数法表示的浮点值（例如，1.212e+12、1.221e-12，其中 e 用作 10 的幂）
IP 地址	可以从属性检查器的"格式"菜单中选择格式
URL	接受 http://xxx.xxx.xxx 或 ftp://xxx.xxx.xxx 格式的 URL
自定义	可用于指定自定义验证类型和格式

（3）"提示"：在此输入提示用户需要输入信息的格式。

（4）"预览状态"：在设计视图中查看构件状态。此选项下拉列表框中含有初始、必填、无效格式和有效 4 个可选项。

（5）"验证于"：设置验证发生的时间，包含 3 个选项：onBlur、onChange 和 onSubmit。

- onBlur（模糊）：当用户在文本域的外部单击时验证。
- onChange（更改）：当用户更改文本域中的文本时验证。
- onSubmit（提交）：在用户尝试提交表单时进行验证。提交选项是默认选中的，无法取消选择。

（6）"最小字符数"与"最大字符数"：指定通过验证的最小字符数与最大字符数，此选项仅适用于"无"、"整数"、"电子邮件地址"和"URL"验证类型。例如，设置"最小字符数"为3，则用户必须输入3个及其以上的字符才能通过验证。

（7）"最大值"和"最小值"：指定通过验证的最小值和最大值，此选项仅适用于"整数"、"时间"、"货币"和"实数/科学记数法"验证类型。

（8）"必需的"：更改文本域的所需状态。默认情况下，用 Dreamweaver 插入的所有验证文本域构件都要求用户在将构件发布到 Web 页之前输入内容。但是，也可以将文本域设置为相对于用户可选。

（9）"强制模式"：可以禁止用户在验证文本域构件中输入无效字符。例如，如果对具有"整数"验证类型的构件集选择此选项，当用户尝试键入字母时，文本域中将不显示任何内容。

图 5-47　Spry 文本域

★例 5.9：打开 edu 站点 other/form 文件夹中的 form09-1.html 文件，插入 4 个 Spry 验证文本域，即得到如图 5-47 所示的效果。

（1）打开 edu 站点 other/form 文件夹中的 form09-1.html 文件。

（2）将插入点置于"用户名:"右侧的空白单元格中，单击"插入"面板"表单"类别中的"Spry 验证文本域"按钮。

（3）单击文档窗口插入文本框中的"Spry 文本域"字样，在 Spry 文本域属性检查器中进行相关设置：选择"类型"为"无"、"提示"内容为"用户名"、"预览状态"为"初始"、"验证于"选择"onBlur"、"最小字符数"为2，选择"必需的"复选框。

（4）单击蓝色"Spry 文本域"内的文本域，在文本域属性检查器中设置"字符宽度"值为 23。

（5）以同样的方式，分别在"年龄"、"电话"和"E-Mail"右侧的单元格中插入"Spry 验证文本域"，然后进行如表 5-2 所示设置。

表 5-2　属性设置

属性	年　龄	电　话	E-mail
类型	整数	电话号码	电子邮件地址
提示	50	000-0000000	XXXX@XXX.XXX
预览状态	初始	初始	初始
验证于	onBlur	onBlur	onBlur
必需的	不选择	不选择	选择
文本域字符宽度	23	23	23

（6）选择"文件"|"另存为"命令，另存文件为 form09-2.html。

（7）按 F12 键打开浏览器，进行如下操作：在"用户名"文本框中输入任意字符，在"年龄"文本框输入非数字字符，单击"E-Mail"文本框什么也不输入，将插入点置于"电话"文本框中不输入任何内容。Spry 文本域验证后，不符合要求的会显示相应的修改信息，如图 5-48 所示。

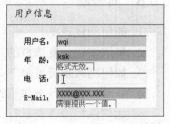

图 5-48　验证后显示修改信息

5.5　习题

5.5.1　填空题

1. 默认情况下，插入的空白表单会以红色虚轮廓线表示，如果红色轮廓线未显示，可选

择菜单栏中_____命令，然后从级联菜单中选择"可视化助理"|"不可见元素"命令显示表单红色轮廓线。

2. 选择表单的方法有两种：一种是通过单击该表单红色轮廓线选择表单；另一种是单击文档窗口左下角标签选择器中的_____标记。

3. 插入文本区域的方法有两种，一是直接单击"插入"面板"表单"类别中的"文本区域"按钮，另一种是先插入"文本域"然后应用属性检查器选择"类型"中的"多行"。两者的区别在于，Dreamwevaer 已经为_____定义了默认的"字符宽度"和"行数"。

4. 如果为密码文本域设置了初始值，则该值在浏览时以_____形式显示。

5. 选择"插入"|"表单"|"列表/菜单"命令，默认插入到设计窗口中的是_____，如果要更改此表单对象类型，应更改属性检查器中的_____组中的设置选项。

5.5.2 选择题

1. 单击"插入"面板"表单"类别中的"文本字段"按钮，不能创建的表单对象是（　　　）。
    A. 单行文本域　　　B. 多行文本域　　　C. Spry 验证文本域　　　D. 密码文本域
2. 在下面哪个选项中输入的信息不会显示输入的内容（　　　）。
    A. 单行文本框　　　B. 多行文本框　　　C. 数值文本框　　　　D. 密码文本框
3. 插入一个包含 4 个单选按钮的单选按钮组，以下命名正确的一组是（　　　）。

    A. RadioGroup1　　　RadioGroup1　　　RadioGroup1　　　RadioGroup1

    B. radiobut1　　　radiobut2　　　radiobut3　　　radiobut4

    C. radiobut　　　radiobutton　　　radiobutton　　　radiobutton

    D. radio1　　　radio1　　　radio1　　　radio1

4. 在检查表单时，通过"可接受"选项组为表单对象设置可接受的值。下列各选项中不属于"可接受"选项组的是（　　　）。
    A. 任何东西　　　B. 值　　　　　C. 数字　　　　　D. 电子邮件地址
5. 跳转菜单可以由多部分组成，其中必需的组成部件是（　　　）。
    A. 菜单选择提示　　　　　　　　B. 链接目标列表
    C. "前往"按钮　　　　　　　　D. 设置打开 URL 的窗口

5.5.3 简答题

1. 如何创建表单？
2. 单选按钮与复选框的属性有何不同之处？
3. 如何插入跳转菜单？
4. 表单按钮有什么作用？
5. 如何添加检查表单行为？

5.5.4 上机练习

1. 设计一个包含文本域、单选按钮、复选框、下拉菜单、重置和提交按钮的表单。
2. 应用 Spry 验证构件创建表单。

第6章

层叠样式表

教学目标：

层叠样式表（CSS）是由一系列格式组成的规则，可用于控制网页中各对象的外观。例如，使用层叠样式表可以为指定文本、整篇文档及整个站点定义统一的风格。本章主要介绍什么是层叠样式表，如何创建、编辑 CSS 样式和 CSS 样式表，以及导入和链接 CSS 样式表的方法。

教学重点与难点：

1. 创建 CSS 样式。
2. 编辑 CSS 样式。
3. 应用类样式。
4. 导入与链接样式。

6.1 层叠样式表概述

Dreamweaver 提供了层叠样式表功能，用于灵活控制 Web 页面内容外观。例如，应用层叠样式表可以统一控制网页的特定字体和字号、文本颜色和背景颜色等。除此之外，还可确保浏览器以一致的方式处理页面布局和外观。

6.1.1 什么是 CSS

CSS 全称 Cascading Style Sheets，中文名为层叠样式表（也可简称为样式表）。这里的层叠是指浏览器最终为网页上的特定元素显示样式的方式。网页由三种不同的源样式控制效果：由页面作者创建的样式表、用户自定义样式和浏览器默认样式，而最终外观是由这三种源样式的规则共同作用的结果（即重叠）。

CSS 样式本身是一组格式设置规则，由两部分组成：选择器和声明。选择器是标识已设置格式元素的术语（如 p、h1、类名称或 ID），而声明则用于定义样式属性。例如：

```
h1{
font-size:16pixels;
font-family:Helvetica;
}
```

其中，**h1** 是选择器，介于大括号（{}）之间的所有内容都是声明。各个声明均由两部分组成：属性（如 `font-size`）和值（如 `16pixels`），中间用冒号（:）分隔。以声明 font-family:Helvetica 为例，font-family 为属性，Helvetica 为值。

6.1.2 CSS 的作用

在制作网页的过程中，合理地应用 CSS 样式，可以起到事半功倍的效果。下面介绍 CSS 的功能。

（1）具有良好的兼容性。CSS 样式表的代码有良好的兼容性，只要是可以识别 CSS 样式表的浏览器就可以正常应用。换句话说，如果用户丢失了某个插件时，或者使用的是老版本的浏览器时，代码不会出现杂乱无章的情况。

（2）页面内容与表示形式分离。通过使用 CSS 样式设置页面的格式，可将页面的内容与表示形式分离开。页面内容（即 HTML 代码）存放在 HTML 文件中，而用于定义代码表示形式的 CSS 规则存放在另一个文件（外部样式表）或 HTML 文档的另一部分（通常为文件头部分）中。将内容与表示形式分离可使站点外观的维护变得更加容易，更容易控制页面布局。

（3）提供更快的下载速度。CSS 样式表只是简单的文本，它不需要图像，不需要执行程序，不需要插件，就像 HTML 指令那样快。有了 CSS 样式后，以前必须借助 GIF 才能实现的效果现在应用 CSS 样式就可以实现；除此之外，CSS 样式还可以减少表格标签及其他加大 HTML 文件大小的代码，这样就极大地缩减了文件大小，可以制作出文件更小、下载速度更快的网页。

6.2 创建 CSS 样式

在第 2 章介绍设置文本格式时，我们已经接触了 CSS 样式，在 CSS 属性面板"目标规则"下拉列表框中，默认显示"<新 CSS 规则>"命令，如图 6-1 所示。

图 6-1　CSS 属性检查器

用户只要应用 CSS 属性面板为选择的文本设置字体、字号、字形（粗体、斜体）、颜色和对齐方式，就会自动弹出"新建 CSS 规则"对话框，要求用户选择类型、定义名称及应用范围，如图 6-2 所示。完成设置，单击"确定"按钮即可创建 CSS 新样式。

提示：如果用户在为选择的文本设置字体、字号、字形、对齐方式等操作时，不希望为其定义样式，可打开 CSS 属性检查器中的"目标规则"下拉列表框，从中选择"<新内联样式>"选项，如图 6-3 所示。

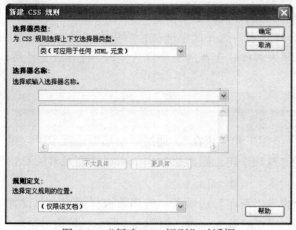

图 6-2 "新建 CSS 规则"对话框

图 6-3 "目标规则"下拉列表框

6.2.1 认识"新建 CSS 规则"对话框

"新建 CSS 规则"对话框可随设置字体格式操作打开，当用户执行以下任意操作时也会打开此对话框。

（1） 选择"格式"|"CSS 样式"|"新建"命令。

（2） 选择 CSS 属性检查器"目标规则"下拉列表框中的"新建 CSS 规则"选项，然后单击"编辑规则"按钮。

（3） 选择"窗口"|"CSS 样式"命令（或单击 CSS 属性检查器中的"CSS 面板"按钮）展开"CSS 样式"面板，单击面板右下侧的"新建 CSS 规则"按钮。

（4） 单击"CSS 样式"面板右上角的 按钮，从弹出菜单中选择"新建"命令。

（5） 在"CSS 样式"面板中任意位置处右击鼠标，从弹出的快捷菜单中选择"新建"命令。

"新建 CSS 规则"对话框中各选项功能如下。

（1） "选择器类型"：创建可应用于文本范围或文本块的样式。

- "类（可应用于任何 HTML 元素）"：创建一个可作为 class 属性应用于任何 HTML 元素的自定义样式。
- "ID（仅应用于一个 HTML 元素）"：定义包含特定 ID 属性的标签格式。
- "标签（重新定义 HTML 元素）"：重新定义特定 HTML 标签的默认格式。
- "复合内容（基于选择的内容）"：定义同时影响两个或多个标签、类或 ID 的复合规则。

（2） "选择器名称"：用于为新建的样式命名。

- 类名称必须以句点（英文点.）开头，可以包含任何字母和数字组合。如果没有输入点，Dreamweaver 会自动为用户添加。
- ID 必须以井号（#）开头，并且可以包含任何字母和数字组合。如果没有输入开头的井号，Dreamweaver 会自动为用户添加。

- 输入 HTML 标签或从弹出菜单中选择一个标签。

（3）"规则定义"：选择定义样式的位置，即定义样式的使用范围。若要将规则放置到已附加到文档的样式表中，请选择相应的样式表。

- "仅限该文档"：定义只能应用于该文档的样式。
- "新建样式表文件"：定义外部层叠样式表。选择此单选按钮后单击"确定"按钮，弹出"保存样式表文件为"对话框，要求将样式保存成一个样式文件。保存成文件后，可通过链接应用在所有的文件中。

6.2.2 认识"CSS 样式"面板

"CSS 样式"面板中含有两个选项卡："全部"和"正在"。通过"全部"选项卡可以跟踪影响整个文档的规则和属性，而通过"正在"选项卡可以跟踪影响当前所选页面元素的 CSS 规则和属性。

默认状态下，"CSS 样式"面板中显示的是"正在"选项卡。若当前选择的文本已设置了样式，则"现在"面板中会显示当前使用的样式的基本信息，如图 6-4 所示。单击"全部"标签，显示"全部"选项卡，该选项卡中显示当前文档中定义和附加的所有规则，以及所选规则的相关属性，如图 6-5 所示。

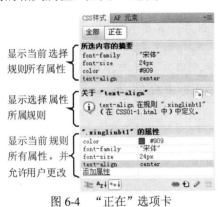

图 6-4　"正在"选项卡

图 6-5　"全部"选项卡

1. 功能按钮

除此之外，"CSS 样式"面板底部还含有 7 个按钮，利用这些按钮可以以不同的类别显示 CSS 样式，为 CSS 样式附加样式表，或进行编辑、创建、删除样式等操作。各按钮功能如下。

（1）"显示类别视图"：以分类的形式显示所有可用属性，如图 6-6 所示。每个类别的属性都包含在一个列表中，用户可以通过单击类别名称左侧的加号（+）按钮显示类别属性，单击减号（-）按钮隐藏该类属性，如图 6-7 所示。

（2）"显示列表视图"：按字母顺序显示所有 CSS 属性。

（3）"只显示设计属性"：只显示已设置的属性，此视图为默认视图。

（4）"附加样式表"：打开"链接外部样式表"对话框，从中选择要链接或导入到当前文档中的外部样式表。

（5）"新建 CSS 规则"：在打开的对话框中创建样式类型。

图 6-6 折叠所有属性

图 6-7 展开背景属性

（6）"编辑样式" ：在打开的对话框中编辑当前文档或外部样式表中的样式。

（7）"删除 CSS 规则" ：删除"CSS 样式"面板中的所选规则或属性，并从应用该规则的所有元素中删除格式。

2. 快捷菜单

在"CSS 样式"面板空白位置处右击鼠标，会弹出如图 6-8 所示的快捷菜单，该菜单中有些命令非常有用，下面简单介绍一下常用命令功能。

（1）"重命名类"：更改类样式名称。

（2）"编辑选择器"：与重命名有类似的功能，用户可以能过此命令为选择的样式重新命名，以更改选择器类型。例如，将"a:link"更改为".link"，虽然只是名称不同，应用于文档后的效果却大相径庭。

（3）"移动 CSS 规则"：将当前文档中的 CSS 样式移动至其他样式表中。

（4）"套用"：将当前样式应用于选择对象。

图 6-8 快捷菜单

6.2.3 创建 CSS 样式

Dreamweaver 允许用户创建只应用于当前文档的样式，或创建外部样式表应用于站点中的所有文档。下面以创建外部层叠样式为例，认识创建 CSS 样式的方法。

★例 6.1：打开 edu 站点 other/CSS 文件夹中的文件 CSS01.html，创建一个名为 jtcss 的外部样式，其中包含 6 种不同的样式：文章标题（biaot）、正文（zwtext）、正文名言（zwmy）、正文标题（zwbt）、链接文本（a:link）和背景图像（body）。

（1）打开 edu 站点 other/CSS 文件夹中的文件 CSS01.html。

（2）单击属性检查器中的"CSS"按钮，切换至 CSS 属性检查器，单击"编辑规则"按钮，打开"新建 CSS 规则"对话框。

（3）设置"选择器类型"选项为"类"，"选择器名称"为".biaot"，"规则定义"为"新建样式表文件"，完成设置单击"确定"按钮。

（4）打开"将样式表文件另存为"对话框，设置"保存在"为 edu 站点根目录 other/CSS 文件夹，"文件名"为"jtcss"。"保存类型"为"样式表文件"，如图 6-9 所示完成设置单击"保存"按钮。

图 6-9　"将样式表文件另存为"对话框

（5）打开"CSS 规则定义"对话框，选择"分类"列表框中的"类型"选项，设置"Font-family"为"黑体"，"Font-size"为 24，"Color"为#909，如图 6-10 所示完成设置单击"确定"按钮。

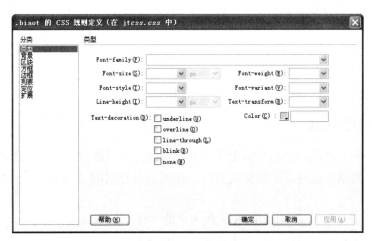

图 6-10　规则定义对话框

（6）此时"CSS 样式"面板的"全部"选项卡中显示创建的样式表文件（jtcss）和样式文件（biaot），如图 6-11 所示。单击"CSS 样式"面板右下角的"新建规则"按钮，打开"新建 CSS 规则"对话框。

（7）设置"选择器类型"为"类"，"选择器名称"为".zwtext"，"规则定义"为"jtcss.css"，如图 6-12 所示完成设置单击"确定"按钮。

（8）打开"CSS 规则定义"对话框，设置正文部分字体为"宋体"、字体大小为"16"，字体颜色为"#000（黑色）"，完成设置单击"确定"按钮。

（9）以同样的方式向 jtcss 中添加正文标题 zwbt（18 号#93F 黑体）、正文名言 zwmy（16 号#00F 黑体）。

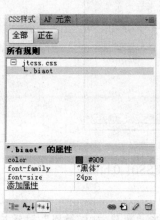

图 6-11　"CSS 样式"面板

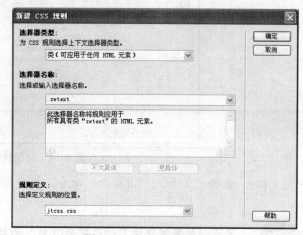

图 6-12　向 jtcss 中新建样式

（10）接下来介绍设置链接文本（link）与网页背景图像（body）两种样式的设置方法。在"CSS 样式"面板"所有"选项卡空白位置处右击鼠标，从弹出的快捷菜单中选择"新建"命令，打开"新建 CSS 样式"对话框。

（11）设置"选择器类型"为"复合内容"，打开"选择器名称"下拉列表框从中选择"a:link"选项，设置"规则定义"为"jtcss.css"，如图 6-13 所示完成设置单击"确定"按钮。

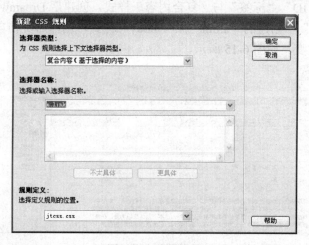

图 6-13　选择标签

（12）打开"CSS 规则定义"对话框，在"类型"分类中设置"Font-family"为"楷体_GB2312"，"Font-size"为 16，"Text-decoration"为"none"，如图 6-14 所示完成设置单击"确定"按钮。

（13）以同样的方式打开"新建 CSS 样式"对话框，设置"选择器类型"为"标签"，打开"选择器名称"下拉列表框从中选择"body"选项，设置"规则定义"为"jtcss.css"，完成设置单击"确定"按钮，在打开的"CSS 规则定义"对话框"背景"分类中设置

"Background-image" 为 "../images/xinling.jpg"。

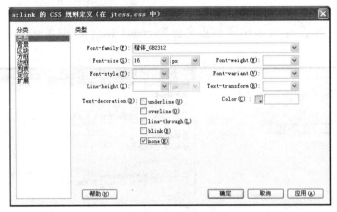

图 6-14　设置属性

（14）　选择 "文件" | "另存为" 命令，将文件另存为 CSS01-0.html。

提示：如果创建的是 "仅限该文档" 的样式，单击 "新建 CSS 规则" 对话框中的 "确定" 按钮，则会打开 "CSS 规则定义" 对话框，不会弹出 "将样式表文件另存为" 对话框要求用户为样式表文件命名。

6.3　应用 CSS 样式

CSS 样式中的 "ID"、"标签" 与 "复合内容" 样式，创建后 Dreamweaver 会直接应用于文档。例如 "例 6.1" 中创建的 "a:link" 和 "body" 样式，创建后文档自动添加背景图像，链接文本外面发生改变，如图 6-15 所示。

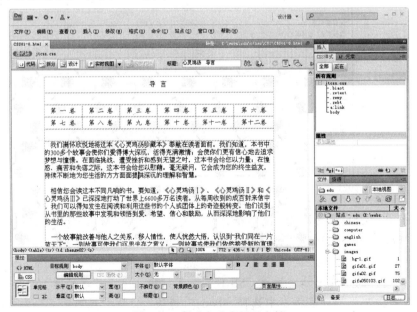

图 6-15　样式自动应用于文档

CSS 样式中的 "类" 样式必须由用户手动应用至对象。如要将 "类" 样式应用于文本, 应先选择文本或将插入点置于文本所在段落, 然后执行下列操作即可将选择的 CSS 样式应用于文本。

（1） 从文本属性面板 "样式" 下拉列表框中选择要应用的类样式。

（2） 在文档窗口中右击所选文本, 弹出如图 6-16 所示的快捷菜单, 选择 "CSS 样式" 命令, 从弹出的下级菜单中选择要应用的样式。

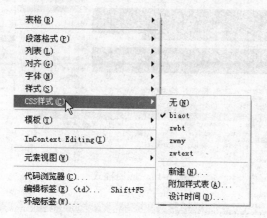

图 6-16　快捷菜单

（3） 切换至 "CSS 样式" 面板的 "全部" 选项卡, 右击 "所有规则" 列表框中要应用的样式, 从弹出的快捷菜单中选择 "套用" 命令。

（4） 单击 "CSS 样式" 面板中的▤图标, 从弹出的菜单中选择 "套用" 命令。

（5） 选择 "格式" | "CSS 样式" 命令, 从下级菜单中选择要应用的样式。

提示：如果要删除应用于文本的 "类" 样式, 确定插入点或选择对象后, 右击鼠标从弹出的快捷菜单中选择 "CSS 样式" | "无" 命令, 或选择 "格式" | "CSS 样式" | "无" 命令。

★例 6.2: 打开 "例 6.1" 中的结果文件 CSS01-0.html, 将 jtcss.css 样式表中的相应样式应用于文档: 文章标题（.biaot）、正文（.zwtext）、正文名言（.zwmy）和正文标题（.zwbt）。

（1） 打开 edu 站点 other/CSS 文件夹中的文件 CSS01-0.html。

（2） 将插入点置于 "导言" 行中, 右击 "CSS 样式" 面板 jtcss.css 下的 ".biaot" 样式, 从弹出的快捷菜单中选择 "套用" 命令。

（3） 选择前两段正方, 右击 "CSS 样式" 面板 jtcss.css 下的 ".zwtext" 样式, 从弹出的快捷菜单中选择 "套用" 命令, 得到如图 6-17 所示效果。

（4） 以同样的方式, 分别为其他正文应用类样式 ".zwtext", 为正文标题应用类样式 ".zwbt", 为正文名言部分应用类样式 ".zwmy"。

（5） 选择 "文件" | "另存为" 命令, 另存文件为 CSS01-1.html。

（6） 按 F12 键打开浏览器预览效果, 如图 6-18 所示。

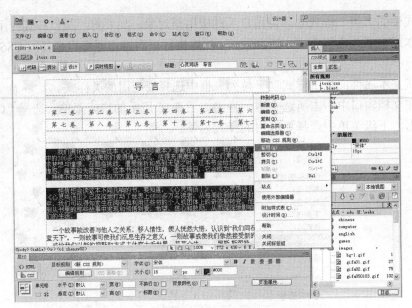

图 6-17 应用样式

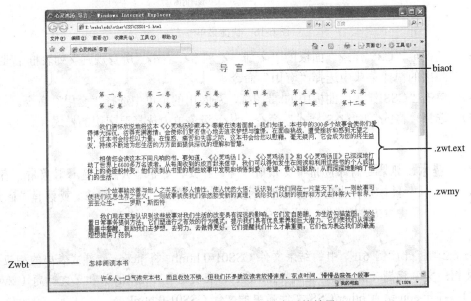

图 6-18 应用 jtcss.css 类样式后的效果

6.4 设置 CSS 样式属性

在定义 CSS 样式过程系统会自动打开 "CSS 规则定义" 对话框，允许用户应用其中的选项为样式设置属性。样式创建后，用户同样可打开该对话框，修改选择样式的属性。

如果要编辑 CSS 样式，可进行以下任意操作打开 "CSS 规则定义" 对话框。

（1）选择 CSS 属性检查器 "目标规则" 下拉列表框中要修改属性的样式，然后单击 "编辑规则" 按钮。

（2）展开"CSS 样式"面板，单击面板右下侧的"编辑样式"按钮。

（3）单击"CSS 样式"面板右上角的 按钮，从弹出菜单中选择"编辑"命令。

（4）在"CSS 样式"面板中任意位置处右击鼠标，从弹出的快捷菜单中选择"编辑"命令。

提示：用户也可以直接应用"CSS 样式"面板更改选择样式属性，操作方法：先选择要修改属性的样式，然后单击要更改的属性，更改完毕按 Enter 键。

6.4.1 设置"类型"属性

打开"CSS 规则定义"对话框，确认当前显示"类型"选项卡，如图 6-19 所示。该选项卡中各选项的功能如下。

（1）Font-family（字体）：定义样式的文本字体格式。

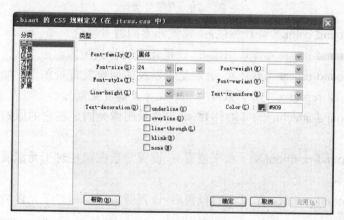

图 6-19 类型分类

（2）Font-size（大小）：定义字体大小。

（3）Font-weight（粗细）：指定文本的笔画粗细。

（4）Font-style（样式）：指定文本的字体样式。

（5）Font-variant（变体）：设置文本的小写大写字母变体。

（6）Line-height（行高）：设置文本所在行的高度。选择 normal（正常）选项，系统自动计算行高；选择"值"选项，用户可输入数值自定义行高。

（7）Text-transform（大小写）：将所选内容中的每个单词的首字母大写或将文本设置为全部大写或小写。

（8）Text-decoration（修饰）：向文本中添加各种修饰效果，如 underline（下画线）、overline（上画线）、line-through（删除线）和 blink（闪烁）。如果选择 none（无）选项表示不使用任何修饰。

（9）Color（颜色）：用于设置文本颜色。

6.4.2 设置"背景"属性

打开"CSS 规则定义"对话框，选择"分类"列表框中的"背景"选项，切换至"背景"选项卡，如图 6-20 所示。该选项卡中各选项的功能如下。

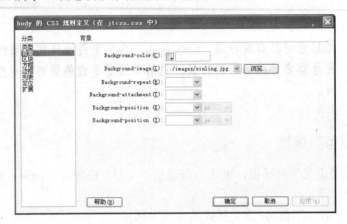

图 6-20 背景分类

（1） Background-color（背景颜色）：设置元素的背景颜色。

（2） Background-image（背景图像）：设置元素的背景图像。

（3） Bcakground-repeat（重复）：确定是否以及如何重复背景图像，如 no-repeat（不重复）、repeat（重复）、repeat-x（水平重复）、repeat-y（垂直重复）。

（4） Bcakground-attachment（附件）：确定背景图像是固定在它的原始位置还是随内容一起滚动。

（5） Bcakground-position(X)（水平位置）：设置背景图像相对于元素或文档窗口的初始水平位置。

（6） Bcakground-position(Y)（垂直位置）：设置背景图像相对于元素或文档窗口的初始重直位置。

6.4.3 设置"区块"属性

打开"CSS 规则定义"对话框，选择"分类"列表框中的"区块"选项，切换至"区块"选项卡，如图 6-21 所示。该选项卡中各选项的功能如下。

（1） Word-spacing（单词间距）：设置单词的间距。

（2） Letter-spacing（字母间距）：设置字母或字符的间距，指定负值可减小字符间距。

（3） Vertical-align（垂直对齐）：指定元素的垂直对齐方式，用户可以选择以下选项。

- baseline（基线）：使元素与元素的上一级基线对齐。
- sub（下标）：将元素设置为上一级元素的下标。
- super（上标）：将元素设置为上一级元素的上标。
- top（顶部）：使元素和行中最高的元素向上对齐。
- text-top（文本顶对齐）：使元素和上一级元素的字体向上对齐。
- middle（中线对齐）：纵向对齐元素的基线加上上一级元素高度的一半的中点。
- bottom（底部）：使元素和行中最低的元素向下对齐。

- text-bottom（文本底对齐）：使元素和上一级元素的字体向下对齐。

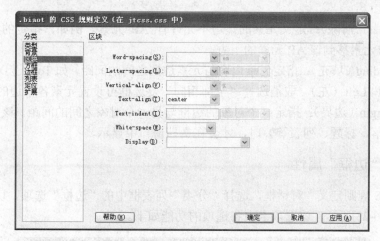

图 6-21　区域分类

（4）　Text-align（文本对齐）：设置元素中的文本对齐方式。

（5）　Text-indent（文字缩进）：指定第 1 行文本缩进的程度。可以使用负值创建凸出，但能否正常显示取决于浏览器。

（6）　White-space（空格）：确定如何处理元素中的空格。

- normal（正常）：收缩空格。
- pre（保留）：保留所有空白，包括空格、制表符和回车符。
- nowrap（不换行）：仅遇到
标签时文本才换行。

（7）　Display（显示）：指定是否及如何显示元素，选择 none（无），则关闭元素显示。

6.4.4　设置"方框"属性

打开"CSS 规则定义"对话框，选择"分类"列表框中的"方框"选项，切换至"方框"选项卡，如图 6-22 所示。该选项卡中各选项的功能如下。

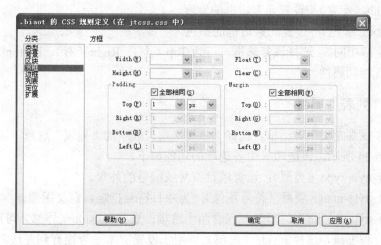

图 6-22　方框分类

（1）　Width（宽）、Height（高）：设置元素的宽度和高度。

（2）　Float（浮动）：设置选择元素（如文本、AP 元素、表格等）在围绕元素的哪个边浮动。

（3）　Clear（清除）：定义元素的某边不允许有 AP 元素。例如，指定的清除边上出现 AP 元素时，将元素移到该 AP 元素的下方。

（4）　Padding（填充）：指定元素内容与元素边框之间的间距，如 Top（上）、Right（右）、Bottom（下）和 Left（左）。取消选择"全部相同"复选框可设置元素各个边的填充。

（5）　Margin（边界）：指定一个对象的边框与另一个对象之间的间距。该属性仅应用于块级元素（段落、标题、列表等）时，才会在文档窗口中显示。

6.4.5　设置"边框"属性

打开"CSS 规则定义"对话框，选择"分类"列表框中的"边框"选项，切换至"边框"选项卡，如图 6-23 所示。该选项卡中各选项的功能如下。

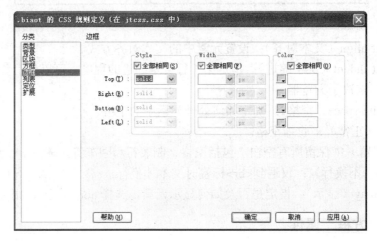

图 6-23　边框分类

（1）　Style（样式）：设置元素边框的样式。

（2）　Width（宽度）：设置元素边框的宽度。

（3）　Color（颜色）：设置元素边框的颜色。

（4）　"全部相同"：选择该复选框，可为 Top（上）、Right（右）、Bottom（下）和 Left（左）边框设置相同属性。

6.4.6　设置"列表"属性

打开"CSS 规则定义"对话框，选择"分类"列表框中的"列表"选项，切换至"列表"选项卡，如图 6-24 所示。该选项卡中各选项的功能如下。

（1）　List-style-type（类型）：设置项目符号或编号的外观。

（2）　List-style-image 项目（符号图像）：为项目符号指定自定义图像。

（3）　List-style-Position（位置）：包含两个选项，选择 outside（外部）可用于设置列表项文本是否换行和缩进，选择 inside（内部）可用于设置文本是否换行到左边距。

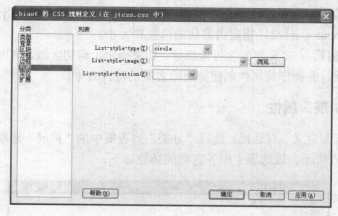

图 6-24 列表分类

6.4.7 设置"定位"属性

打开"CSS 规则定义"对话框,选择"分类"列表框中的"定位"选项,切换至"定位"选项卡,如图 6-25 所示。该选项卡中各选项的功能如下。

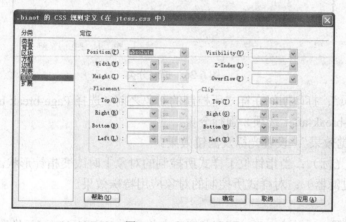

图 6-25 定位分类

(1) Position(类型):确定浏览器如何定位选择的元素。

(2) Visibility(显示):确定内容的初始显示条件。如果不指定可见性属性,则默认情况下内容将继承父级标记的值。

(3) Width(宽)、Height(高):设置 AP 元素的宽度和高度。

(4) Z-Index(Z 轴):确定内容的堆叠顺序,Z 轴值较高的元素显示在 Z 轴值较低的元素的上方,其值可以为正,也可以为负。

(5) Overflow(溢出):确定当容器的内容超出容器的显示范围时的处理方式。这些属性按以下方式控制扩展。

- visible(可见):增加容器的大小,以使所有内容都可见。容器将向右下方扩展。
- hidden(隐藏):保持容器的大小并剪辑任何超出的内容,不提供任何滚动条。
- scroll(滚动):将在容器中添加滚动条,而不论内容是否超出容器的大小。明确提供滚动条可避免滚动条在动态环境中出现和消失所引起的混乱。

· auto（自动）：将使滚动条仅在容器的内容超出容器的边界时才出现。

（6） Placement（定位）：指定内容块的位置和大小。

（7） Clip（剪辑）：定义内容的可见部分。如果指定了剪切区域，则可以使用 JavaScript 样式脚本语言访问，并操作其属性创建如擦除之类的特殊效果。

6.4.8 设置"扩展"属性

打开"CSS 规则定义"对话框，选择"分类"列表框中的"扩展"选项，切换至"扩展"选项卡，如图 6-26 所示。该选项卡中各选项的功能如下。

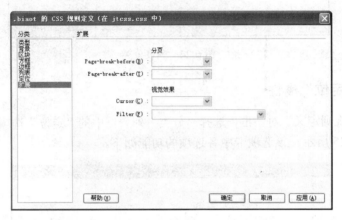

图 6-26　扩展分类

（1） "分页"：打印期间在样式所控制的对象之前（选择 Page-break-before 选项）或者之后（选择 Page-break-after 选项）强行分页。

（2） "视觉效果"：设置光标及滤镜效果。

· Cursor（光标）：当指针位于样式所控制的对象上时改变指针形状。

· Filter（过滤器）：对样式所控制的对象应用特殊效果。

★例 6.3：打开 edu 站点 other/CSS 文件夹中的文件 CSS01-1.html，修改"jtcss.css"中的".zwtext"和".zwmy"，并将行高设置为 6mm，字符间距为 1mm 并修改".zwmy"类样式字体为"楷体_GB2312"，得到如图 6-27 所示的效果。

（1） 打开 edu 站点 other/CSS 文件夹中的文件 CSS01-1.html。

（2） 选择"CSS 样式"面板 jtcss.css 下的".zwtext"样式，单击面板右下角的"编辑样式"按钮，打开"CSS 规则定义"对话框。

（3） 选择"分类"列表框中的"类别"选项，打开"Line-height"左侧下拉列表框从中选择"值"选项，输入数值 6，然后打开其后的单位下拉列表框，从中选择 mm 选项。

（4） 选择"分类"列表框中的"区域"选项，打开"Letter-spacing"左侧下拉列表框从中选择"值"选项，输入数值 1，然后打开其后的单位下拉列表框，从中选择 mm 选项，单击"确定"按钮完成".zwtext"类样式修改。

（5） 选择"CSS 样式"面板 jtcss.css 下的".zwmy"样式，单击面板右下角的"编辑样式"按钮，打开"CSS 规则定义"对话框。

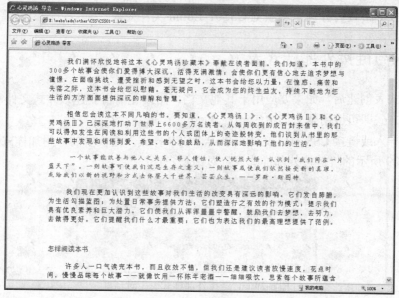

图 6-27　修改样式属性后的效果

（6）选择"分类"列表框中的"类别"选项，打开"Font-family"下拉列表框从中选择"楷体_GB2312"选项，打开"Line-height"左侧下拉列表框从中选择"值"选项，输入数值 6，然后打开其后的单位下拉列表框，从中选择 mm 选项。

（7）选择"分类"列表框中的"区域"选项，打开"Letter-spacing"左侧下拉列表框从中选择"值"选项，输入数值 1，然后打开其后的单位下拉列表框，从中选择 mm 选项，单击"确定"按钮完成".zwtext"类样式修改。

（8）单击"文档"工具栏中方"源代码"右侧的"jtcss.css"字样，按 Ctrl+S 组合键保存 CSS 文件，如图 6-28 所示。

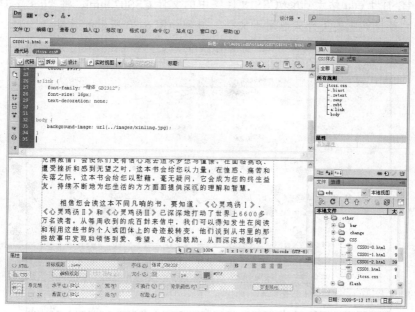

图 6-28　保存修改的 jtcss.css 文件

（9）按 F12 键打开浏览器预览 CSS01-1.html 文件效果。

6.5　导入与链接外部样式表

外部样式表创建后，如果要应用于其他文档，用户无需再创建该样式文件，只需使用链接或导入的方式即可应用至文档中。

如果要导入或链接 CSS 样式文件，单击"CSS 样式"面板中的"附加样式表"按钮，打开如图 6-29 所示的"链接外部样式表"对话框。

图 6-29　"链接外部样式表"对话框

单击"浏览"按钮，打开"选择样式表文件"对话框，从中选择所需的外部样式表；单击"确定"按钮，返回"链接外部样式表"对话框。然后从"添加为"选项组中选择"链接"或"导入"，完成设置单击"确定"按钮。

提示：如果要使用 Dreamweaver 中预置的样式表，可以单击"链接外部样式表"对话框中的"范例样式表"超链接，打开"范例样式表"对话框，从中选择符合的样式。

★例 6.4：打开 edu 站点 other/CSS 文件夹中的文件 CSS02.html，将"jtcss.css"样式文件导入该文件，并将其中的类样式应用于文档，得到如图 6-30 所示的效果。

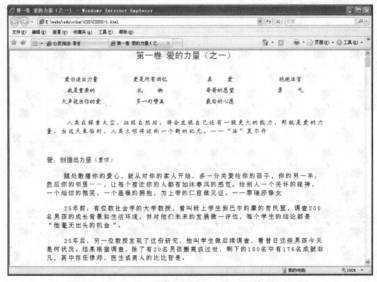

图 6-30　将导入样式文件应用于文档后的效果

（1） 打开 edu 站点 other/CSS 文件夹中的文件 CSS02.html。

（2） 展开"CSS 样式"面板，单击面板右下角的"附加样式表"按钮，打开"链接外部样式表"对话框。

（3） 单击"浏览"按钮，打开"选择样式表文件"对话框，选择 edu 站点 other/CSS 文件夹中的文件 jtcss.css，如图 6-31 所示。

图 6-31　"选择样式表文件"对话框

（4） 单击"确定"按钮，返回"附加样式表"按钮。

（5） 选择"添加为"选项组中的"链接"单选按钮，单击"确定"按钮，完成样式表的链接。

（6） 为文章标题应用类样式".biaot"、为正文应用类样式".zwtext"、为正文名言应用类样式".zwmy"和为正文标题应用类样式".zwbt"。

（7） 选择"文件"|"另存为"命令，另存文件为 CSS02-1.html。

（8） 按 F12 键打开浏览器，预览文件效果。

6.6　CSS 样式的优先顺序

若定义了多个 CSS 样式，且将两个或多个样式应用于同一文本时，样式间会发生冲突，产生意想不到的结果。浏览器会根据以下规则将 CSS 样式应用于文本。

（1） 将多种样式应用于同一文本，浏览器显示样式的所有属性，除非某个特定的属性发生冲突。例如，一种样式将文本颜色指定为蓝色，而另一种样式将文本颜色指定为红色。

（2） 应用于同一文本的多种样式属性发生冲突时，浏览器显示最里层的样式（离文本本身最近的样式）的属性。也就是说，如果外部样式表和内联 CSS 样式同时影响文本元素，则内联样式将被应用于文本。

（3） CSS 样式间若发生直接冲突，则使用 class 属性应用的样式中的属性将取代 HTML 标记样式中的属性。

6.7 习题

6.7.1 填空题

1. 层叠样式表也简称为样式表，英文简称写为_____样式。

2. "CSS 规则"定义对话框中共提供了 8 种分类，可用于设置"类"、"ID"、"复合内容"和_____，如果要为文本设置字体、字号等属性，应切换至_____分类。

3. CSS 样式表文件的文件扩展名为_____。

4. _____是唯一可以应用于文档中任何文本的 CSS 样式类型。

5. 在为某元素设置视觉效果时，若要设置当指针位于样式所控制的对象上时改变指针形状，应切换至"CSS 规则定义"对话框中的_____选项卡。

6.7.2 选择题

1. Dreamweaver 中自定义类样式的名称必须以什么开头（   ）。

    A. 数字   B. 字母   C. 英文点   D. 无所谓

2. 要链接一个外部样式表，应单击"CSS 样式"面板中的哪个按钮（   ）。

    A. 新建 CSS 规则   B. 编辑样式   C. 删除 CSS 规则   D. 附加样式表

3. 关于 CSS 样式的创建下列说法不正确的是（   ）。

    A. 单击 CSS 属性检查器中的"编辑规则"按钮

    B. 打开 CSS 属性检查器"目标规则"下拉列表框从中选择"内联样式"选项

    C. 单击"CSS 样式"面板中的"新建 CSS 规则"按钮

    D. 选择"格式"|"CSS 样式"|"新建"命令

4. 在设置 CSS 样式的属性时，如果要为其设置字体的闪烁效果，应在哪个分类中设置该属性（   ）。

    A. 类型   B. 背景   C. 字体   D. 列表

5. 如果要将某文件内的内部样式作为外部样式应用到其他文件中，应选择快捷菜单中的哪个命令（   ）。

    A. 移动   B. 套用   C. 复制   D. 拷贝

6.7.3 简答题

1. 简述 CSS 样式的作用。

2. 如何创建 CSS 样式？

3. 如何将类样式应用于选择对象？

4. 如何编辑已有的 CSS 样式？

5. 如何将外部样式表导入到其他文件？

6.7.4 上机练习

1. 打开任意网页创建外部样式，要求其中至少包含"类"样式和"标签"样式。

2. 定义 1 像素虚线红色边框样式，并将该样式应用于表格。

第 7 章

库项目与模板

教学目标：

在 Dreamweaver 中利用库项目与模板可以创建出风格统一的网页；除此之外，合理地利用库项目与模板还有利于网页风格的调整、网站的维护。通过本章的学习，读者应了解库与模板的基础知识和应用，即如何创建库项目、为网页添加库项目和编辑库项目，如何创建模板、设置模板的可编辑区域与重复区域等内容。

教学重点与难点：

1. 创建库项目。
2. 编辑库项目。
3. 创建模板。
4. 应用模板创建网页。

7.1 库项目与模板概述

库项目是网站内经常使用或更新的元素，存放在每个站点的本地根文件夹中的库文件夹（Library）中。库中可存储的项目包括图像、表格、声音和 Flash 文件。在使用库项目时，系统将库项目链接插入到 Web 页中，而不是直接将库项目本身插入到 Web 页。换句话说，Dreamweaver 是向文档中插入项目的 HTML 源代码副本，并添加一个包含对原始外部项目的引用的 HTML 注释。自动更新过程就是通过这个外部引用来实现的。

模板是一种特殊类型的文档，可用于设计固定的页面布局。用户可基于该模板创建文档，创建的文档会自动继承模板的页面布局。设计模板时，用户可以指定在基于模板的文档中哪些内容"可编辑"、哪些内容可复制创建、哪些内容不可编辑。模板最强大的功能之一在于从模板创建的文档与该模板保持同步状态，在修改模板的同时可以立即更新基于该模板创建的所有页面。

7.2 使用库项目

用户可将网页中多次用到的元素设置为库项目，这样用户只需要修改了库项目，即可更改所有应用该项目的网页，无需打开所有应用该对象的网页一个个修改，既省时又省力。

7.2.1 认识"资源"面板中的库

在使用库项目前，选择"窗口"|"资源"命令，显示"资源"面板，或单击"文件"面板组中的"资源"标签，切换至"资源"面板，如图 7-1 所示。

"资源"面板集成各种素材，单击左侧的各按钮可以显示不同的资源，下面先认识一下"资源"左侧栏中各按钮的功能。

（1）"图像" ：显示站点中的 GIF、JPEG 或 PNG 格式的图像文件。

（2）"颜色" ：显示文档和样式表中使用的颜色，包括文本颜色、背景颜色和链接颜色。

（3）"URLs" ：显示当前站点文档中使用的外部链接，包括 FTP、gopher、HTTP、HTTPS、JavaScript、电子邮件（mailto）以及本地文件（file://）链接。

（4）"SWF" ：显示任何 Adobe Flash 版本的文件。"资源"面板仅显示 SWF 文件（使用 Flash 创建的压缩文件），而不显示 FLA（Flash 源）文件。

（5）"Shockwave" ：显示 QuickTime 或 MPEG 文件。

（6）"影片" ：显示当前站点中应用的影片。

（7）"脚本" ：显示 JavaScript 或 VBScript 文件。HTML 文件中的脚本（而不是独立的 JavaScript 或 VBScript 文件）不出现在"资源"面板中。

（8）"模板" ：显示多个页面上使用的主页面布局。修改模板时会自动修改附加到该模板的所有页面。

（9）"库" ：显示在多个页面中使用的设计元素；当修改一个库项目时，会更新所有包含该项目的页面。

单击"资源"面板左下角中的"库"按钮 ，进入"库"类别显示站点中所有库资源，如图 7-2 所示。

图 7-1 "资源"面板

图 7-2 "库"选项卡

面板左下方的"插入"按钮可用于将选择的资源插入到文档中，右下方的按钮可用于刷新列表，新建、编辑和删除选择操作，下面介绍这几个按钮的功能。

（1）"插入" 插入 ：单击以上各类按钮（除颜色和模板）后，从右侧列表框中选择任意选项，再单击此按钮，可将其插入到网页中。若选择颜色和模板，则"插入"按钮变为"应用"按钮，单击"应用"按钮，可将选择的颜色或模板应用于打开的文档。

（2）"刷新站点列表" ⟳ ：重新刷新当前站点，将新建对象显示到列表框中。

（3）"新建库项目" ⊕ ：创建一个新的库项目。

（4）"编辑" ✎ ：编辑选择的对象。

（5）"删除" 🗑 ：删除选择的对象。

7.2.2 创建库项目

创建库项目的方法主要有两种：一种是基于选择的内容创建库项目，另一种是在不选择任何内容的情况下，创建空白库项目后向其中添加项目内容。

1. 基于选择内容创建库项目

若要基于选定内容创建库项目，应先选择"文档"窗口中要另存为库项目的内容或对象，然后执行以下任一操作。

（1）将选择的内容拖动至"资源"面板的"库"类别中。

（2）单击"资源"面板"库"类别下的"新建库项目"按钮。

（3）选择"修改"|"库"|"增加对象到库"命令。

（4）单击"资源"面板右上角的 ≡ 图标，从弹出菜单中选择"新建库项"命令。

执行以上任意操作，"库"面板中会显示名为"Untitled"且被选择的库项目，如图 7-3 所示。用户只需要输入库项目的名称，然后按 Enter 键即可。

图 7-3　新建库项目

提示：如果不更改新建库项目的名称，此后创建的库项目名称为 UntitledX（X 为数字从 2 开始的自然序列）。

2. 创建全新项目

若要创建一个空白库项目，在不选择任何内容的情况下，单击"资源"面板"库"类别下的"新建库项目"按钮，或单击"资源"面板右上角的 ≡ 图标，从弹出菜单中选择"新建库项"命令，一个新的、以"Untitled"为标题的库项目被添加到"库"类别中的列表。

根据需要更改名称后，双击（或单击面板右下角的"编辑"按钮）此项目即可在打开的文档中编辑库项目，然后保存即可。

提示：每个库项目都保存在 Library 文件中，且以独立文件的形式存在，文件扩展名为.lbi。例如，用户创建了一个名为 welcome 的图像库项目，则可在站点根目录下的 Library 文件夹中找到 welcome.lbi 文件。

7.2.3 将库项目添加到网页

用户可以直接将创建的库项目应用于文档。若要在文档中插入库项目，应先确定插入点位置，然后在"资源"面板中将一个库项目拖动到"文档"窗口中，或单击面板中的"插入"按钮。

 提示： 若要在文档中插入库项目的内容而不包括对该项目的引用，可在拖动时按住 Ctrl 键。

7.2.4 利用库项目更新网站

保存修改的库项目或更改库项目名称后，Dreamweaver 会自动弹出"更新库项目"对话框，询问用户是否要更新包含这些库项目的文件，如图 7-4 所示。

如果不需要更新列表框中显示的内容，可单击"不更新"按钮。待需要更新时（打开包含有库项目的文档），选择"修改"|"库"|"更新页面"命令，或选择"修改"|"库"|"更新当前页"命令，或在选择的库项目上右击鼠标，从弹出的快捷菜单中选择"更新站点"命令。如果需要更新，可单击"更新"按钮，Dreamweaver 会打开"更新页面"对话框，如图 7-5 所示，然后根据需要设置查看、更新内容即可。

图 7-4　提示对话框

图 7-5　"更新页面"对话框

"更新页面"对话框中各选项的功能如下。

（1）"查看"选项组：用于选择要更新库项目的范围。

* "整个站点"：用于更新站点中的所有文件。可从"查看"下拉列表框右边的下拉列表框中选择要更新的站点。
* "文件使用"：用于根据特定模板更新文件。可从"查看"下拉列表框右边的下拉列表框中选择文件。

（2）"更新"选项组：用于选择要更新的目标。

* "库项目"：用于指定更新的目标为库项目。
* "模板"：用于指定更新的目标为模板。

（3）"显示记录"：用于展开"状态"文本框，显示 Dreamweaver 试图更新的文件的信息，包括它们是否成功更新的信息。

★例 7.1：打开 edu 站点 other/xinling 文件夹中的文件 xinling.html，将其中的表格创建为库项目，并将其命名为 xinling-table。

（1）打开 edu 站点 other/xinling 文件夹中的文件 xinling.html。

（2）将指针移至正文上方的表格边框，当指针变为 ⇕ 形状时单击鼠标，选择整个表格。

（3）切换至"资源"面板，单击左侧栏中的"库"按钮，切换至"库"类别。

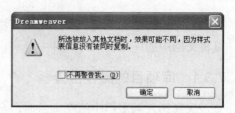

（4）单击"库"类别右下角的"新建库项目"按钮，系统自动弹出如图 7-6 所示的提示对话框，提示用户所选内容放入其他文档时，效果会有所不同。

（5）单击"确定"按钮，在"库"类别列表中会显示名为"Untitled"的库项目，将其重命名为 xinling-table。

图 7-6　提示对话框

（6）确认选择新创建的库项目，单击面板右下角的"编辑"按钮，打开 xinling-table.lbi 库项目文件。

（7）更改"导言"为"标题"；选择"第一卷"到"第十二卷"单元格设置水平对齐方式为"居中对齐"，并删除单元格内容，依次输入"链接"字样；删除所有正文内容，输入"正文"字样，如图 7-7 所示。

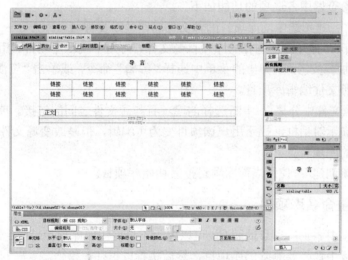

图 7-7　定义库项目文件

（8）按 Ctrl+S 组合键保存库项目，弹出"更新库项目"对话框，单击"更新"按钮。

（9）打开"更新页面"对话框，确认当前选择"更新"组中的"库项目"选项，单击"关闭"按钮。

（10）切换回 xinling.html 文档页面，选择"文件"|"另存为"命令，将文件另存为 xinling-1.html，得到如图 7-8 所示的效果。

图 7-8　插入文档中的库项目

7.3 编辑与管理库项目

将库项目添加至文档后,用户可根据需要打开库项目重新编辑或重新创建库项目,也可以将文档中的库项目从源文件中分离,或者删除多余的库项目。

7.3.1 库项目的属性检查器

选择插入到文档中的库项目时,会显示如图 7-9 所示的属性检查器。应用该属性检查器可查看库项目的源文件所在位置,打开或分离选择的库项目,或者重新创建库项目。

图 7-9 库项目属性检查器

库项目属性检查器中各选项的功能如下。

(1) "Src":显示选中的库项目的源文件的路径及文件名。

(2) "打开":打开当前选择的库项目源文件,可用于编辑库项目。用户也可单击"资源"面板右上角的 ≡ 按钮,从弹出的菜单中选择"编辑"命令,或单击"资源"面板中的"编辑"按钮,打开源文件编辑库项目。

(3) "从源文件中分离":中断选择的库项目与源文件之间的链接。单击此按钮,打开如图 7-7 所示的提示对话框,提示用户该项目变为可编辑,但是改变源文件时不会自动更新网页中当前选择的库项目。

(4) "重新创建":使用当前库项目覆盖初始库项目。

7.3.2 删除与重命名库项目

不断向库类别中添加库项目的同时,可以删除不再使用的库项目。若要删除一个库项目,可在"资源"面板中选择要删除的库项目,然后执行以下任一操作。

(1) 单击"资源"面板中的"删除"按钮。

(2) 单击"资源"面板右上角的 ≡ 按钮,从弹出的快捷菜单中选择"删除"命令。

(3) 在选择的库项目名称上右击鼠标,从弹出的快捷菜单中选择"删除"命令。

注意:库项目删除后无法使用"撤销"命令将其找回,只能重新创建。所以在删除库项目时一定先确认要删除的库项目是否真的要删除。

★例 7.2: 打开 edu 站点 other/xinling 文件夹中的文件 xinling-1.html,将文件中的库项目与源文件分离,并输入文档内容,应用样式格式化文档,得到如图 7-10 所示的文档效果。

(1) 打开 edu 站点 other/xinling 文件夹中的文件 xinling-1.html。

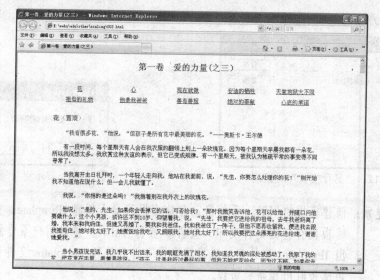

图 7-10　分离库项目后创建的文档

（2）选择文档中的库项目，单击属性检查器中的"从源文件中分离"按钮，弹出如图 7-11 所示的提示对话框，单击"确定"按钮。

（3）根据需要输入所需的内容，然后设置锚记以及文本样式（正文标题样式为".xinglinbt2"、正文内容为".zhengw01"、正文名言为".zhengw02"）。

（4）选择"文件"|"另存为"命令，将其另存为 003.html。

（5）按 F12 键，打开浏览器预览其效果。

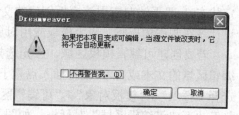

图 7-11　提示对话框

7.4　创建模板

应用 Dreamweaver 中的模板功能，将网页中相同部分定义为不可更改部分，将需要更改的部分定义为可更改的部分，可以保持站点风格的一致，减少站点制作过程中的工作量。

7.4.1　将文档另存为模板

创建模板的方法主要有两种：一种是将现有文档保存为模板，另一种是以新建的空文档为基础创建模板。

若要将已存在的文档另存为模板，可选择"文件"|"另存为模板"命令，打开"另存模板"对话框，如图 7-12 所示。在对话框中设置模板名称及描述，单击"保存"按钮，弹出如图 7-13 所示的提示对话框，提示是否更新链接。单击"是"按钮，将文档另存为模板。

"另存模板"对话框中各选项功能如下。

（1）"站点"：选择将模板应用到的站点。

（2）"现存的模板"：列出所选站点中的所有模板。

（3）"描述"：设置模板描述。

（4）"另存为"：设置模板名称。

图 7-12 "另存模板"对话框

图 7-13 提示更新链接

提示： 创建模板的同时，系统自动在站点根目录下创建 Templates 文件夹，并将模板保存在该文件夹中，文件扩展名为.dwt。建议用户不要随意将模板移出 Templates 文件夹，或将非模板文件存放在 Templates 文件夹中，以免引用模板时出现路径错误。

7.4.2 创建可编辑区域

将已存在的文档另存为模板，如果不设置可编辑区域，则整个模板为不可编辑状态（锁定状态），即无法向应用该模板创建的文档中添加内容，也就失去了模板的作用。因此，要求设计者在制作模板时，应为模板应用对象设计可编辑区域，方便向其中添加内容。

若要创建可编辑模板区域，应先选择要设为可编辑区域的文本或内容，或将插入点置于某区域内，选择"插入"|"模板对象"|"可编辑区域"命令，打开"新建可编辑区域"对话框，如图 7-14 所示。输入可编辑区域的名称，单击"确定"按钮。值得注意的是：在为同一文档中的不同可编辑区域命名时，不能使用相同的名称。

图 7-14 "新建可编辑区域"对话框

提示： 可以将整个表格或单独的表格单元格标记为可编辑区域，但不能将多个表格单元格标记为单个可编辑区域。

7.4.3 创建重复区域

重复区域是模板文档中所选区域的多个副本。该区域不是可编辑区域，若要使重复区域中的内容可编辑，必须在重复区域中插入可编辑区域。重复区域通常用于表格，可用于控制页面中的重复布局或重复数据行。

若要在模板中插入重复区域，必须先选择想要设置为重复区域的对象，然后选择"插入"|"模板对象"|"重复区域"命令，打开如图 7-15 所示的"新建重复区域"对话框。在"名称"文本框中输入名称，单击"确定"按钮。

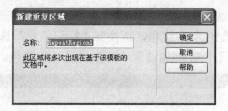

图 7-15 "新建重复区域"对话框

提示：如果只是创建一个独立的重复区域块，也可选择"插入"丨"模板对象"丨"重复表格"命令，以插入重复表格的方式设置重复区域。

7.4.4 定义可编辑标记属性

系统允许设计者在创建模板时指定某些标记属性可以修改。例如，设计者设置了模板的背景后，可将页面背景属性设置为可编辑，并允许应用模板创建文档的用户修改文档的背景颜色。

在文档窗口下方的标记选择器中选择标记，然后选择"修改"丨"模板"丨"令属性可编辑"命令，打开"可编辑标签属性"对话框，即可定义可编辑标记的属性，如图 7-16 所示。

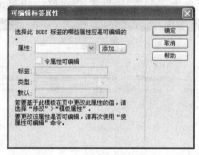

图 7-16 "可编辑标签属性"对话框

"可编辑标签属性"对话框中各选项的功能如下。

（1） "属性"：用于选择要编辑的属性。若要使用的属性未显示在下拉列表框中，可单击"添加"按钮，添加属性名称。

（2） "令属性可编辑"：选择该复选框，标记属性才能进行编辑；反之则不可编辑。

（3） "标签"：用于为属性输入唯一的名称。若要使以后标识特定的可编辑标签属性变得更加容易，可使用标识元素和属性的标签。例如，可以将具有可编辑源的图像标为 logoSrc，或者将 <body> 标记的可编辑背景颜色标为 bodyBgcolor。

（4） "类型"：用于选择该属性所允许具有的值的类型。

（5） "默认"：用于显示模板中所选标记属性的值。在此文本框中输入一个新值，可为模板文档中的参数设置一个不同的初始值。

7.4.5 模板高亮显示参数

可编辑区域、重复区域被不同的标记和边框颜色围绕，在 Dreamweaver 中用户可根据个

人喜好设置各标记的颜色。选择"编辑" | "首选参数"命令，打开"首选参数"对话框。选择"分类"列表框中的"标记色彩"选项，切换到"标记色彩"选项卡，如图7-17所示。用户可根据需要设置不同选项颜色，例如设置"可编辑区域"颜色。

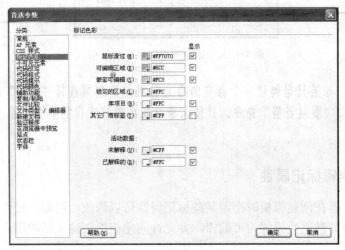

图7-17 "标记色彩"选项卡

★例7.3：打开edu站点other/xinling文件夹中的文件003-1.html，将其另存为模板，名称为"xinling"，根据需要设计可编辑区域与可重复区域，得到如图7-18所示的模板。

图7-18 创建的xinling模板效果

（1）打开edu站点other/xinling文件夹中的文件003-1.html。

（2）选择"文件" | "另存为模板"命令，打开"另存模板"对话框。设置"描述"为"心灵鸡汤 模板"，"另存为"为xinling，如图7-19所示。

（3）单击"保存"按钮，弹出提示对话框询问用户是否要更新链接，单击"是"按钮，当前003-1.html文档编辑窗口变为xinling.dwt模板编辑窗口。

图7-19 "另存模板"对话框

（4）将文档标题"第一卷　爱的力量（之三）"更改为"文档标题"，将上方的标题全都更改为"标题链接"字样，以同样的方式更改正文，得到如图7-20所示的效果。

图 7-20　修改文本提示

（5）选择"文档标题"字样，选择"插入"｜"模板对象"｜"可编辑区域"命令，打开"新建可编辑区域"对话框。输入可编辑区域的名称 bt01，单击"确定"按钮。

（6）选择"标题链接"所在的嵌套表格，选择"插入"｜"模板对象"｜"可编辑区域"命令，打开"新建可编辑区域"对话框。输入可编辑区域的名称 mjbg，单击"确定"按钮使整个表格处于可编辑状态。

（7）选择"标题"、"名人名言"和"正文部分"3行文本，按 Ctrl+X 组合键剪切。

（8）选择"插入"｜"模板对象"｜"重复表格"命令，打开"插入重复表格"对话框，设置"行数"、"列数"值为 1，"单元格边距"、"单元格间距"和"边框"值为 0，宽度为 100%，其余选项使用默认设置，如图 7-21 所示。

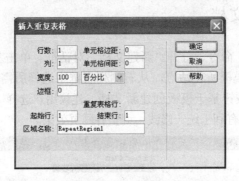

图 7-21　"插入重复表格"对话框

（9）单击"确定"按钮，然后将插入点置于"EditRegion5"区域内，按 Ctrl+V 组合键将剪切的内容粘贴进去。

（10）稍做修改，例如在"正文部分"下方添加空行，完成模板设置。

（11）修改重复表格区域名称为"Repeatzw"、表格内重复区域名称为"zwbg"。

（12）单击属性检查器中的"页面属性"按钮，打开"页面属性"对话框，删除"外观"分类中的"背景图像"，单击"确定"按钮

（13）选择模板中的整个表格，按 Ctrl+X 组合键，选择"插入"｜"表格"命令，打开"表格"对话框，创建 1 行 1 列，宽为 100%，边框、边距和间距均为 0 的表格。

（14）将插入点置于该表格中，按 Ctrl+V 组合键粘贴剪切表格。

（15）切换至"拆分"视图，在<table>标签中加入表格背景图像代码：background= ../other/images/xinling.jpg，如图 7-22 所示。

图 7-22 为表格添加背景图像

（16） 单击"设计"按钮切换到设计视图，在"文档"工具栏中的"标题"文本框中输入"无标题文档"。

（17） 按 Ctrl+S 组合键，保存模板。

7.5 基于模板创建文档

选择"文件"|"新建"命令，打开"新建文档"对话框。单击左侧"模板中的页"标签，从"站点"列表框中选择模板所在站点，从右侧列表框中选择所需的模板，如图 7-23 所示。完成设置，单击"确定"按钮基于模板创建新文档。建议用户选择"新建文档"中的"当模板改变时更新页面"复选框，有利于统一修改、调整各网页效果。

图 7-23 "新建文档"对话框

提示： 如果用户在后期编辑时更改了模板，保存时会弹出"更新模板文件"对话框，询问用户是否要更改文件，如图7-24所示。如果需要更新，单击"更新"按钮，否则单击"不更新"按钮。

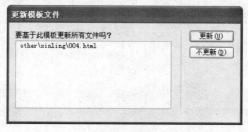

图7-24　"更新模板文件"对话框

★例7.4：应用"例7.3"中创建的模板新建文档，并根据需要编辑模板内容，得到如图7-25所示的文档效果。

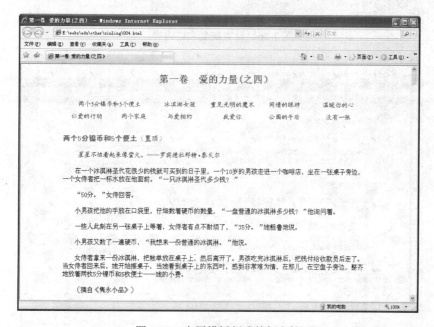

图7-25　应用模板创建的新文档

（1）选择"文件"|"新建"命令，打开"新建文档"对话框。

（2）单击左侧的"模板中的页"标签，从"站点"列表框中选择模板所在站 edu，从右侧列表框中选择所需的模板 xinling，单击"确定"按钮。

（3）在"文档"工具栏中的"标题"文本框中输入"第一卷 爱的力量（之四）"。

（4）选择文档中的"文档标题"字样，输入"第一卷 爱的力量（之四）"。

（5）选择可编辑区域中的嵌套表格，在表格属性检查器中设置列数为 6，根据需要合并单元格、输入所需内容，并依次设置链接锚记为"#01"～"#11"，如图7-26所示。

（6）在正文部分依次输入正文标题、名人名言与正文内容，如图7-27所示。

图 7-26　设置嵌套表格内容

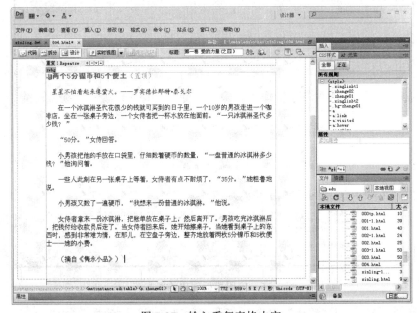

图 7-27　输入重复表格内容

（7）单击重复表格区域右侧的"+"按钮，添加一条新记录，如图 7-28 所示。然后输入所需内容。

图 7-28　新增重复区域

（8）选择新建的重复区域左上角的锚记，在锚记属性检查器中更改名称为 02，如图 7-29 所示。

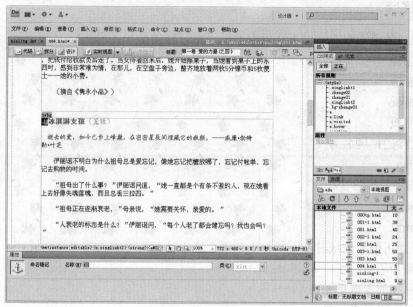

图 7-29　更改锚记名称

（9）　以同样的方式新建重复区域并完成内容的编辑。

（10）　按 Ctrl+S 组合键，保存文件为 004.html。

（11）　按 F12 键打开浏览器，预览文档效果。

提示： 根据模板创建的文档中若包含重复区域，在重复区域名称右侧会显示 4 个按钮 重复：Repeatzw ＋－▼▲，单击"添加"按钮＋可新增重复区域，单击"删除"按钮－可删除插入点所在区域或选择的区域，单击"下移"按钮▼可向下移动区域，单击"上移"按钮▲可向上移动区域。

7.6　习题

7.6.1　填空题

1．应用模板创建的文档中，允许用户输入数据的区域称为＿＿＿＿＿＿＿＿，其余部分 Dreamweaver 自动将其设置为＿＿＿＿＿＿＿。

2．要断开文档中的项目与库之间的链接，可单击属性检查器中的＿＿＿＿＿＿＿按钮。

3．创建模板时，用户可将现有文档保存为模板，方法是：选择＿＿＿＿＿＿菜单中的＿＿＿＿＿＿＿命令，打开"另存模板"对话框。

4．创建并保存库项目的同时，Dreamweaver 会在站点根目录下自动生成文件名，用于存放库项目，该文件夹名为＿＿＿＿＿＿＿。

5．为模板定义可编辑标记属性时，应使用菜单栏中＿＿＿＿＿命令下的"模板"I"令属性可编辑"命令，打开"可编辑标签属性"对话框，设置可编辑的标记。

7.6.2 选择题

1. 库项目的范围很广，以下选项中不属于库项目的是（　　　　）。
   A. 图像
   B. 表格
   C. 模板
   D. 网页

2. 库文件的扩展名为（　　　　）。
   A. .dwt
   B. .lbi
   C. .bmp
   D. .html

3. 在创建可编辑区域时，不能将下列哪个选项标记为可编辑的单个区域（　　　　）。
   A. 整个表格
   B. 单独的表格单元格
   C. 多个表格单元格
   D. 层

4. 默认情况下模板会自动保存在站点中的哪个文件夹中（　　　　）。
   A. . SpryAssets
   B. image
   C. . Templates
   D. Scripts

5. 模板的扩展名为（　　　　）。
   A. .dwt
   B. .xml
   C. .html
   D. .scr

7.6.3 简答题

1. 如何将已有文件转换成模板？
2. 如何设置可编辑区域？
3. 如何设置重复区域？
4. 如何编辑库项目？
5. 如何应用模板创建文档？

7.6.4 上机练习

1. 创建一个库项目，并将其应用于文档。
2. 创建至少包含表格、图像和 SWF 内容的模板。

第 8 章

测试、发布站点及后期工作

教学目标：

要制作一个相对完美的网站，制作完毕后不应急着上传，应经过测试，确认正确无误后再上传到远程站点。用户不要认为上传网站后就代表网站创建完成了，否则上传的网站将渐渐失去色彩，最后沦为无人问津的网站。本章介绍测试、发布站点及后期工作等知识，包括测试网站、上传网站、宣传/推广网站和站点维护等内容。

教学重点与难点：

1. 测试站点。
2. 修复链接。
3. 发布站点。
4. 宣传和推广网站。
5. 站点维护。

8.1 测试站点

为了确保上传的网站可以在目标浏览器中正常运行，没有断开的链接，在将网站上传至服务器前，最好先在本地对其进行测试，测试无误后再将网站上传至服务器。

8.1.1 测试站点时需考虑的问题

在测试站点之前，用户需要先了解一下测试的内容，以及在测试时须注意的问题，下面简单介绍几个要点。

（1） 确保网页在目标浏览器中能够如预期的那样工作。网页在不支持样式、层、插件或 JavaScript 的浏览器中应清晰可读且功能正常。对于在较早版本的浏览器中根本无法运行的页面，应考虑使用"检查浏览器"行为，自动将访问者重定向到其他页面。

（2）　在不同的浏览器和平台上预览网页。应尽可能多地在不同的浏览器和平台上预览网页，以便能有机会查看布局、颜色、字体大小和默认浏览器窗口大小等方面的区别，这些区别在目标浏览器检查中是无法预见的。

（3）　检查站点是否有断开的链接，并修复断开链接。其他站点也在重新设计、重新组织，链接的网页可能被移动或删除，可运行链接检查报告来对链接进行测试。

（4）　监测网页的文件大小以及下载这些网页所占用的时间。要知道对于由大型表格组成的页面，在某些浏览器中，在整张表完全加载之前，访问者什么也看不到。应考虑将大型表格分为几部分；否则可考虑将少量内容（如欢迎辞或广告横幅）放在表格以外的页面顶部，这样用户可以在下载表格的同时查看这些内容。

（5）　运行一些站点报告来测试并解决整个站点的问题。可以检查整个站点是否存在问题，例如无标题文档、空标签以及冗余的嵌套标签。

（6）　验证代码，以定位标签或语法错误。检查代码中是否存在标记或语法错误。

（7）　在站点发布后，对其进行更新和维护。站点的发布可以通过多种方式完成，而且是一个持续的过程。这一过程的一个重要部分是定义并实现一个版本控制系统，既可以使用Dreamweaver 中所包含的工具，也可以使用外部的版本控制应用程序。

8.1.2　浏览器兼容性检查

"浏览器兼容性检查"（BCC）功能可以帮助用户定位能够触发浏览器呈现错误的 HTML 和 CSS 组合。除此之外，此功能还可测试文档中的代码是否存在目标浏览器不支持的任何 CSS 属性或值。

1.　检查兼容性

要对目标浏览器进行检查，应先打开要检查的文档，然后选择"文件"|"检查页"|"浏览器兼容性"命令，或者如图 8-1 所示单击"文档"工具栏中的"检查页面"按钮，从弹出的菜单中选择"检查浏览器兼容性"命令，打开"结果"面板组，并且显示"浏览器兼容性检查"面板。

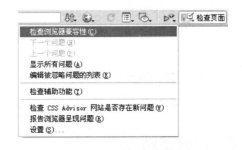

图 8-1　选择"检查浏览器兼容性"命令

如果有浏览器不兼容的情况出现，"浏览器兼容性"面板左侧的列表框中会列出相关问题；否则在面板底部会显示"未检测到任何问题"字样，如图 8-2 所示。

图 8-2　"浏览器兼容性"面板

2. 设置目标浏览器

默认情况下，"浏览器兼容性检查"功能对下列浏览器进行检查：Firefox 1.5、Internet Explorer（Windows）6.0 和 7.0、Internet Explorer（Macintosh）5.2、Netscape Navigator 8.0、Opera 8.0 和 9.0 以及 Safari 2.0。用户可以根据需要设置浏览器，单击"浏览器兼容性"面板左侧的"检查浏览器兼容性"按钮 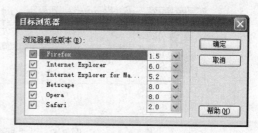，从打开的菜单中选择"设置"命令，打开"目标浏览器"对话框，如图 8-3 所示。从"浏览器最低版本"列表框中选择浏览器，并从右侧下拉列表框中选择最低版本，完成设置后单击"确定"按钮。

图 8-3　"目标浏览器"对话框

3. 浏览器支持问题级别

浏览器兼容性检查不会以任何方式更改用户的文档，只是在"浏览器兼容性"面板中显示浏览器支持的相关问题。Dreamweaver 将浏览器支持问题分为 3 个级别：错误、警告和告知性信息。

（1）错误：表示代码可能在特定浏览器中导致严重的、可见的问题，如图 8-4 所示。

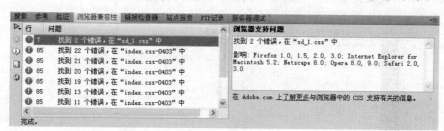

图 8-4　显示错误信息

（2）警告：表示一段代码将不能在特定浏览器中正确显示，但不会导致任何严重的显示问题。

（3）告知性信息：表示代码在特定浏览器中不受支持，但没有可见的影响。例如，<img> 标记的 galleryimg 属性在一些浏览器中不受支持，但那些浏览器会忽略该属性，所以它不会有任何可见的影响。

提示： 在列表框错误信息上右击鼠标，从弹出的菜单中选择"在浏览器中打开结果"命令，可打开浏览器查看所有错误信息。

4. 选择查看问题

浏览器兼容性检查操作完成后，会在"浏览器兼容性"左侧列表框中显示出所有问题。如果要查看问题的影响元素，可双击列表框中的问题，Dreamweaver 会自动切换至"拆分"视图，并自动选择问题代码。

如果要查看下一个问题，可单击"文档"工具栏中的"检查页面"按钮，从弹出的菜单中选择"下一个问题"命令，如图8-5所示；如果要查看上一个问题，可选择该菜单中的"上一个问题"命令。

图 8-5　以"拆分"视图查看错误代码

5.　忽略及编辑检查问题

如果要忽略某个浏览器兼容性检查问题，可右击"浏览器兼容性"面板左侧列表框中的问题，从弹出的菜单中选择"忽略问题"命令即可。

如果要编辑忽略的问题列表，可单击"浏览器兼容性"面板左侧的"浏览器兼容性检查"按钮 ▶，从弹出的菜单中选择"编辑忽略的问题列表"命令，打开"Exceptions.xml"文件，如图8-6所示。从该文件中找到要删除的问题，然后将其删除即可。

图 8-6　Exceptions.xml 文件

提示：表 Exceptions.xml 文件不能自动保存，如果要保存该文件，可单击"浏览器兼容性"面板左侧的"保存报告"按钮 ▣；如果要保存浏览器兼容性错误信息报告，同样只需单击"保存报告"按钮即可。

★例 8.1：测试 edu 站点 other/form 文件夹中的文件 form09-2.html 在 IE 5.0 浏览器中的兼容性。

（1）打开 edu 站点 other/form 文件夹中的文件 form09-2.html。

（2）单击文档窗口工具栏中的"检查页面"按钮，从弹出的菜单中选择"设置"选项，打开"目标浏览器"对话框。

（3）取消"浏览器最低版本"列表框中除"Internet Explorer"复选框外的所有选项的选择，并在其后的下拉列表框中选择"5.0"选项，如图8-7所示。

（4）单击"确定"按钮，完成目标浏览器设置。

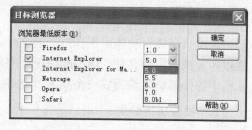

（5）单击文档窗口工具栏中的"检查页面"按钮，从弹出的菜单中选择"检查浏览器兼容性"命令即可。

图 8-7 设置目标浏览器

8.1.3 测试链接

在 Dreamweaver 文档内链接是不活动的，即无法通过单击"文档"窗口中的链接打开该链接所指向的文档。用户可执行以下操作打开"文档"窗口中链接指向的文档。

（1）选择链接，然后选择"修改"|"打开链接页面"命令。

（2）按住 Ctrl 键，然后双击选中的链接。

除此之外，用户还可以使用浏览器测试链接。若要在浏览器中测试页面内容，只须单击其中的链接即可。执行以下任一操作即可打开浏览器预览文档。

（1）选择"文件"|"在浏览器中预览"级联菜单中列出的某个浏览器。如果此菜单中未列出任何浏览器，可在"首选参数"对话框中进行设置。

（2）按 F12 键在首选浏览器中预览当前文档。

（3）按 Ctrl+F12 组合键在次选浏览器中预览当前文档。

 注意：在使用浏览器预览文档之前，应先保存该文档；否则浏览器不会显示最新的更改。

若要设置预览文档相关的首选参数，可选择"编辑"|"首选参数"命令，打开"首选参数"对话框。从"分类"列表框中选择"在浏览器中预览"选项，切换至相应的选项卡，在"浏览器"列表框中添加、删除浏览器，并设置主浏览器或次浏览器，如图 8-8 所示。

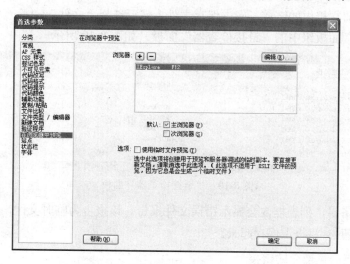

图 8-8 "在浏览器中预览"选项卡

8.1.4 检查链接

"检查链接"功能用于在打开的文件、本地站点的某一部分或者整个本地站点中查找断链接和未被引用的文件。Dreamweaver 只验证那些指向站点内文档的链接，并将出现在选定文档中的外部链接编辑成一个列表。此外，还可以标识和删除站点中其他不再使用的文件。

1. 检查链接分类

检查打开文档或当前站点的链接后，Dreamweaver 会依次将其分为 3 类："断掉的链接"、"外部链接"和"孤立文件"3 类。

（1）断掉的链接：显示含有断裂超链接的网页名称。

（2）外部链接：显示包含外部超链接的网页名称（链接到其他网站）。一定要重新确认外部链接地址的正确性。

（3）孤立文件：显示网站中没有被用到或未被链接到的文件。确认文件可以删除，可选择该列表中的文件，按 Delete 键直接从"链接检查器"面板中删除孤立文件。

用户可以通过"链接检查器"的"显示"下拉列表框查看当前文档、选择文档或站点中"断掉的链接"、"外部链接"和"孤立文件"情况，如图 8-9 所示，并根据分类进行修复链接、更改链接或删除文件等操作。

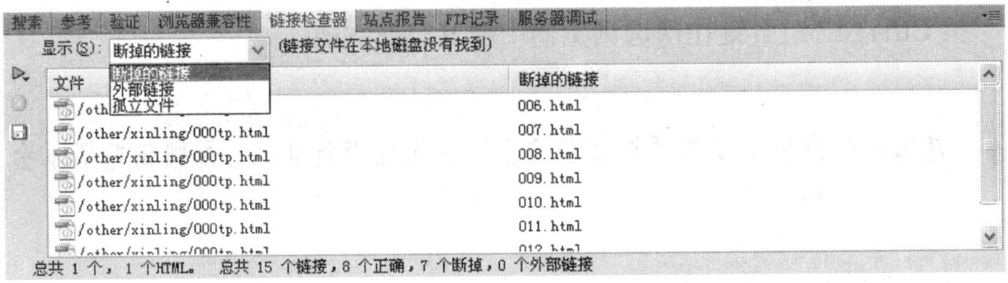

图 8-9　选择查看类别

2. 检查当前文档内的链接

若要检查当前文档内的链接，应先保存文件，然后选择"文件" | "检查页" | "链接"命令，显示"结果"面板组中的"链接检查器"面板，如图 8-10 所示。

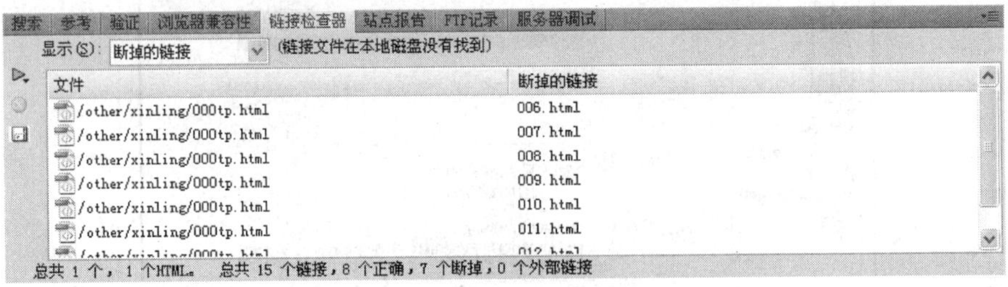

图 8-10　"链接检查器"面板

如果有链接错误，列表框内会显示错误文件报告。该报告为临时文件，用户可通过单击"保存报告"按钮 将报告保存起来。

3. 检查站点内某部分的链接

若要检查站点内某一部分中的链接，应先从"文件"面板中选择要检查的站点，并从本地视图中选择要检查的文件或文件夹，然后单击"链接检查器"面板中的"检查链接"按钮 ▷，从弹出的菜单中选择"检查站点中所选文件的链接"命令，如图 8-11 所示。然后在"显示"下拉列表框中选择要查看的报告类型。报告内容显示在列表框中。

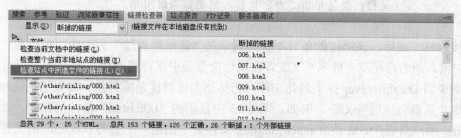

图 8-11   查看选择文件的链接状况

4. 检查整个站点中的链接

若要检查整个站点中的链接，应先从"文件"面板中选择要检查的站点，然后单击"链接检查器"面板左侧的"检查链接"按钮 ▷，从弹出的菜单中选择"检查整个当前本地站点的链接"命令，在列表框中显示链接报告，如图 8-12 所示。

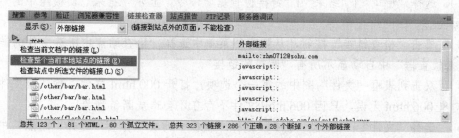

图 8-12   查看整个站点中所有文件的链接状况

8.1.5   修复断开的链接

如果断开的链接文件已经创建，并包含在当前站点中，用户可以直接在"链接检查器"面板中修复断开的链接和图像引用。操作方法是，单击"链接检查器"列表框"断掉的链接"列中对象，直接输入正确的路径和文件名，或单击右侧的文件夹按钮在打开的对话框中选择链接文件 📁，如图 8-13 所示。除此之外，用户也可双击左侧"文件"列中的对象打开指定文件，Dreamweaver 自动选择要修改链接的对象，用户只需在属性检查器中重新指定链接，保存文件即可。

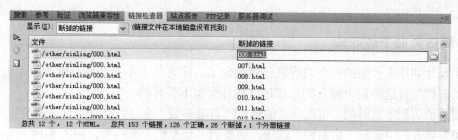

图 8-13   修改断掉的链接文件

提示： 如果还有对同一文件的其他断开引用，系统会自动弹出对话框，提示修复其他文件中的这些引用。单击"是"按钮，更新列表中引用此文件的所有文档；反之单击"否"按钮，只更新当前引用。

链接修复完成后，该链接的条目不会再显示在"链接检查器"列表中。如果在"链接检查器"中输入新的路径或文件名后（或者在属性检查器中保存更改后），该条目依然显示在列表中，则说明 Dreamweaver 找不到此文件，仍然认为该链接是断开的。如果遇到这种情况，则要求用户重新创建链接文件。例如，图 8-13 中显示的"006.html"断掉的链接，该文件根本不存在，用户只需在 edu 站点 other/xingling 文件夹中创建一个名为 006.html 的文件即可完成断链修复。

★例 8.2：检查 edu 站点 other/xinling 文件夹中所有文件是否有断掉的链接和孤立文件，以及外部链接的链接状态，并修复其中的断链。

（1）选择 edu 站点 other/xinling 文件夹中所有文件。

（2）选择"窗口"|"结果"|"链接检查器"命令，显示"结果"面板组中的"链接检查器"面板。

（3）单击"检查链接"按钮，从弹出的菜单中选择"检查站点中所选文件的链接"命令，"链接检查器"中自动显示所有"断掉的链接"。

（4）双击列表框"文件"列中的第一个选项，打开 000.html 文件，确认该文件包含的链接及对象 006.html 无误，只因 006.html 文件不存在才会造成断链现象。

（5）选择"文件"|"新建"命令，选择"模板中的页"标签，选择"站点"中的 edu 选项，选择"xinling"模板，单击"创建"按钮，创建一个新文件。

（6）根据需要添加内容，然后按 Ctrl+S 组合键保存文件，将其保存在 edu 站点 other/xinling 文件夹中，文件名为 006.html。

（7）用同样的方式修复其他断掉的链接。如果断掉的链接是文档中的锚记，只需要创建锚记更改链记链接即可。

提示： 在此只介绍修复断掉链接的方法，创建文件 006.html 的方法与创建、更改锚记的方法可参看前面章节。

8.1.6 预估页面下载时间

网页设计完毕，页面的所有内容就已经确定了，即文件大小不会再有所改变。用户可以根据"状态栏"首选参数中输入的连接速度估计页面下载时间。

若要预估页面下载时间，可选择"编辑"|"首选参数"命令，打开"首选参数"对话框。从"分类"列表框中选择"状态栏"选项，切换到"状态栏"选项页，如图 8-14 所示。打开"连接速度"下拉列表框，从中选择网络连接速度，或直接在文本框中输入连接速度。

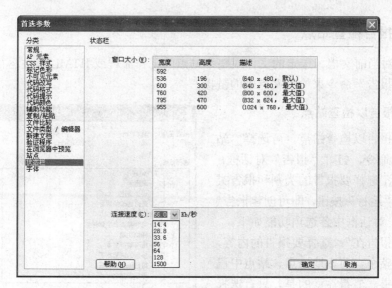

图 8-14　设置网络连接速度

完成设置后单击"确定"按钮，在文档窗口状态栏中会自动显示当前网页以指定速度连接至网络完全显示所需的时间，例如 128 kb/s。

8.1.7　验证标签

检查当前文档或所选标签是否有标签或语法错误。Dreamweaver 可以对多种语言的文档进行验证，如 HTML、XHTML、ColdFusion 标记语言（CFML）、JavaServer Pages（JSP）、无线标记语言（WML）和 XML 等。

如果要检查当前文档标签或语法的正确性，可选择"文件"|"验证"|"标记"命令，在"结果"面板组中显示"验证"面板；如果包含错误，在选项卡中会显示警告消息，或者列出找到的语法错误。反之，显示"未找到错误或警告"，如图 8-15 所示。

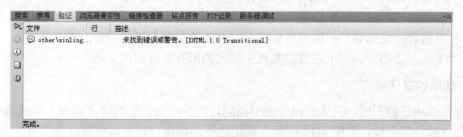

图 8-15　显示"验证"面板

双击某一错误信息可将此错误在文档中高亮显示。若要将此报告保存为 XML 文件，可单击"保存报告"按钮；若要在主浏览器（该浏览器允许您打印报告）中查看报告，可单击"浏览报告"按钮。

提示：对于 XML 或 XHTML 文件，可选择"文件"|"验证"|"为 XML"命令，打开"结果"选项组中的"验证"选项卡。

8.1.8　使用报告检查站点

用户可以对当前文档、选定的文件或整个站点的工作流程或 HTML 属性运行站点报告，还可以使用"报告"命令来检查站点中的链接。

1.　运行报告以检查站点

若要运行报告以检查站点，可选择"站点"|"报告"命令，打开"报告"对话框，如图 8-16 所示。选择要报告的类别和报告类型，然后单击"运行"按钮，即可创建报告。

"报告"对话框中各选项功能如下。

（1）"报告在"：选择要报告的内容，如当前文档、整个当前本地站点、站点中已选文件、文件夹。值得注意的是，只有选择了"文件"面板中文件的情况下，才能运行"站点中的已选文件"报告。

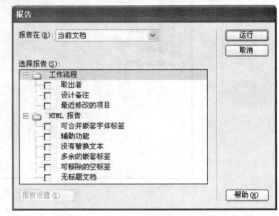

图 8-16　"报告"对话框

（2）"工作流程"：设置工作流程报告。如果选择了多个工作流程报告，则生成每个报告时都需单击"报告设置"按钮。

- "取出者"：列出某特定小组成员取出的所有文档。
- "设计备注"：列出选定文档或站点的所有设计备注。
- "最近修改的项目"：列出在指定时间段内发生更改的文件。

（3）"HTML 报告"：用于设置 HTML 报告。

- "可合并嵌套字体标签"：列出所有可合并的嵌套字体标记以便清理代码。
- "辅助功能"：详细列出用户的内容与辅助功能准则之间的冲突。
- "没有替换文本"：列出所有没有替换文本的<img>标记。
- "多余的嵌套标签"：详细列出应该清理的嵌套标记。
- "可移除的空标签"：详细列出所有可移除的空标记以便清理 HTML 代码。
- "无标题文档"：列出在选定参数中找到的所有无标记的文档。

2.　使用和保存站点

根据选择项目的不同，生成的报告也不相同，在生成报告的同时"结果"面板组中自动显示"站点报告"面板，如图 8-17 所示。除此之外，系统自动生成浏览器显示报告内容。

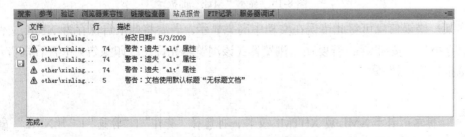

图 8-17　"站点报告"面板

在"站点报告"面板中，可执行以下操作。

（1）单击"保存报告"按钮 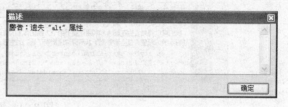，打开"另存为"对话框保存该报告，报告默认名称为 ResultsReport，扩展名为 xml。

（2）单击"更多信息"按钮，打开"描述"面板，如图 8-18 所示，可了解问题的更多说明。

图 8-18　"描述"面板

★例 8.3：打开 edu 站点中 other/xinling 文件夹中的文件 000tp.html，使用报告检查当前网页。

（1）打开 edu 站点中 other/xinling 文件夹中的文件 000tp.html。

（2）选择"站点"|"报告"命令，打开"站点"对话框。

（3）打开"报告在"下拉列表框从中选择"当前文档"选项。

（4）选择"工作流程"选项组中的"最近修改的项目"复选框，单击"报告设置"按钮，打开"最近修改的项目"对话框，如图 8-19 所示。

（5）选择"创建或修改文件于最近"单选按钮，其下的文本框中输入数值 30，单击"确定"按钮。

提示：为了精确表示修改时间，可选择"在此期间创建或修改的文件"单选按钮，然后设置日期为 2009 年 4 月 23 日至 2009 年 5 月 22 日。

（6）选择"HTML 报告"选项组中的"没有替换文本"、"多余的嵌套标签"、"可移除的空标签"和"无标题文档"复选框，如图 8-20 所示。

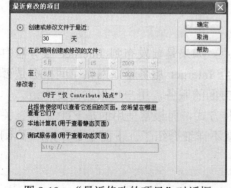

图 8-19　"最近修改的项目"对话框

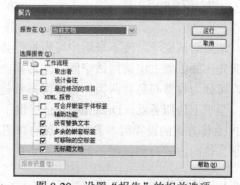

图 8-20　设置"报告"的相关选项

（7）单击"运行"按钮，系统自动在"站点报告"面板中显示生成的报告。

（8）双击"站点报告"面板"文件"列中的第 1 个 ⚠ other\xinling…，切换至"拆分"模式，在其中加入代码"alt="心灵鸡汤Ⅰ""，如图 8-21 所示。

（9）以同样的方式修改第 2 个和第 3 个 ⚠ other\xinling…，分别加入代码"alt="心灵鸡汤Ⅱ""和"alt="心灵鸡汤Ⅲ""。

（10）双击"站点报告"面板"文件"列中的第 4 个 ⚠ other\xinling…，将"<title>无

标题文档</title>"中的"无标题文档"修改为"心灵鸡汤 – 导言"。

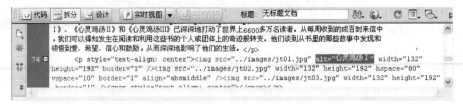

图 8-21　添加代码

 提示：由于选择了"工作流程"选项组中的"最近修改的项目"复选框，所以系统自动生成如图 8-22 所示的报告。

图 8-22　最近修改相关信息报告

8.2　发布站点

　　站点测试完毕，接下来用户可根据需要发布站点。如果是要发布到 Internet 服务器中，则应先在服务器上申请网站空间，然后再上传站点至 Internet 服务器。网站空间根据是否收费，可分为收费与免费两类。很多网站都提供有这方面的服务，用户可根据需要申请。

　　至于上传服务器，Dreamweaver 提供了多种上传方式，而最常使用的是 FTP 上传。关于 FTP 上传方式的设置可参看第 1 章的介绍，在此就不详细介绍了。下面主要介绍以"本地/网络"访问方式向测试服务器发布站点的方法。

8.2.1　远程设置

　　在上传站点前应先对站点的远程信息进行设置。选择"站点"|"管理站点"命令，打开"管理站点"对话框。选择要上传的站点，单击"编辑"按钮，如图 8-23 所示。

　　打开站点定义的对话框，切换至"高级"选项卡。选择"分类"列表框中的"远程信息"选项，从"访问"下拉列表框中选择"本地/网络"选项。然后在其下的选项中进行相关设置，如图 8-24 所示。设置后单击"确定"按钮，返回"管理站点"对话框。单击"完成"按钮结束设置。

图 8-23 "管理站点"对话框

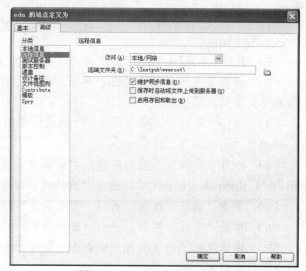

图 8-24 "远程信息"选项卡

提示:必须安装 IIS 服务在当前操作系统盘中才会存在 Inetpub\wwwroot 文件夹。安装 IIS 服务的方法:打开"控制面板"窗口,双击"添加/删除程序"对话框,单击左侧的"添加/删除 Windows 组件"按钮,弹出"Windows 组件向导",选择"组件"中的"Internet 信息服务(IIS)"选项,如图 8-25 所示。然后根据提示连续单击"下一步"按钮即可安装 IIS 服务。

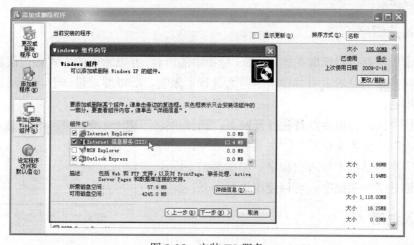

图 8-25 安装 IIS 服务

8.2.2 发布站点

在进行上传操作时,"文件"面板中的远程文件列表中不会显示任何文件。单击"站点管理"对话框中的"连接到远端主机"按钮 🔗,系统会自动与远程服务器连接,当此按钮变为"从远端主机断开"时 🔗,表示登录成功,再次单击此按钮,可以断开 FTP 服务连接。

如果要上传整个站点,可选择站点根文件夹(若只上传某些文件,直接选择这些文件即可),然后单击"上传文件"按钮 ⬆,打开如图 8-26 所示的提示对话框。询问用户是否确定要上传整个站点的提示对话框,单击"确定"按钮即可。

★例 8.4：假设已安装 IIS 服务，要求用户将 edu 站点上传至 C 盘 Inetpub\wwwroot 文件夹。

（1）选择"站点"|"管理站点"命令，打开"管理站点"对话框。

（2）选择要上传的站点 edu，单击"编辑"按钮，打开"edu 的站点定义为"对话框。

图 8-26　提示对话框

（3）选择"高级"选项卡"分类"列表框中的"远程信息"选项，切换至"远程信息"选项卡。

（4）打开"访问"下拉列表框从中选择"本地/网络"选项，在"远端文件夹"文本框中输入"C:\Inetpub\wwwroot\"，选择"维持同步信息"复选框。

（5）单击"确定"按钮，返回"管理站点"对话框。

（6）单击"完成"按钮，退出"管理站点"对话框。

（7）确认选择了站点根目录，单击"上传文件"按钮，打开提示对话框，单击"确定"按钮上传整个站点。

8.3　网站的宣传和推广

为了认更多用户可以访问上传到 Internet 的网站，接下来要进行的操作是宣传和推广网站。Internet 本身就是一个大型的广告媒体（如 E-mail、BBS、新闻组、QQ 群等），所以无须花钱做广告，即可有多种渠道宣传和推广自己的网站。下面介绍在 Internet 中常见的宣传和推广网站的方法。

8.3.1　插入关键字

许多搜索引擎都可以读取关键字 meta 标签中的内容，并以索引的方式将该信息编入数据库。由于有些搜索引擎对索引关键字字符数进行了限制，所以要求设计者在为网页设置关键字时一定要用心。

要在网页中插入关键字，首先打开网页，选择"插入"|"HTML"|"文本头标签"|"关键字"命令，在打开的"关键字"对话框中输入关键字，如图 8-27 所示。如果用户要创建多个关键字，可以使用逗号隔开。

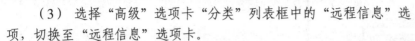

8.3.2　插入说明

图 8-27　"关键字"对话框

用户应用 Dreamweaver 为网页添加的"说明"同样位于 meta 标签中，搜索引擎除了以索引的方式将该信息编入数据库外，有些还在搜索结果页面中显示"说明"内容。

要在网页中插入相关说明，首先打开网页，选择"插入"|"HTML"|"文件头标签"|"说明"命令，在打开的"说明"对话框中输入网站描述，如图 8-28 所示。

图 8-28　插入说明

8.3.3　在搜索引擎网站中宣传

大部分用户在上网时，如果想要搜索什么内容，都是先进入搜索引擎，在其中输入要搜索的相应内容，然后进行搜索，从结果网页中查找自己所需的网页。

有些网站提供了宣传网站的功能，用户注册后，只须在打开的表单中输入站点地址、站点简介等内容即可。

8.3.4 插入广告与友情链接

设计网页时，可以在网页中多添加广告、友情链接之类的与其他网站交流的元素，以达到宣传自己网站的目的。别小看这些链接，它们对网站的宣传起着极大的作用。

8.3.5 应用 E-mail 与聊天软件进行宣传

要推广网站，最简单的方法就是发送 E-mail 给亲朋好友，向他们简单介绍网站的内容特色，并邀请他们上网逛逛。也可以在 E-mail 的签名文件中加上网站地址和简介，这样无论是寄信给别人或是发布信件到 BBS 新闻群组都可以替网站做宣传。

现在上网聊天成为一种时尚，用户可以应用 QQ、POPO、Yahoo 等聊天软件，直接将网址发送给好友。例如，使用 QQ 聊天时，可直接打开聊天窗口将网址发送给好友，或在填写个人资料时完善个人网址，或是直接在 QQ 群中发送信息。

8.3.6 在 BBS 或新闻组中宣传

每天访问 BBS 或新闻群组的人很多，如果把网站简介发布到相关的讨论群组中，则可以让读者了解用户的网站。但值得注意的是，发布时不要一次发很多内容，也不要发送到不相关的讨论群组中，这样反而会让人讨厌。

8.4 站点维护

站点发布后，为了保持站点的吸引力，必须不断地更新网站的或更换过时的图片。下面介绍维护站点应考虑的几个方面。

（1）及时添加新内容。如果网站中创建了表单，应及时查看浏览者反馈的意见和建议，然后根据用户需要及时更新网站内容，使其更加贴近浏览者的要求。

（2）替换过时的内容。网站上传时间一长，文本和图片等表达的内容就跟不上时代的潮流了，应及时更换网站中的文本和图片。

（3）检查链接。链接是连接网站中所有网页的中枢神经，一旦链接出现问题，可能出现单击链接对象无反应或打开错误目标等现象，会给浏览者留下负面印象。

（4）改善导航条与网页横幅。由于网站的内容发生了变化，导航条与网页横幅也应该及时调整，使其可以反映、跟踪网页的内容。

8.5 习题

8.5.1 填空题

1. 如果要同时检查站点中多个文件的链接情况，应在_____面板中选择文件。

2. 如果要应用 Dreamweaver 为网页设置相关说明，应使用"插入" | "HTML" | "文本头标签"子菜单中的_____命令。

3. 大部分用户在上网时，如果要搜索一些信息，通常是先进入_____，在其中输入相应要搜索的内容，然后从搜索结果网页查找自己所需的网页。

4. 要在"文档"窗口中测试链接，应按住_____键，然后双击选中的链接对象。

5. 选择菜单栏_____中的"结果"命令，从展开的级联菜单中选择任意命令，均可打开"结果"面板组。

8.5.2　选择题

1. "浏览器兼容性"面板位于哪个面板组中（　　　　）。
　　A. 结果　　　　　　　B. 链接　　　　　　　C. 浏览器　　　　　D. CSS 样式

2. 在"链接检查器"面板中的"显示"下拉列表框中，包含有 3 种可检查的链接类型，下面哪个选项不属于该下拉列表框（　　　　）。
　　A. 断掉的链接　　　　　　B. 外部链接
　　C. 孤立文件　　　　　　　D. 检查链接

3. 检查打开文档的浏览器兼容性，在"浏览器兼容性"面板中显示浏览器支持的相关问题。Dreamweaver 会根据问题的不同性质分为不同级别，下列哪个不属性浏览器支持问题级别（　　　　）。
　　A. 错误　　　　　　　　　B. 警告
　　C. 问题　　　　　　　　　D. 告知性信息

4. 为了预估打开页面下载时间，应在"首选参数"对话框的哪个分类选项卡中进行设置（　　　　）。
　　A. 常规　　　　　　　　　B. 状态栏
　　C. 新建文档　　　　　　　D. 验证程序

5. 如果没有申请 WWW 免费空间也没有局域网环境，只想测试一下 Dreamweaver 的上传功能，应选择哪种访问选项（　　　　）。
　　A. 无　　　　　　　　　　B. FTP
　　C. 本地/网络　　　　　　　D. RDS

8.5.3　简答题

1. 如何测试打开文档的链接状况。
2. 如何检查浏览器兼容性。
3. 如何修复站点中的断链。
4. 如何应用 FTP 发布站点。
5. 简述宣传与推广网站的方法。

8.5.4　上机练习

1. 应用报告检查自己制作的站点。
2. 在网络中申请一个免费空间并上传站点。

第 9 章

Flash 动画基础知识

教学目标：

Flash 是一款优秀的网页动画设计软件，使用它可以制作出精美的集文字、动画、声音于一体的交互式动画文件。Flash 动画被广泛应用于网页，想要制作一个精美的高品质的网站，Flash 动画是必不可少的一种多媒体元素，如使用 Flash 动画来制作的站标、广告条等，可以有效地吸引访客的注意力。本章即介绍 Flash 动画及 Flash 软件的基础知识，通过本章的学习，读者不但可以了解动画和 Flash 的基本常识、Flash 的文件类型、Flash 软件的特点与功能、制作 Flash 动画的工作流程，还可以认识 Flash CS4 的界面，并且掌握 Flash CS4 的基本操作方法，如创建文档、打开已有文档和保存文档等。

教学重点与难点：

1. Flash 的文件类型。
2. Flash CS4 的工作界面。
3. 制作 Flash 动画的工作流程。
4. Flash CS4 的基本操作。

9.1 动画与 Flash

说起动画，大家想必都不陌生，电视里的动画片、网页上的小游戏随时可见，其中有很多即是使用 Flash 制作出来的。但是，动画是怎样制作出来的，Flash 又是一种什么样的工具呢？本节即介绍动画与 Flash 的基础知识。

9.1.1 动画简介

动画是通过连续播放一系列画面给视觉造成连续变化的图画。医学证明，人类具有"视觉暂留"的特性，当人的眼睛看到一幅画或一个物体后，该画面会保留 1/24 s，动画即是利用这一原理制作出来的。将一幅幅单独的画面用大于 24 幅画面每秒的速度切换，人们就可以看到一段流畅的动画。

传统的动画是用手工绘制的，首先由动画设计师绘制出一张张单独的画面，然后将这些图画按序放置在专用的摄制台上，通过移动各层画面产生动画效果，以及利用摄像机的移动、变焦、旋转等变化和淡入等特技上的功能，生成多种动画特技效果。

传统动画的制作是一个繁琐而艰巨的过程，需要大量的人力和时间的投入。例如，一部长篇动画片的生产除了绘制大量的单张图画外，还需要有导演、制片、动画设计人员和动画辅助制作人员来共同协作完成。其中，动画设计人员负责绘图，而动画辅助制作人员则专门进行中间画面的添加工作，即当动画设计人员画出一个动作的两个极端画面后，还需要由动画辅助人员画出它们之间的过渡画面。然而，随着计算机技术的介入，动画的制作就变得简单多了。动画软件提供了各种工具，不但可以让用户任意绘图或者修改、添加、删除任意画面，中间画面的生成也非常简单，只需利用电脑对两幅关键帧进行插值计算，即可自动生成中间画面，大大简化了工作流程，提高了工作效率。

电脑动画有二维和三维两种动画形式。二维电脑动画属于电脑辅助动画，可以将手绘画面扫描到计算机中再用电脑进行后期制作，也可以直接在电脑中用二维动画软件（如 Flash）绘制画面并进行处理制作，有很强的手绘风格，如图 9-1 所示；三维动画则属于造型动画，直接用三维动画软件（如 3d max）制作完成，立体感强烈，如图 9-2 所示。

 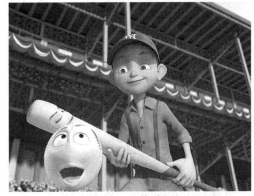

图 9-1　二维动画　　　　　　　　　　　图 9-2　三维动画

电脑动画由于其应用领域的不同，其动画文件的存储格式也不同，如平时常见的有 GIF 和 SWF 格式的动画，应用于 DOS 系统平台下的 3DS 文件格式的动画，以及 U3D 文件格式的动画等等。目前应用最广泛的电脑动画格式有以下几种。

（1）GIF 动画格式：GIF 图像采用"无损数据压缩"方法中压缩率较高的 LZW 算法，文件尺寸较小。该动画格式可以同时存储若干幅静止图像并自动形成连续的动画。目前这种 GIF 文件被广泛应用于 Internet 上幅面较小、精度较低的彩色动画文件。很多图像浏览器都可以直接观看此类动画文件。

（2）SWF 格式：SWF 是由 Flash 制作的矢量动画格式，通过曲线方程描述其内容。此格式的动画在缩放时不会失真，非常适用于描述主要由线条组成的动画图形，如教学演示等。由于这种格式的动画可以与 HTML 文件充分结合，并能添加 MP3 音乐，因此被广泛地应用于网页、游戏、广告等多种领域。

（3） AVI 格式：AVI 是对视频、音频文件采用的一种"有损压缩格式"，其压缩率较高，并可将音频和视频混合到一起，因此尽管画面质量不是很好，但其应用范围仍然非常广泛。此格式的文件目前主要应用在多媒体光盘上，用来保存电影、电视节目等各种视频信息，有时也应用于 Internet 上，借助浏览器下载和欣赏新影片的部分片段。

9.1.2 Flash 简介

目前有很多动画制作软件，但最流行、最普及的非 Flash 莫属。Flash 是一种创作工具，设计人员和开发人员可使用它来创建演示文稿、应用程序和其他允许用户交互的内容。Flash 可以包含简单的动画、视频内容、复杂演示文稿和应用程序，以及相关联的任何内容。通常，使用 Flash 创作的各个内容单元称为应用程序，即使它们可能只是很简单的动画。设计者可以通过添加图片、声音、视频和特殊效果，构建包含丰富媒体资源的 Flash 应用程序。

由于 Flash 广泛使用矢量图形，文件非常小，因此特别适用于创建通过 Internet 提供的内容。与位图图像相比，矢量图形所需要的内存和存储空间要小得多，因为它们是以数学公式而不是大型数据集来表示图像自身的。而位图图形之所以更大，是因为图像中的每个像素都需要一组独立的数据来表示。

要在 Flash 中构建应用程序，可以通过使用 Flash 绘图工具来创建图形，并将其他媒体元素导入 Flash 文档，然后再定义如何以及何时使用各个元素来创建设想中的应用程序。

Flash 包含了多种功能，如预置的拖放用户界面组件，可以轻松地将 ActionScript 添加到文档的内置行为，以及可以添加各种媒体对象的特殊效果。这些功能使 Flash 不仅功能强大，而且易于使用。

完成 Flash 文档的创作后，可以通过发布文件来创建文件的一个压缩版本，其扩展名为.swf（SWF）。然后，就可以使用 Flash Player 在 Web 浏览器中播放 SWF 文件，或者将其作为独立的应用程序进行播放。

Flash 功能诸多，可以创建许多类型的应用程序，下面列举一些 Flash 能够生成的应用程序种类。

（1） 动画。

Flash 生成的动画包括横幅广告、联机贺卡、卡通画等。许多其他类型的 Flash 应用程序也包含动画元素。

（2） 游戏。

许多游戏都是使用 Flash 构建的。游戏通常结合了 Flash 的动画功能和 ActionScript 的逻辑控制功能。

（3） 用户界面。

许多网站设计人员都在使用 Flash 设计用户界面，它可以是简单的导航栏，也可以是复杂的图形界面。

（4） 灵活消息区域。

设计人员使用网页中的这些区域显示可能会连续变化的信息。例如，餐厅网站上的灵活消息区域（FMA）可以显示每天的特价菜。

（5） 丰富的 Internet 应用程序。

这包括多种类型的应用程序，它们提供丰富的用户界面，用于通过 Internet 显示和操作远程数据。丰富的 Internet 应用程序可以是一个日历应用程序、价格查询应用程序、购物清单、教育和测试应用程序，或者其他使用丰富图形界面提供远程数据的应用程序。

9.1.3 Flash 的文件类型

Flash 可与多种文件类型一起使用。每种类型都具有不同的用途。下面简单说明每种文件类型及其用途。

1. FLA 文件

FLA 文件是设计者在 Flash 中使用的主要文件，在 Flash 中创作内容时，即需要在此类文件中工作。Flash 文档的文件扩展名为.fla（FLA），包含以下 3 种基本类型的信息。

（1）媒体对象。

媒体对象是组成 Flash 文档内容的各种图形、文本、声音和视频对象。通过在 Flash 中导入或创建这些元素，然后在舞台上和时间轴中排列它们，设计者可以定义它们在文档中的显示内容和显示时间。

（2）时间轴。

时间轴是 Flash 中的一个位置，用于通知 Flash 显示图形和其他项目元素的时间，也可以使用时间轴指定舞台上各图形的分层顺序。时间轴类似于一个时间从左向右推移的电子表格，它用列表示时间，用行表示图层，在舞台上位于较高图层中的内容显示在较低图层中的内容的上面，如图 9-3 所示。

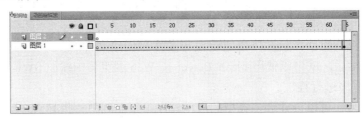

图 9-3　时间轴

（3）ActionScript 代码。

ActionScript 代码是一种程序代码。用来向文档中的媒体元素添加程序控制的交互式内容。例如，可以添加代码以便用户在单击某按钮时显示一幅新图像。还可以使用 ActionScript 向应用程序添加执行逻辑。执行逻辑使应用程序能够根据用户的操作和其他情况采取不同的工作方式。虽然在不使用 ActionScript 的情况下也能完成 Flash 中的大部分任务，但 ActionScript 带来了更多的可能性。Flash CD3 包括两个版本的 ActionScript，可满足创作者的不同需要。

2. SWF 文件

SWF 文件是 FLA 文件的压缩版本。它们是在 Web 页中显示的文件。图 9-4 所示的即是一个 SWF 文件。

3. AS 文件

AS 文件是 ActionScript 文件的简称，如果希望将部分或全部 ActionScript 代码保存在 FLA 文件以外的位置，则可以使用这些文件。这些文件有助于代码的管理。此外，如果有多人为

Flash 内容的不同部分而工作，这些文件也很有帮助。

图 9-4　SWF 文件

4.　SWC 文件

在 SWC 文件中，包含可重新使用的 Flash 组件。每个 SWC 文件都包含一个已编译的影片剪辑、ActionScript 代码，以及组件所需的其他资源。

5.　ASC 文件

ASC 文件是用于存储将在运行 Flash Communication Server 的计算机上所执行的 ActionScript 的文件。这些文件提供与 SWF 文件中的 ActionScript 代码结合使用的服务器端控制的功能。

6.　JSFL 文件

JSFL 文件即 JavaScript 文件，利用它可以向 Flash 创作工具添加新的功能。

7.　FLP 文件

FLP 文件是指 Flash 项目文件。使用 Flash 项目可以在一个项目中管理多个文档文件，也就是说，Flash 项目可让设计者将多个相关文件组织在一起，从而创建复杂的应用程序。

9.2　Flash 软件的特点与功能

Flash 软件是美国的 Macronedia 公司出品的一款网页动画设计软件，可用于制作适合网页使用的交互式动画作品。Flash 软件功能强大，使用起来却简单方便，因此自一问世就深得广大动画制作爱好者的青睐。

9.2.1　Flash 软件的特点

Flash 软件具有简单易用、高效多能的特点。概括来说，Flash 具有以下一些优点。

1.　灵活播放的作品

使用 Flash 不仅可以制作质量非常出色的网页，还可以制作高质量的离线交互作品，并且用户不需要使用网页浏览器就可以浏览这些 Flash 作品。Flash 附带着一个免费发放的离线播放器，这个离线播放器的文件非常小，因此可以将它和 Flash 作品一起放在一张软盘上，从而生成一个不需要单独安装即可独立播放的演示程序。也可以将更大、更复杂的演示程序放在一张 CD-ROM 上，让它在 CD-ROM 上独立播放。

2. 作品的网络传输速度快

Flash 中的动画图形用的是矢量技术，而不是在大多数传统网页动画图像中所使用的点阵技术，因此，Flash 动画作品的文件非常小，下载一个包含有几个场景的全屏幕 Flash 动画文件只需几秒钟，明显少于下载并播放一个同等大小和复杂程度的点阵组成的网页动画文件的时间。

提示：矢量技术：由数学公式和指令描述的图像被称为矢量图形，这些数学公式和指令以纯文本的形式存在，所以要描述一个全屏幕动画过程只需要很小的数据量。

点阵技术：由具有颜色特征的像素组成的一个矩阵来描述图像，每个像素的大小和每个给定图像中像素的总数是固定不变的。描述一个像素需要 2~32 位数据位。

3. 可自由缩放的 Flash 图像

一般来说，在网页中所用的图像都要尽可能地小，只有这样才能减少传输网页时的传输时间。所以在网页中使用全屏幕图像相对较少。否则，浏览者为下载该图像将花费很长的时间，以至于在他们还没有看到图像的整个内容时就已经没有了耐心。

而对于 Flash 生成的网页动画，不管尺寸如何，其文件大小几乎是完全一样的，只是在控制图像放大倍数上有微小的差别。因此，对于 Flash 网页动画来说，不论画面大小，其运行过程都是一样的。

Flash 网页动画的可缩放性带来了很多好处。例如，可以对网页中的内容进行动态缩放。最适合这种动态缩放功能的应用是显示图片的细节，如街区地图展示或工程图的细节展示。Flash 可以随时根据浏览者对浏览窗口尺寸的改变来调整窗口中网页内容的尺寸。当浏览者放大或缩小浏览器的窗口时，Flash 可以将网页中的内容进行等比例缩放，并不会丢失网页内容，浏览者仍然可以浏览全部的网页内容，如图 9-5 所示。

 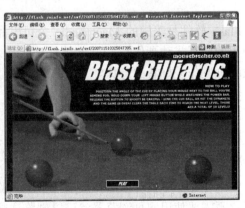

图 9-5　更改浏览器窗口大小时等比例缩放网页中的内容

4. 高质量的文字和图像效果

在 Flash 中使用矢量图形最大的好处是，总能保证它的线条图形和文字的输出质量是浏览者的计算机所能实现的最高输出质量。因为矢量图形中的指令可以告诉浏览者的计算机如何去识别这些图形，从而保证这台计算机能尽其所能地输出高质量的图形，因此在 Flash 生成的网页中，每一个元素都非常清晰和专业化。而点阵动画图像经常是通过改变和扭曲被固定了大小的像素矩阵制作出来的，在这个过程中，一些必要的像素可能被夸大或丢失，因此，图像的质量受到了明显的影响。

在 Flash 中使用矢量图形的另一个好处是，Flash 生成的网页中绝不会在它的纯色或渐变色色彩区域内找到模糊或游离的像素。

使用 Flash，网页设计者还可以选择是否要显示边缘完全平滑的图像。边缘平滑是指将背景色的像素融入到前景尖锐边缘的像素中，从而使图像的边缘看起来平滑流畅。因为在矢量图形的文件中不包含任何像素，所以 Flash 是利用计算机的屏幕像素完成边缘平滑过程的。

5. 多用性

Flash 是一个多能的工具，所输出的文件还可以被高档的图形软件所接受。因此，Flash 既可以帮助那些不太精通绘图的人将他们的想法图形化，又可以让专业的图像设计师利用它进行构思或设计草稿，然后输出到高档的图形软件中，以便对其做进一步的加工和完善，从而简化操作的进程。

Flash 的多用性表现在以下几个方面。

（1）Flash 是设计网页、图形和图像草稿的最好工具。许多商业图表和图像的创作人员可以利用 Flash 进行构思及草稿设计，然后再将这些草稿输出到 Freehand 或 Illustrator 中进行细化处理。

（2）Flash 是一种功能强大又简单易用的图形和动画软件。即使是不太懂得绘画的用户，或者是没有制作动画经历或没有受过这方面训练的用户，也能很轻松地使用它并获得很好的成果。

（3）Flash 作品适用于几乎所有运行在 Macintosh 或 Windows 计算机上的因特网、多媒体、展示和图像软件。

（4）Flash 作品同样适用于传统的多媒体环境并且可以印刷。

用户可以输入一个扫描的图像到 Flash 中，Flash 会立即将这个图像转换成可以任意缩放的线条图，而且这个线条图的文件大小只是原图像文件的几分之一。还可以利用 Flash 强大的动画工具制作动画 GIF，Flash 制作的动画 GIF 可以用于任何网页中。当然，也可以将任意来源的图像文件输入到 Flash 中，通过 Flash 的加工把它加入制作者的创意之中。

6. 易用性

任何人都可以使用 Flash 制作具有吸引力的网页。Flash 中的帮助系统包含了大量信息和资源，对 Flash 的所有创作功能和 ActionScript 语言进行了详尽的说明，还有许多联机资源可帮助用户快速了解 Flash 软件的性能。

Flash 的所有绘图工具及其辅助工具都汇集在绘图工具栏中，使用户可以很方便地选取和切换这些工具，有效地提高绘图的速度；可以自定义绘图工具栏，以便指定在创作环境中显示哪些工具。

Flash 甚至可以通过识别用户画出的基本几何形状或改正所画出的线条来帮助绘画。例如，当用户在绘制图形的过程中出现抖动时，Flash 可以根据指令将抖动的形状改为平滑状，如图9-6所示。

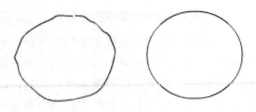

图 9-6　Flash 修改前后的绘图形状

Flash 可以通过编程实现交互式和动态网页的功能。虽然这些功能看起来较为复杂，但是其复杂程度绝不是高不可攀的，可以从指令表中找到绝大部分的脚本命令，而且每条命令的含义都十分清楚。通过不断实践，一定能够真正地学会和掌握 Flash 的全部功能。

7.　浏览 Flash 作品的障碍逐渐消除

目前几乎所有先进的和具有图形功能的浏览器都加入了支持 Flash 的插件，而一些十分流行的多媒体网页浏览器的插件也都支持 Flash。即使目前使用的是一个没有 Flash 插件的老版本浏览器，Flash 也可以采取两种措施来解决这个问题。

（1）　Flash 可以自动地生成一段 HTML 语言的代码，用来了解浏览者使用的浏览器的特性，并根据该浏览器的特性重新定义 Flash 生成的网页内容。

（2）　如果浏览器只是缺少所需的 Flash 插件，浏览器将自动地建立网络连接，下载 Flash 插件并提供安装 Flash 插件的指令。

9.2.2　Flash 软件的基本功能

Flash 软件自诞生以来就具有 3 个基本功能：绘图和编辑图形；补间动画；遮罩动画。

1.　绘图和编辑图形

绘图和编辑图形是进行多媒体创作的最基本阶段，Flash 可以将图形保存为元件，从而可以在作品中反复使用，这就避免了重复绘制同一图形的麻烦。Flash 还引进了层的概念，可以将不同的图形放置在不同的层中，从而使用户可以方便地编辑某一个单独的图形元素，或者利用层的移动、遮罩等方式来制作特殊的动画效果。

2.　补间动画

补间动画是 Flash 动画的最大优点，该功能可以通过对两个关键帧进行插值计算自动生成过渡画面，从而形成动画作品。

3.　遮罩动画

遮罩动画是利用图层将一部分画面遮盖起来，然后通过移动上面的图层，逐渐显示下面图层的不同部分，从而形成特殊的动画效果。

9.2.3　Flash CS4 的新增功能

Flash CS4 是目前最新的 Flash 程序版本，它在旧版本的基础上又作了很大的改进，从而使制作 Flash 动画的过程更加简单，作品内容也更加丰富。下面简单介绍 Flash CS4 的主要新增功能。

1. 基于对象的动画

在 Flash CS4 中，动画是基于对象的，补间直接应用于对象，而不是关键帧，这样用户就可以精确地控制每个单独的动画属性，大大简化了动画的设计过程。

2. "动画编辑器"面板

使用"动画编辑器"面板可以对每个关键帧参数（包括旋转、大小、缩放、位置、滤镜等）进行完全的单独控制，并且可以借助曲线以图形化的方式控制缓动。

3. 补间动画预设

Flash CS4 提供了一系列预设的补间动画，用户可以从预置的预设中选择所需的补间动画，也可以创建和保存自己的预设，并将其应用在其他动画作品中，从而节省创建动画的时间。

4. 用骨骼工具进行反向运动

在 Flash CS4 中可以使用一系列链接的对象轻松创建链型效果，或者使用骨骼工具快速扭曲单个对象。

5. 3D 变形

在 Flash CS4 中新增了 3D 变形工具，可以在 3D 空间内对 2D 对象进行动画处理。变形工具包括旋转工具和平移工具，允许用户在 X、Y、Z 轴上进行动画处理。应用局部或全局旋转可将对象相对于对象本身或舞台旋转。

6. 使用 Deco 工具进行装饰性绘画

在 Flash CS4 中可以轻松地将任何元件转换为即时设计工具。无论是创建稍后可使用刷子工具或填充工具应用的图案，还是通过将一个或多个元件与 Deco 对称工具一起使用来创建类似万花筒的效果，Deco 都提供了使用元件进行设计的新方法。

7. Adobe Kuler 面板

Kuler 面板是通向由设计人员在线社区创建的颜色和主题组的门户。用户可以使用它来浏览 Kuler 网站上成千上万的主题，然后下载所需的主题进行编辑，或者将其应用在自己的作品中。也可以使用 Kuler 面板来创建和保存主题，然后与 Kuler 社区共享这些主题。

8. Adobe AIR 的创作

新的"发布到 AIR"功能可在桌面获得交互式体验。Adobe AIR 是一个新的跨跃式操作系统，使用用于传送到 Flash Player 的相同技术，从而使用户的作品可以跨越更多的设备，如 Web、手机及桌面计算机等，以便送达更多的受众。

9. "声音"库

Flash CS4 新增了一个内置声音效果库，可以让用户轻松地添加声音效果。

10. 垂直显示的属性检查器

Flash CS4 的属性检查器垂直显示于界面的一侧，可以使用户更好地利用舞台空间。

11. 新的项目面板

新的项目面板可以让用户更轻松地处理多文件项目，如对多个文件同时应用属性更改，或者在创建元件后将其保存到指定文件夹等。

12. 新的字体菜单

Flash CS4 中的字体菜单包含每种字体以及这些字体所带的每种样式的预览。

9.3 制作 Flash 动画的工作环境与流程

Flash 动画的制作是在 Flash 应用程序界面的工作区中完成的。工作区中包含各种工具和面板，可以帮助用户创建和导航文档。为了能够顺利地使用 Flash CS4 设计和制作动画作品，让我们先来了解一下 Flash CS4 的工作界面与制作 Flash 动画的工作流程。

9.3.1 Flash CS4 的工作区

Flash CS4 采用了新的用户界面，如将属性检查器改为垂直放置，将时间轴移到舞台下方等，从而可以使用户更好地利用舞台空间来创作动画作品。在 Flash CS4 的工作区中，主要包括菜单栏、舞台、时间轴和创作面板几大部分，如图 9-7 所示。

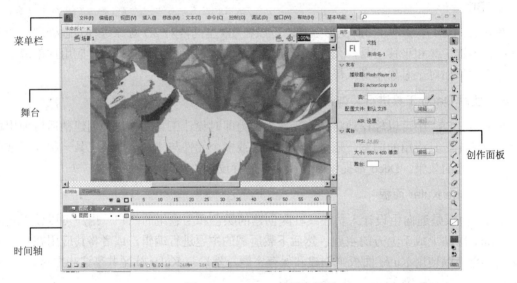

图 9-7　Flash CS4 的用户界面

1. 菜单栏

菜单栏位于程序窗口顶部，用于组织菜单命令。使用菜单栏中的各种菜单命令可以完成 Flash 动画创作的所有任务。

2. 舞台

舞台是在创建 Flash 文档时放置和编辑图形内容的矩形区域，用于显示正在使用的文件。对于没有特殊效果的动画，也可以直接在舞台中播放。在舞台周围的淡灰色区域中，可以查看场景中部分或全部超出舞台区域的元素，通常用做动画的开始和结束点的设置，即动画过程中对象进入和退出舞台时的位置设置。例如，要使鸟儿飞入帧中，可以先将鸟儿放置在舞台之外的淡灰色区域中，然后以动画形式使鸟儿进入舞台区域。

3. 创作面板

Flash CS4 的创作面板垂直放置在工作区的右侧，包括工具栏和工具面板两个部分，用于帮助用户监视和修改项目内容。其中工具面板又根据其用途分为多种，并可以根据需要显示或者隐藏。主要的工具面板有属性检查器、库面板、动作面板、影片浏览器、Web 服务面板等，用户可以通过使用各种不同的面板来处理对象、颜色、文本、实例、帧、场景和整个文档。例如，可以使用"混色器"面板创建颜色，并使用"对齐"面板将对象彼此对齐或与舞台对齐，或者使用属性检查器和其他相关的面板查看、组织和更改媒体与资源及其属性等。

默认情况下，在工作区中只显示部分常用的面板，用户可以通过从"窗口"菜单中选择面板命令来添加相应的面板。很多面板都具有菜单，其中包含特定于面板的选项。可以对面板进行编组、堆叠或停放。

4. 时间轴

时间轴用于组织和控制文档内容在一定时间内播放的图层数和帧数。与胶片一样，Flash 文档也将时长分为帧。图层就像堆叠在一起的多张幻灯胶片一样，每个图层都包含一个显示在舞台中的不同图像。在 Flash 中，动画是由帧按照顺序排列而成的，即使使用内插法计算得出的动画也是依据时间顺序生成的。因此，时间轴显示了动画中各帧的排列顺序，同时也包括各层的前后顺序。通过这种方式，时间轴可以达到控制项目内容和动画顺序的目的。

时间轴的主要组件是图层、帧和播放头。此外还包括时间轴标题及状态栏，它们共同构成了时间轴面板，如图 9-8 所示。

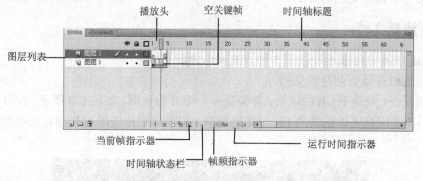

图 9-8　时间轴面板的构成

时间轴面板中各主要元素的功能说明如下。

（1）　图层列表：文档中的图层列在时间轴左侧的列中。每个图层中包含的帧显示在该图层名右侧的一行中。

（2）　时间轴标题：位于时间轴顶部，指示帧的编号。

（3）　播放头：指示当前在舞台中显示的帧。播放 Flash 文档时，播放头从左向右通过时间轴。

（4）　时间轴状态栏：显示在时间轴的底部，指示所选的帧编号、当前帧频，以及到当前帧为止的运行时间。

9.3.2　制作 Flash 动画的工作流程

要构建 Flash 应用程序，通常需要执行以下几个基本步骤。

（1）计划应用程序。即确定应用程序要执行哪些基本任务。

（2）添加媒体元素。即创建并导入媒体元素，如图像、视频、声音、文本等。

（3）排列元素。即在舞台上和时间轴中排列这些媒体元素，以定义它们在应用程序中显示的时间和显示方式。

（4）应用特殊效果。即根据需要应用图形滤镜（如模糊、发光和斜角）、混合和其他特殊效果。

（5）使用 ActionScript 控制行为。即编写 ActionScript 代码以控制媒体元素的行为方式，包括这些元素对用户交互的响应方式。

（6）测试并发布应用程序。即进行测试以验证应用程序是否按预期工作，查找并修复所遇到的错误。在整个创建过程中应不断测试应用程序。将 FLA 文件发布为可在网页中显示并可使用 Flash Player 回放的 SWF 文件。

在实际工作中，用户可以根据自己所设计的项目以及所使用的工作方式按不同的顺序灵活使用上述步骤。

9.4　Flash CS4 的基本操作

用户可以通过 Flash CS4 的开始页或"文件"菜单来创建新的 Flash 文档及其他项目，或者快速打开所需的任何文档和应用程序。本节介绍 Flash CS4 的基本操作，包括新建文档、打开已有文档和保存文档的方法。

9.4.1　创建新文档

在 Flash CS4 中可以通过以下 3 种方法来创建新文档。

（1）通过开始页创建新文档。

默认情况下，启动 Flash CS4 后，会先显示一个开始页面，如图 9-9 所示。在开始页的"新建"栏中列出了用户可以创建的 Flash 文档类型，单击某个按钮即可创建相应类型的 Flash 文档。

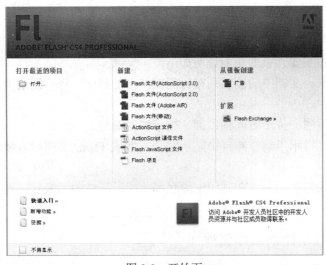

图 9-9　开始页

（2）使用"新建"命令。

通过"新建"命令不但可以创建在开始页中可创建的各种类型的常规文档，还可以利用模板创建拥有预置格式和内容的 Flash 文档。

选择"文件"|"新建"命令，打开"新建文档"对话框，如图 9-10 所示。默认显示的是"常规"选项卡，在"类型"列表框中选择要创建的文档类型，然后单击"确定"按钮即可创建一个相应的 Flash 文档。

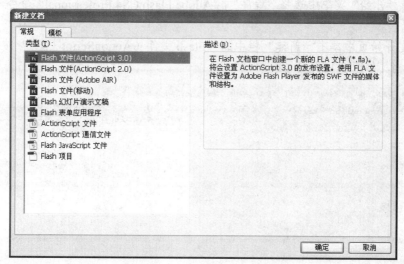

图 9-10　"新建文档"对话框

若要基于模板创建 Flash 文档，可在"新建文档"对话框中切换到"模板"选项卡，在"类别"列表框中选择模板类别，然后在"模板"列表框中选择具体的模板，如图 9-11 所示。选择完毕，单击"确定"按钮即可创建一个基于模板的新 Flash 文档，然后用户只需用实际所需的内容替换模板中的提示内容即可。

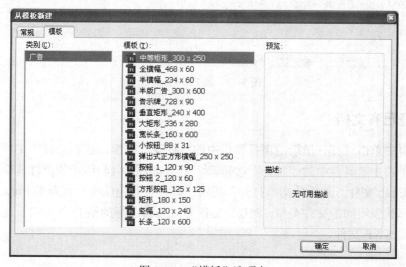

图 9-11　"模板"选项卡

（3）使用"新建"按钮。

通过单击主工具栏中的"新建"按钮□可以创建一个新的 FLA 文档。选择"窗口"|"工

具栏"｜"主工具栏"命令即可显示主工具栏，如图 9-12 所示。

图 9-12　主工具栏

★例 9.1：创建一个使用 ActionScript 3.0 发布设置的 Flash 文档。

（1）从"开始"菜单中选择"程序"｜"Adobe Flash CS4 Professional"命令，启动 Flash CS4。

（2）在开始页中单击"新建"栏中的"Flash 文件（ActionScript 3.0）"按钮，创建一个新 FLA 文档，如图 9-13 所示。

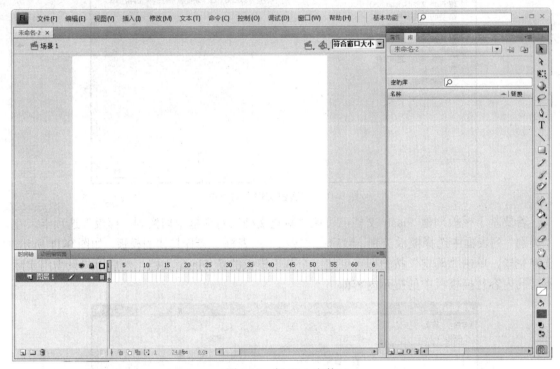

图 9-13　新 FLA 文件

9.4.2　打开已有文档

在开始页中单击"打开最近的项目"栏中的"打开"按钮，或者选择"文件"｜"打开"命令，或者单击主工具栏中的"打开"按钮，打开如图 9-14 所示的"打开"对话框，选择要打开的 Flash 文件。然后单击"打开"按钮，即可打开电脑中已保存的 Flash 文档。

不同图标代表不同的文件类型，例如，文件名前为 图标的是 FLA 文件，而文件名前为 图标的则是 SWF 文件。

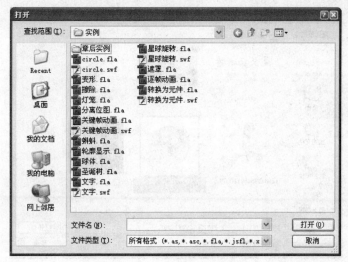

图 9-14 "打开"对话框

9.4.3 导入图像

在 Flash 文档中可以直接把保存在计算机中的图形图像导入到舞台，并进行编辑。选择 "文件"|"导入"|"导入到舞台"命令，打开"导入"对话框，选择所需的文件，然后单击"打开"按钮即可导入到所选文档中。

如果导入的是图像序列中的某一个文件（文件名以数字结尾），而且该序列中的其他文件都位于相同的文件夹中，则 Flash 会自动将其识别为图像序列。在 Flash 中，与以下格式相似的文件名都将被识别为图像序列。

（1）Pic001.gif，Pic002.gif，Pic003.gif…。

（2）Pic001，Pic002，Pic003…。

（3）Pic_001.gif，Pic_002.gif，Pic_003.gif…。

将一个图像序列或者动画文件导入到 Flash 中时，在舞台中只显示序列的最后一幅图像或者动画的第一个关键帧，其他图像并不被显示出来。如果要查看其他图像，应在"库"面板中进行浏览。

　　提示：如果要从其他的应用程序中导入图像，可以先将图像复制到 Windows 剪贴板上，然后在 Flash 中粘贴。

★例 9.2：向舞台中导入一个动画文件。

（1）选择"文件"|"导入"|"导入到舞台"命令，打开"导入"对话框。

（2）在文件列表中选择要导入的图像文件，如图 9-15 所示。

（3）单击"打开"按钮，此图像出现在舞台上，而时间轴上则显示此动画图像的帧数，如图 9-16 所示。

图 9-15　"导入"对话框

图 9-16　导入动画图像

9.4.4　保存文档

在 Flash 中制作并保存的文档默认为 FLA 格式。通过选择"文件"|"保存"按钮或者单击主工具栏中的"保存"按钮█都可以保存对当前文档的修改。如果是第一次保存文档，会打开如图 9-17 所示的"另存为"对话框，选择要保存文档的位置，并在"文件名"文本框中输入文档名称，然后单击"保存"按钮，即可保存当前文档。

图 9-17 "另存为"对话框

在 Flash CS4 中保存文档时，默认的保存类型为"Flash CS4 文档（*.fla）"，如果要将其保存为 Flash CS3 文档，应在"另存为"对话框的"保存类型"下拉列表框中选择"Flash CS3 文档（*.fla）"选项。

将文档保存为 CS3 类型时，如果其中包含只能在 Flash CS4 中使用的功能（如 3D 变形效果），则这些功能将会丢失。

9.5 习题

9.5.1 填空题

1. 将一幅幅单独的画面用每秒＿＿＿＿＿＿幅画面的速度切换，人们就可以看到一段流畅的动画。

2. 目前应用最广泛的电脑动画格式有＿＿＿＿＿格式、＿＿＿＿＿格式和＿＿＿＿＿格式。

3. Flash 中的动画图像用的是＿＿＿＿＿＿技术，而不是在大多数传统网页动画图像中所使用的＿＿＿＿＿技术，因此，Flash 动画作品的文件非常＿＿＿＿＿＿。

4. Flash 可以自动地生成一段＿＿＿＿＿＿＿＿＿＿＿，用来了解浏览者使用的浏览器的特性，并根据该浏览器的特性重新定义 Flash 生成的网页内容。

5. Flash 软件的 3 个基本功能是：＿＿＿＿＿＿＿＿；＿＿＿＿＿＿＿；＿＿＿＿＿＿。

6. 在 Flash CS4 中，动画是基于＿＿＿＿＿＿的，补间直接应用于＿＿＿＿＿，而不是＿＿＿＿＿。

7. 在 Flash CS4 的工作区中，主要包括＿＿＿＿＿＿＿＿＿＿＿＿＿＿几大部分。

9.5.2 选择题

1. 设计者在 Flash 中使用的主要文件是（　　）格式。
   A. FLA
   B. SWF

C. SWC

D. FLP

2. 用于在 Web 页中显示的文件是（　　　　）格式。

A. FLA

B. SWF

C. SWC

D. FLP

3. 网页上常用的（　　　）动画格式是由 Flash 制作的。

A. GIF

B. AVI

C. SWF

D. BMP

4. 　图标表示（　　　）文件。

A. SWC

B. SWF

C. FLA

D. FLP

5. （　　　　）用于帮助用户监视和修改项目内容。

A. 菜单栏

B. 时间轴

C. 舞台

D. 创作面板

9.5.3　简答题

1. Flash 文档包含哪些基本类型的信息？

2. 制作 Flash 文档的工作流程是什么？

3. 时间轴有什么作用？主要包括哪些组件？

4. Flash 有哪些文件类型？

9.5.4　上机操作

1. 利用模板创建一个 Flash 文档，并将其保存在电脑中。

2. 试打开已保存的 Flash 文档。

第 10 章

Flash 绘图与填充

教学目标：

Flash 提供了一套完整的绘图工具，可供用户绘制各种自由形状或准确的线条、形状和路径，并可对图形填充任意颜色，以及对图形进行旋转、缩放等变形操作。本章全面介绍了使用 Flash CS4 的绘图工具绘制图形、填充颜色，以及处理图形对象的知识和技巧。通过本章的学习，读者可以了解这些绘图及图形处理工具的使用方法，并且可以掌握在 Flash CS4 中进行绘图、填充图形和处理图形的方法。

教学重点与难点：

1. 选择工具的使用。
2. 绘制简单图形的方法。
3. 铅笔、钢笔及刷子工具的使用。
4. 色彩的运用。
5. 使对象变形的方法。

10.1 绘制简单图形

Flash CS4 提供了一个工具齐全的绘图工具栏，使用其中的工具可以绘制和编辑各种图形。在绘图的同时，用户还可以通过使用属性检查器来设置所绘形状的相关属性。

10.1.1 Flash 绘制模型

在使用 Flash 绘制图形之前，必须先了解一下 Flash 的绘制模型。Flash 有合并绘制和对象绘制两种绘制模型，这两种绘制模型为绘制图形提供了极大的灵活性。

合并绘制模型是 Flash 默认的绘制模型，这种模型在重叠绘制的图形时会自动将这些图形进行合并。如果所选择的图形已与另一个图形合并，移动它时会永久改变其下方的图形。例如，如果在一个圆形上方叠加一个椭圆，然后选择椭圆并进行移动，将会删除矩形中的椭圆，如图10-1所示。

图 10-1　合并绘制模型

使用对象绘制模型创建的图形保持为独立的对象，这些对象在叠加时不会自动合并。这样在分离或重新排列图形的外观时，会使图形重叠而不会改变它们的外观。在使用这种模型绘制图形时，Flash 将每个图形创建为独立的对象，可以分别进行处理。选择用对象绘制模型创建的图形时，Flash 会在图形周围添加矩形边框。使用选择工具单击图形边框即可将其拖动到舞台上，如图10-2所示。

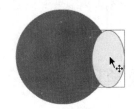

图 10-2　对象绘制模型

要使用对象绘制模式绘图，在绘图工具栏中选择绘图工具后，再单击"对象绘制"按钮 ，使之呈按下状态，然后在舞台上绘制图形即可。再次单击"对象绘制"按钮取消其按下状态即可切换回合并绘制模式。

10.1.2　绘制线条

使用线条工具可以沿任意方向绘制直线段。在绘图工具栏中单击"线条工具"按钮 ，属性检查器中即会显示线条的相关属性。单击"笔触颜色"按钮，从弹出的调色板中选择线条颜色，在"笔触"文本框中指定线条的粗细，在"样式"下拉列表框内选择线条的样式，然后在舞台上按下鼠标左键进行拖动即可绘出线条。如果在绘制线条的同时按住 Shift 键，则可以将线条的角度限制为 45º 的倍数。

注意：如果选择实线以外的其他笔触样式，会增加图形的复杂程度，从而增加最终文件的大小。

★例 10.1：绘制一条 4 像素粗细的红色水平斑马线，如图 10-3 所示。

|||||||||||||||||||||||||||||||||||||

图 10-3　红色水平斑马线

（1）　单击绘图工具栏中的"线条工具"按钮。

（2）　单击属性检查器中的"笔触颜色"按钮，弹出调色板，单击红色颜色块。

（3）　在"笔触高度"文本框中键入"4"。

（4）　在"笔触样式"下拉列表框中选择"斑马线"样式。

（5）　按住 Shift 键在舞台中水平拖动指针绘出线条。

10.1.3　绘制基本形状

绘图工具栏中的形状工具组中集成了矩形工具、椭圆工具和多角星形工具，矩形工具和椭圆工具又分为普通矩形工具、普通椭圆工具和图元矩形工具、图元椭圆工具。形状工具的位置初始时显示矩形工具，当使用过其他形状工具后，此位置将显示上一次使用过的工具。

1. 绘制矩形和椭圆

使用椭圆和矩形工具可以创建椭圆和矩形，并可指定圆角的度数。除了"合并绘制"和"对象绘制"模型以外，椭圆和矩形工具还提供了"图元对象绘制"模式，使用基本矩形工具或基本椭圆工具即可绘制图元矩形或图元椭圆。图元矩形和图元椭圆是独立的图形对象。

在绘图工具栏中的形状按钮上按下鼠标左键，从弹出菜单中选择所需的矩形或者椭圆工具，然后在舞台上进行拖动即可绘出相应的形状。按住 Shift 键拖动可将形状限制为正方形或者正圆形。

在使用矩形工具时，可以在属性检查器中设置矩形边角半径。在"矩形选项"栏下的"矩形边角半径"文本框中输入一个值即可指定圆角，如果值为 0，则创建的是直角。

默认情况下，矩形四个边角的半径值是相等的，用户只需在属性检查器中的"矩形边角半径"选项组中设置左上角的一个边角半径值，其他三个边角半径值都会做相应更改。如果要设置不相等的半径值，则用户可单击锁定图标 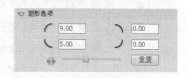，解除其他选项的锁定，然后分别输入所需的值，如图 10-4 所示。

图 10-4　分别设置矩形的边角半径

★例 10.2：绘制一个圆形方孔图案，如图 10-5 所示。

（1）在绘图工具栏中指向形状工具按钮，从弹出菜单中选择"椭圆工具"命令，选择椭圆工具。

（2）在属性检查器中设置笔触颜色为"#336633"，填充颜色为"#339933"，笔触大小为"8"，线条样式为实线，如图 10-6 所示。

图 10-5　圆形方孔图

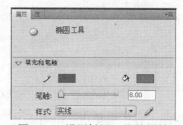

图 10-6　设置椭圆工具的属性

（3）在舞台上按住 Shift 键绘制一个正圆形。

（4）在绘图工具栏中指向形状工具按钮，从弹出菜单中选择"矩形工具"命令，选择矩形工具，将填充颜色更改为白色（#FFFFFF）。

（5）在舞台上按住 Shift 键在圆形内部中心处绘制一个正方形。

2. 绘制多边形和星形

使用多角星形工具可以创建多边形或者星形。默认情况下，选择多角星形工具后，在舞台上按住鼠标拖动可绘制一个五边形。如果要绘制其他的形状，可在属性检查器中单击"工具设置"栏下的"选项"按钮，打开如图 10-7 所示的"工具设置"对话框，在"样式"下拉列表框中选择"多边形"或"星形"选项，然后在"边数"文本框中输入形状的边数。如果要绘制星形，还需在"星形顶点大小"

图 10-7　"工具设置"对话框

文本框中输入一个介于 0~1 之间的数字以指定星形顶点的深度。数字越接近 0，创建的顶点就越深。

★例 10.3： 绘制一个红五星，如图 10-8 所示。

图 10-8　红五星

（1）　在绘图工具栏中的形状工具按钮上按下鼠标左键，从弹出菜单中选择"多角星形工具"命令，选择多角星形工具。

（2）　在属性检查器中单击"选项"按钮，打开"工具设置"对话框。

（3）　在"样式"下拉列表框中选择"星形"选项，在"边数"文本框中键入"5"，在"星形顶点大小"文本框中键入"0.50"。

（4）　单击"确定"按钮应用设置并关闭对话框。

（5）　将笔触颜色和填充颜色均设置为红色，将笔触大小设置为"1"。

（6）　在舞台上拖动，绘出五角星形。

10.2　使用铅笔工具绘图

使用铅笔工具可以随意绘制各种线条。铅笔工具有 3 种绘画模式：伸直、平滑、墨水。伸直模式具有形状识别能力，可以将所绘制的线条变成直线和将接近于三角形、椭圆、矩形的形状转换为这些几何形状；平滑模式用于绘制平滑曲线；墨水模式下所绘制的线条接近于手绘线条。图 10-9 所示的是使用铅笔工具在不同模式下绘制出的闭合图形效果。

图 10-9　在伸直（左）、平滑（中）和墨水（右）模式下绘制的闭合图形

在绘图工具栏中单击"铅笔工具"按钮 即可选择铅笔工具。此时在工具面板下方的选项区域中会显示一个"铅笔模式"按钮 ，在此按钮上按下鼠标左键，即可从弹出菜单中选择铅笔的绘制模式。

用铅笔工具在舞台中拖动可以绘制任意图形。最后得到的形状由在设置区中的设置、当前铅笔工具的画线模式和当前所画的形状 3 种因素决定。

10.3　使用钢笔工具绘图

使用钢笔工具可以绘制精确的路径，如直线或者平滑流畅的曲线。当使用钢笔工具绘画时，可以通过单击在直线段上创建点，或者通过拖动在曲线段上创建点，拖动线条上的点即可调整直线段和曲线段。此外，使用钢笔工具绘制的曲线和直线还可以相互转换。

10.3.1　绘制直线

使用钢笔工具可以绘制的最简单路径是直线。方法是通过单击钢笔工具创建两个锚点。

继续单击可创建由转角点连接的直线段组成的路径。

在工具面板中选择钢笔工具后，在起始点处单击鼠标，即可定义第一个锚点，然后移动鼠标，在该线段的结束处再次单击鼠标，定位第二个锚点。默认情况下，定位了两个锚点之后绘制的第一条线段才可见。绘制完所有的线段后，执行以下 3 种操作之一即可完成此路径。

（1）完成一条开放路径：双击最后一个点，然后单击工具面板中的钢笔工具，或者按住 Ctrl 键单击路径外的任何位置。

（2）闭合路径：将钢笔工具放置于第一个（空心）锚点上。当位置正确时，钢笔工具指针旁边会显示一个小圆圈 。单击或拖动以闭合路径。

（3）按现状完成形状：选择"编辑"|"取消全选"命令，或者在工具面板中选择其他工具。

10.3.2　绘制曲线

要使用钢笔工具创建曲线，应在曲线改变方向的位置处添加锚点，并拖动构成曲线的方向线。方向线的长度和斜率决定了曲线的形状。在绘制曲线时应尽可能少地使用锚点，因为这样可以更容易地通过拖动来编辑曲线，并且系统可更快速地显示和打印曲线。使用过多锚点还会在曲线中造成不必要的凸起。

要用钢笔工具绘制曲线，选择了钢笔工具后，应将钢笔工具定位在曲线的起始点，并按住鼠标按键，此时会出现第一个锚点，同时钢笔工具指针变为箭头。拖动设置要创建曲线段的斜率，然后松开鼠标键。在拖动时，通常将方向线向计划绘制的下一个锚点延长约三分之一距离。绘制完成后可以调整方向线的一端或两端。如果按住 Alt 键拖动方向线则可断开锚点的方向线。

结束曲线绘制时，应将钢笔工具定位到曲线段结束的位置，然后执行下列操作之一。

（1）若要创建 C 形曲线，以上一方向线相反方向拖动，然后释放鼠标键。

（2）若要创建 S 形曲线，以上一方向线相同方向拖动，然后释放鼠标键。

（3）若要创建一系列平滑曲线，继续从不同位置拖动指针。应将锚点置于每条曲线的开头和结尾，而不放在曲线的顶点。

完成路径的方法与绘制直线段的方法是相同的。

★例 10.4：使用钢笔工具绘制一条自由曲线，如图 10-10 所示。

（1）在绘图工具栏中单击"钢笔工具"按钮，选择该工具。

（2）在舞台上需要作为曲线起点的位置单击鼠标，定义第一个锚记点。

（3）向想要绘制曲线段的方向拖动鼠标。随着拖动，将会出现曲线的切线手柄，如图 10-11 所示。

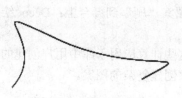

图 10-10　完成的曲线

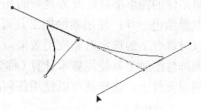

图 10-11　显示切线手柄

（4）　在所需位置释放鼠标键。

（5）　将指针放在想要结束曲线段的地方，按下鼠标键，然后朝相反的方向拖动来完成线段。

10.3.3　编辑锚点

在使用钢笔工具绘制曲线时，会创建平滑点，即连续的弯曲路径上的锚点；在绘制直线段或连接到曲线段的直线时，则会创建转角点，即在直线路径上或直线和曲线路径接合处的锚点。将线条中的线段在直线段和曲线段之间转换的实质是转角点和曲线点的转换。默认情况下，选定的平滑点显示为空心圆圈，选定的转角点显示为空心正方形。

可以在线条上添加或删除锚点，或者将平滑点转换为转角点。删除曲线路径上不必要的锚点可以优化曲线并减小文件大小。编辑锚点的各种方法如下。

（1）　添加锚点：在绘图工具栏中指向钢笔工具，从弹出的菜单中选择"添加锚点工具"命令，然后单击线段上要添加锚点的位置。

（2）　删除锚点：在绘图工具栏中指向钢笔工具，从弹出的菜单中选择"删除锚点工具"命令，然后在线段上单击要删除的锚点。

（3）　转换锚点：默认状态下添加到钢笔线条上的锚点是平滑点，若要将其转换为转角点，可在绘图工具栏中指向钢笔工具，从弹出的菜单中选择"转换锚点工具"命令，然后在线段上单击要转换的锚点。

10.3.4　调整线段

通过调整线段可以更改直线段的角度或长度，或者更改曲线的斜率或方向。移动曲线点上的切线手柄时，可以调整该点两边的曲线；而移动转角点上的切线手柄时，则只能调整该点的切线手柄所在的那一边的曲线。

调整线段的方法如下。

（1）　调整直线段：选择部分选取工具，然后将线段上的锚点拖动到新位置。

（2）　调整曲线段：选择部分选取工具，然后拖动该线段。

（3）　调整曲线上的点或切线手柄：选择部分选取工具，然后选择曲线段上的锚点。

（4）　调整锚点两边的曲线形状：拖动该锚点，或者拖动切线手柄。按住 Shift 拖动可将曲线限制为倾斜45º的倍数；按住 Alt 键可单独拖动每个切线手柄。

10.4　使用装饰性绘画工具绘图

Flash CS4 新增了两种装饰性绘画工具：喷涂刷工具和 Deco 工具。使用装饰性绘画工具可以将创建的图形形状转变为复杂的几何图案，例如，使用刷子工具可以绘制出刷子般的笔触，就像涂色一样；使用喷涂刷工具可以一次将形状图案"刷"到舞台上；Deco 绘画工具则可以对舞台上的选定对象应用效果。

装饰性绘画工具使用算术计算（称为过程绘图），这些计算应用于库中用户创建的影片剪辑或图形元件上，这样就可以使用任何图形形状或对象创建复杂的图案。

10.4.1 刷子工具

使用刷子工具可以创建包括书法效果在内的特殊效果。从艺术的角度来看，用刷子画出的图形要比先勾轮廓再填色画出的图形显得自然。

刷子工具和喷涂刷工具集成在绘图工具栏中的"刷子工具"组里，初始显示刷子工具。选择刷子工具  后，在属性检查器中选择刷子工具的填充颜色，并在绘图工具栏的选项区域中选择刷子工具的大小、形状、绘图模式等，然后在舞台上拖动即可绘制想要的图形。如果按住 Shift 键拖动刷子工具，还可以绘出水平和垂直方向的直线形图形。

Flash 为刷子工具提供了多种笔头形状和尺寸。在绘图工具栏的选项区域中的"刷子大小"按钮上按下鼠标左键，即可从弹出的菜单中选择笔头的尺寸；在"刷子形状"上按下鼠标左键，则可从弹出的菜单中选择笔头的形状。

此外，Flash 还提供了 5 种绘画模式，在绘图工具栏选项区域中的"刷子模式"按钮上按下鼠标左键，即可从弹出的菜单中选择所需的绘画模式。下面简单介绍一下这 5 种绘画模式的功能。

（1）"标准涂色"：用于对同一层的线条和填充涂色。

（2）"颜料填充"：用于对填充区域和空白区域涂色，不影响线条。

（3）"后面绘画"：用于在舞台上同一层的空白区域涂色，不影响线条和填充。

（4）"颜料选择"：当设置笔触的填充颜色时，该模式会将新的填充色应用到所选区域中，就跟简单地选择一个填充区域并应用新填充色一样。

（5）"内部绘画"：用于对开始刷子笔触时所在的填充进行涂色，但从不对线条涂色。如果在空白区域中开始涂色，则填充操作不会影响任何现有填充区域。

★例 10.5：使用刷子绘制线条，使之穿越 3 个圆形，如图 10-12 所示。

（1）在绘图工具栏中选择椭圆工具，将笔触颜色和填充颜色均设置为红色，然后在舞台上绘制 3 个圆形。

图 10-12 用刷子绘画

（2）单击"刷子工具"按钮，选择刷子工具，将填充颜色改为绿色。

（3）在绘图工具栏中的选项区域中指向"刷子模式"按钮并按下鼠标，从弹出菜单中选择"后台绘画"模式。

（4）指向"刷子大小"按钮并按下鼠标，从弹出菜单中选择第 4 种大小。

（5）指向"刷子形状"按钮并按下鼠标，从弹出菜单中选择第 2 种形状。

（6）在舞台上画一条穿越 3 个圆形的线条。

10.4.2 喷涂刷工具

喷涂刷的作用类似于粒子喷射器，默认情况下，喷涂刷使用当前选定的填充颜色喷射粒子点，如图 10-13 所示。但

图 10-13 用喷涂刷喷出的粒子点

是，也可以使用喷涂刷工具将影片剪辑或图形元件作为图案应用。

在绘图工具栏中指向"刷子工具"按钮并按下鼠标左键，从弹出的菜单中选择"喷涂刷工具"命令，选择喷涂刷工具，在属性检查器中选择默认喷涂点的填充颜色，或者单击"编辑"按钮从库中选择自定义元件，然后在舞台上拖动指针即可绘出图案。

10.4.3　Deco 工具

使用 Deco 工具可以为舞台上的选定对象应用对称、网格式填充及藤蔓式填充效果。使用对称效果，可以围绕中心点对称排列元件；使用网格填充效果，可以用库中的元件填充舞台、元件或封闭区域；利用藤蔓式填充效果，可以用藤蔓式图案填充舞台、元件或封闭区域。

1.　应用对称效果

可以使用对称效果来创建圆形用户界面元素（如模拟钟面或刻度盘仪表）和旋涡图案。对称效果的默认元件是 25×25 像素、无笔触的黑色矩形形状。

在绘图工具栏中单击"Deco 工具"按钮 ，选择该工具，然后在属性检查器上从"绘制效果"下拉列表框中选择"对称刷子"选项，并选择填充增色，或者单击"编辑"按钮从库中选择自定义元件。此外，用户还可以指定对称刷子的对称方式。设置完毕，单击舞台上要显示对称刷子插图的位置即可应用该效果。

下面简单介绍一下对称效果的 4 种对称方式。

（1）　绕点旋转：围绕用户指定的固定点旋转对称中的形状。默认参考点是对称的中心点。若要围绕对象的中心点旋转对象，按圆形运动进行拖动即可。

（2）　跨线反射：可跨用户指定的不可见线条等距离翻转形状。

（3）　跨点反射：围绕用户指定的固定点等距离放置两个形状。

（4）　网格平移：使用按对称效果绘制的形状创建网格。每次在舞台上单击 Deco 绘画工具都会创建形状网格。使用由对称刷子手柄定义的 x 和 y 坐标可以调整这些形状的高度和宽度。

在应用对称效果时，用户可通过选中属性检查器上的"测试冲突"复选框来防止对称效果中的形状相互冲突；否则当用户增加对称效果内的实例数时，对称效果中的形状可能会重叠。

★例 10.6：绘制一个钟表表盘，如图 10-14 所示。

（1）　选择椭圆工具，将笔触大小设置为 10，笔触颜色设置为红色，然后在舞台上绘制一个正圆。

（2）　选择 Deco 工具，在属性检查器上的"笔触形状"下拉列表框中选择"对称刷子"选项。

（3）　单击颜色按钮，从弹出菜单中选择红色。

（4）　在"高级选项"下拉列表框中选择"绕点旋转"选项。

图 10-14　钟表表盘图案

（5）　将舞台上显示的对称点移到椭圆中心，并拖动短轴线顶端的控制手柄使其呈水平状，如图 10-15 所示。

（6）　在圆上短轴指向的位置单击鼠标，添加形状，如图 10-16 所示。

（7）　在两点之间的弧上的 1/3 和 2/3 处单击鼠标，添加形状，将弧等分成 3 份，如图

10-17 所示。

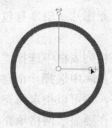
图 10-15　调整轴线

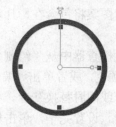
图 10-16　绘制形状

图 10-17　添加形状

（8）选择刷子工具，将笔头形状设置为圆形，笔头大小设置为第 5 种，填充颜色为红色，然后在圆形中心处单击鼠标，绘制一个圆点。

（9）选择线条工具，将笔触大小设置为 5，笔触颜色设置为红色，然后从用刷子绘制的中心点出发，绘制一条指向右下方的形状的短线。

（10）将线条工具的笔触大小改为 3，再绘制一条从中心点指向上方形状上长线。

2. 应用网格填充效果

使用网格填充效果可创建棋盘图案、平铺背景或用自定义图案填充的区域或形状。对称效果的默认元件是 25×25 像素、无笔触的黑色矩形形状。将网格填充绘制到舞台后，如果移动填充元件或调整其大小，则网格填充将随之移动或调整大小。

选择 Deco 绘画工具后，在属性检查器上从"绘制效果"下拉列表框中选择"网格填充"选项，并指定填充颜色或元件，以及设置水平间距、垂直间距、缩放比例，然后单击舞台，或者在要显示网格填充图案的形状或元件内单击鼠标，即可应用网格填充效果。

★例 10.7：为一个矩形应用网格填充效果，如图 10-18 所示。

（1）选择矩形工具，在舞台上绘制一个矩形。

（2）选择 Deco 工具，在属性检查器上选择"绘制效果"下拉菜单中的"网格填充"选项。

（3）单击"水平间距"的数字，使其进入编辑状态，键入"2"，如图 10-19 所示。

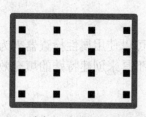
图 10-18　在矩形内应用网格填充效果

图 10-19　设置 Deco 工具属性

（4）单击"图案缩放"的数字，使其进入编辑状态，键入"120"。

（5）在矩形中单击鼠标，填充网格效果。

3. 应用藤蔓式填充效果

使用藤蔓式填充效果时，生成的图案将包含在影片剪辑中，而影片剪辑本身包含组成图案的元件。

选择 Deco 绘画工具后，在属性检查器中从"绘制效果"下拉列表框中选择"藤蔓式填充"，并设置花朵与叶子形状的填充颜色，或者单击"编辑"按钮从库中选择一个自定义元件以替换默认花朵元件和叶子元件之一或同时替换二者。如果需要，还可以指定填充形状的水平间距、垂直间距和缩放比例等选项。设置完毕，单击舞台或者在要显示网格填充图案的形状或元件内单击鼠标，即可应用藤蔓式填充效果。应用藤蔓式填充效果后，将无法更改属性检查器中的高级选项以改变填充图案。

下面介绍 Deco 工具的各种高级选项的功能。

（1）分支角度：用于指定分支图案的角度。

（2）分支颜色：用于指定用于分支的颜色。

（3）图案缩放：缩放操作会使对象同时沿水平方向（沿 x 轴）和垂直方向（沿 y 轴）放大或缩小。

（4）段长度：用于指定叶子节点和花朵节点之间的段的长度。

（5）动画图案：用于指定效果的每次迭代都绘制到时间轴中的新帧。在绘制花朵图案时，此选项将创建花朵图案的逐帧动画序列。

（6）帧步骤：用于指定绘制效果时每秒要横跨的帧数。

★例 10.8：为一个矩形应用藤蔓式填充效果，如图 10-20 所示。

（1）选择矩形工具，在舞台上绘制一个矩形。

（2）选择 Deco 工具，在属性检查器上的"绘制效果"下拉列表框中选择"藤蔓式填充"选项。

（3）单击"花"选项组中的颜色按钮，从弹出的调色板中选择红色。

图 10-20　应用藤蔓式填充效果

（4）选中"动画图案"复选框。

（5）在舞台上的矩形中单击鼠标，添加动态的藤蔓式填充效果。

10.5　填充色彩

Flash 提供了多种应用、创建和修改颜色的方法，除了可以使用属性检查器来为图形填充色彩效果外，用户还可以使用颜料桶、墨水瓶、滴管这些工具来创建特殊的填充效果。

10.5.1　颜料桶工具的使用

使用颜料桶工具可以为封闭区域或者未完全封闭的区域填色，或者修改已涂色区域的颜色。填充的颜色可以是纯色、渐变色或者位图图像。在为未完全封闭的区域填色时可以闭合形状轮廓中的空隙。

Flash CS4 将颜料桶工具和墨水瓶工具集成在了一起，在绘图工具栏中的"颜料桶工具/

墨水瓶工具"按钮上按下鼠标左键,从弹出菜单中选择"颜料桶工具"命令即可选择该工具。选择颜料桶工具后,光标会变为颜料桶形状🖐。此时在颜料桶工具的属性检查器中单击"填充颜色"按钮,从弹出的调色板中选择所需的颜色,并在工具面板的选项区域中选择封闭空隙的方式,然后在舞台中需要填充颜色的封闭区域内单击鼠标,即可填充该区域。

选择颜料桶工具后,在工具面板中单击"空隙大小"按钮,从弹出菜单中可以选择封闭空间的方式。颜料桶工具提供了4种封闭空隙的选项,各选项功能说明如下。

（1）"不封闭空隙":用于在颜料桶填充颜色前不自行封闭所选区域的任何空隙。也就是说,在所选区域的所有未封闭曲线内将不会被填色。

（2）"封闭小空隙":用于在颜料桶填充颜色前自行封闭所选区域的小空隙。

（3）"封闭中等空隙":用于在颜料桶填充颜色前自行封闭所选区域的中等空隙。

（4）"封闭大空隙":用于在颜料桶填充颜色前自行封闭所选区域的大空隙。

注意: 如果要在填充形状之前手动封闭空隙,应选择"不封闭空隙"命令。当空隙太大时就可能必须手动封闭它们。此外,对于复杂的图形,手动封闭空隙会更快一些。

★例 10.9:利用颜料桶工具来设置图形的特殊效果,如图 10-21 所示。

（1）在绘图工具栏中选择多角星形工具,设置其填充颜色为红色,笔触颜色为无颜色🗹,然后在舞台上绘制一个红色五角星,如图 10-22 所示。

图 10-21　用颜料桶设置的图形效果

图 10-22　红五角星

（2）选择线条工具,设置其笔触颜色为黄色,笔触高度设置为0.1。

（3）在五角星上绘制由凸角顶点到其相对的凹角顶点之间的线条,将图形分隔为数个封闭区域,如图 10-23 所示。

（4）选择颜料桶工具,设置其填充颜色为黄色。

（5）单击红五星最上角的左边区域（a 区域）进行颜色填充,如图 10-24 所示。

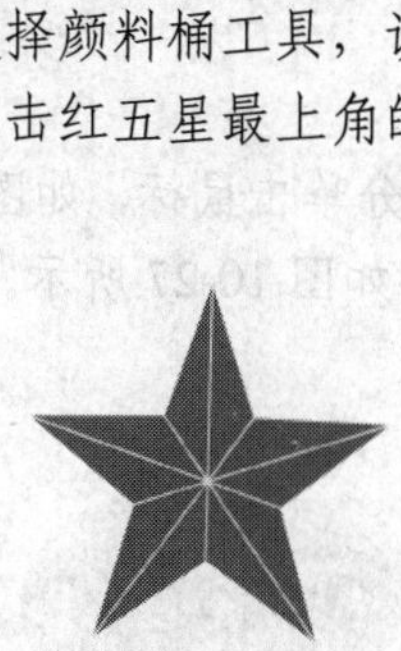

图 10-23　分隔区域

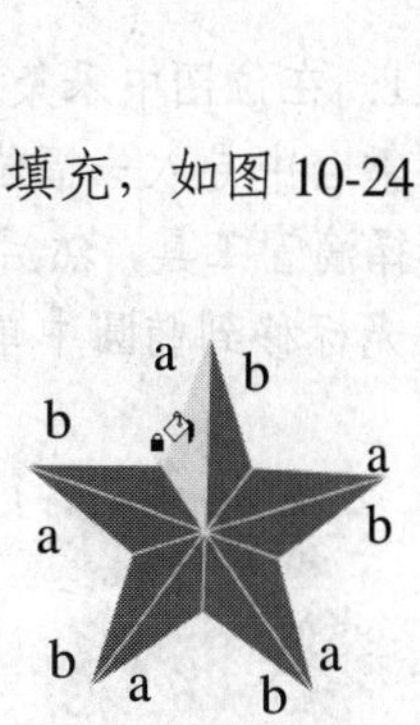

图 10-24　填充区域

（6）重复上一步依次填充每个相邻角的 a 区域。

10.5.2 墨水瓶工具的使用

墨水瓶工具用于更改线条或者形状轮廓的笔触颜色、宽度和样式。填充的颜色可以是纯色或者渐变色。使用墨水瓶工具可以更容易地一次更改多个对象的笔触属性，这比逐一选择每个线条来进行修改要方便得多。

在绘图工具栏中的"颜料桶工具/墨水瓶工具"按钮上按下鼠标左键，从弹出菜单中选择"墨水瓶工具"命令，选择墨水瓶工具，光标会变为墨水瓶的形状。此时在属性检查器上设置笔触颜色、填充颜色、笔触样式和笔触宽度，然后单击舞台中需要更改的对象，即可更改该对象。

★例10.10：用刷子绘制图形，然后用墨水瓶更改其轮廓的笔触宽度和颜色，如图10-25所示。

（1）选择刷子工具，将刷子大小设置为最大，刷子形状为圆形，刷子颜色为黄色。

（2）用刷子工具在舞台中绘制一个图形。

（3）选择墨水瓶工具，设置其笔触颜色为红色，笔触高度为10。

图10-25　用墨水瓶设置的图形效果

（4）用墨水瓶工具单击用刷子绘制的图形，为其更改轮廓。当笔画相连时，这些笔画会同时更改轮廓。

10.5.3 滴管工具的使用

利用滴管工具可以复制一个对象的填充和笔触属性，然后将它们应用到其他对象。采样的对象包括位图图像。在绘图工具栏中选择滴管工具，此时光标会变为滴管状。如果要采集色彩特征的对象是线条或轮廓线，当把指针移到这些对象上时光标会变为状；如果要采集色彩特征的对象是填充对象时，把指针移到其上时光标会变为状。在采集对象上单击鼠标，光标变为状，表示颜色采集成功，然后单击要应用所采集的色彩的线条、轮廓线或填充区域，即可为其应用相应颜色。

★例10.11：在位图中采集一种颜色填充到椭圆中。

（1）在舞台中导入一幅位图，并绘制一个椭圆。

（2）选择滴管工具，然后将光标移动到位图中的深色部分单击鼠标，如图10-26所示。

（3）将光标移到椭圆中单击鼠标，应用所采集的色彩，如图10-27所示。

图10-26　采集色彩

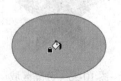

图10-27　应用采集的色彩

10.5.4　颜色面板的使用

颜色面板提供了全面的颜色设置选项，不但可用来更改笔触和填充颜色，还可以创建多色渐变以及位图填充。选择"窗口"|"颜色"命令即可显示/隐藏"颜色"面板，如图 10-28 所示。

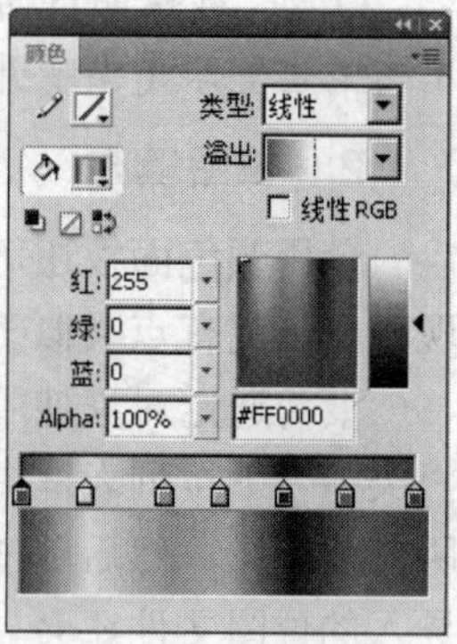

1.　渐变填充

渐变是一种多色填充，即从一种颜色逐渐转变为另一种颜色。使用渐变可以达到一些特殊的效果，如赋予二维对象以深度感。例如，可以通过使用渐变填充将一个简单的二维圆形变为球体，而且从一个角度用光照射该表面并在球体对面投下阴影。

Flash 可以创建线性和放射状两类渐变。

（1）线性渐变：沿着一根轴线（水平或垂直），从起始点到终点沿直线逐渐变化。

图 10-28　"颜色"面板

（2）放射状渐变：从一个中心焦点出发沿环形轨道向外改变颜色，可以调整渐变的方向、颜色、焦点位置，以及渐变的其他很多属性。

要为选定对象应用渐变填充，可单击颜色面板右上角的选项按钮，从弹出菜单中选择 RGB（默认模式）或 HSB 颜色模式，然后在"类型"下拉列表框中选择一种渐变类型。如果要创建多色渐变，可单击渐变定义栏或在其下方向渐变中添加指针，并沿着渐变定义栏拖动指针以更改颜色位置。如果要更改渐变中的颜色，可双击某个颜色指针，从弹出的调色板中选择所需颜色。将指针向下拖离渐变定义栏可将其删除。

★例 10.12：利用渐变色创建球体，如图 10-29 所示。

（1）选择椭圆形工具，在属性检查器上单击"笔触颜色"按钮，从弹出的调色板中单击"无颜色"按钮，然后在舞台中绘制一个无轮廓的圆形。

（2）选择"窗口"|"颜色"命令，显示"颜色"面板。

（3）在"类型"下拉列表框中选择"放射状"选项。

（4）双击渐变定义栏左边的指针，从弹出的调色板中选择白色；双击渐变定义栏右边的指针，从弹出的调色板中选择红色。

（5）在渐变定义栏上单击鼠标，添加 1 个指针，并将其调整至适当位置，如图 10-30 所示。

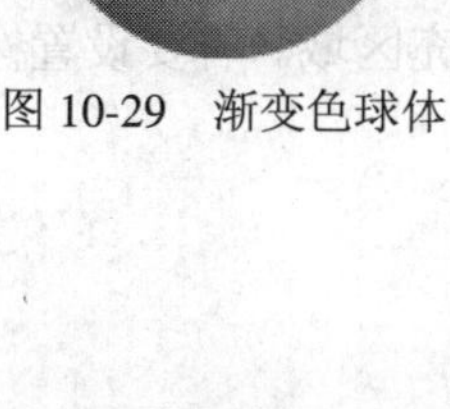

图 10-29　渐变色球体

图 10-30　设置渐变色

（6）单击"颜色"面板右上角的选项按钮，从弹出菜单中选择"添加样本"命令，将该渐变添加到当前文档的颜色样本中。

（7）选择颜料桶工具，此时颜料桶的填充颜色会自动应用该渐变方案，单击圆形内部。单击的位置即是渐变开始的中心点位置。

2. 位图填充

使用颜色面板还可以将位图填充图案应用到图形对象中。位图在填充中以平铺的形式出现，其外观有点类似于形状内填充了重复的该图像的马赛克图案。

要为选定对象使用位图填充，首先要选择应用填充的对象，然后在"颜色"面板上选择"类型"下拉列表框中的"位图"选项，打开如图10-31所示的"导入到库"对话框，选择所需的图像，然后单击"打开"按钮，该位图即成为当前的填充图案并应用到所选对象中。导入的位图文件还会显示在"颜色"面板的当前颜色样本框中，并且面板中的选项会发生相应改变，如图10-32所示。

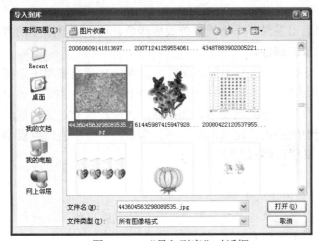

图 10-31 "导入到库"对话框　　　　　　　　图 10-32 导入位图

当在当前文件中导入了位图填充之后，如果还要导入新的位图，可在"类型"下拉列表框中选择"位图"选项，然后直接单击"导入"按钮，即可打开"导入到库"对话框，选择所需的位图。所有的都会显示在位图样本列表框中。如果要为舞台上的图形对象更改位图填充，选择相应对象后，在"颜色"面板的位图样本列表框中直接单击所需位图即可。

10.6　擦除图形

使用橡皮擦工具可以擦除线条、图形的外部轮廓线以及内部填充颜色。用户还可以通过设置擦除模式来使橡皮擦只擦除图形的外部轮廓线或内部填充颜色，或者只擦除某一部分而不影响其他内容。

在绘图工具栏中双击"橡皮擦工具"按钮，可以同时删除舞台上的所有内容，包括位图图像。如果只要删除笔触或者填充区域，则在选择橡皮擦工具后，可在绘图工具栏的选项区域中单击"水龙头"按钮，然后单击要删除的笔触或填充区域。若要设置橡皮擦的大小和形状，可在"橡皮擦形状"●弹出菜单中进行选择。

此外，用户还可以设置橡皮工具的擦除模式。在绘图工具栏的选项区域中的"橡皮擦模式"按钮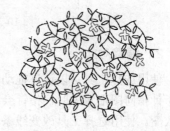上按下鼠标左键，即可从弹出菜单中选择擦除模式。Flash 提供了 5 种擦除模式，各模式的作用如下。

（1）"标准擦除"：用于擦除同一层上的笔触和填充。

（2）"擦除填色"：用于只擦除图形的内部填充颜色，而不影响图形的外轮廓线。

（3）"擦除线条"：用于只擦除图形的外轮廓线，而不影响图形的内部填充。

（4）"擦除所选填充"：用于只擦除图形中当前被选定的内部填充颜色，而不影响外部轮廓线（不论笔触是否被选中）。

（5）"内部擦除"：只有从图形的填充色内部进行擦除才有效。如果从空白点开始擦除，则不会擦除任何内容。以这种模式使用橡皮擦并不影响外部轮廓线。

★例 10.13：擦除椭圆的填充，然后在其中应用藤蔓式填充，再擦除椭圆轮廓，如图 10-33 所示。

（1）选择椭圆工具，在舞台上绘制一个椭圆。

（2）选择橡皮擦工具，再在绘图工具栏的选项区域中单击"水龙头"按钮，然后单击椭圆内部，擦除内部填充。

（3）选择 Deco 工具，在属性检查器上的"绘制效果"下拉列表框中选择"藤蔓式填充"选项。

图 10-33　椭圆范围内的藤蔓式填充

（4）单击椭圆内部应用藤蔓式填充。

（5）选择橡皮擦工具，再在绘图工具栏中指向"橡皮擦模式"按钮，从弹出菜单中选择"擦除线条"命令。

（6）在"橡皮擦形状"按钮上按下鼠标左键，从弹出菜单中选择最大的圆形橡皮擦。

（7）在图案上任意拖动，直至擦去所有轮廓线。

10.7　Flash 中的选择工具

选择对象是处理图形对象的前提。Flash 提供了多种选择对象的方法，不同选择方法的选择效果也不一样。在 Flash CS4 中，共提供了 3 种选择工具：选择工具 、部分选取工具 和套索工具 。

10.7.1　选择工具的使用

使用选择工具不但可以选择对象，还可以调整对象的形状。在绘图工具栏中单击"选择工具"按钮，或者按键盘上的 V 键，即可选择该工具。如果要在其他工具处于活动状态时临时切换到选择工具，可按下 Ctrl 键。释放 Ctrl 键后即会自动切换回原来所选择的工具。

1．选择对象

使用选择工具选择对象时，可以选择单个、多个或部分对象，选择方法如下。

（1）选择笔触、填充、组、实例或文本块：用选择工具单击要选择的对象。

（2）选择相互连接的线条：用选择工具双击其中一条线段。

（3）　选择填充的形状及其笔触轮廓：用选择工具双击填充区域。

（4）　选择多个对象：按住 Shift 键，用选择工具逐一单击每个欲选的对象。

（5）　在矩形区域内选择对象：用选择工具拖动出一个矩形选择框，该框内所有对象均被选中。

在矩形区域内选择对象时，如果该对象是一个未被组合的矢量图形，而且没有被完全包围在选取框中，那么将只选取被包围住的图形部分，并可以将该部分与未选取部分分离，如图 10-34 所示。

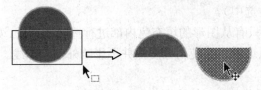

图 10-34　将选择部分与未选择部分进行分离

2.　调整对象

使用选择工具可以通过拖动线条上的任意点来改变线条或图形轮廓的形状。当选择工具的指针指向图形对象时，指针会发生变化，以指明在该线条或填充上可以执行哪种类型的形状改变。使用选择工具改变线条或图形轮廓的形状的操作方法如下。

（1）　移动终点：将指针移到线条的终点，当指针变成 形状时，拖动该点可延长或缩短该线条，或者更改线条的方向，如图 10-35 所示。

图 10-35　延长线条（左）和更改线条方向（右）

（2）　移动转角点：将指针移到图形中的某一转角点，当指针变成 形状时，拖动该点，组成转角的线段在它们变长或缩短时仍保持伸直，如图 10-36 所示。

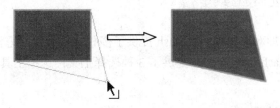

图 10-36　移动转角点

（3）　改变曲线形状：将指针移向线段，当指针变为 形状时，拖动该线段，可改变该线段的曲线形状，如图 10-37 所示。

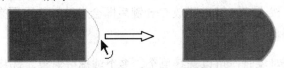

图 10-37　改变曲线形状

（4）　添加拐角点：将指针移向线段，按住 Ctrl 键拖动鼠标，可在指针所在处产生一个拐角点，如图 10-38 所示。

图 10-38　添加拐角点

3.　选项功能

在使用选择工具时，绘图工具栏中会显示相关的选项工具，使用它们可以设置其对齐选项及平滑和伸直选项。选择工具的各选项功能说明如下。

（1）"贴紧至对象" 🔘：用于打开或关闭贴紧至对象功能。

（2）"平滑" 📏：使曲线变柔和并减少曲线整体方向上的突起或其他变化，同时还会减少曲线中的线段数，从而得到一条更易于改变形状的柔和曲线。平滑只是相对的，它并不影响直线段。

（3）"伸直" 按钮 📐：伸直已经绘制的线条和曲线，而不影响已经伸直的线段。可以使用伸直技巧来让 Flash 确认形状。在绘制任意的椭圆、矩形或三角形时，可以使用"伸直"选项来让形状的几何外观更完美。

10.7.2　部分选取工具的使用

使用部分选取工具可以选择线条或者对象的轮廓，并可以调整直线段以更改线段的角度或长度，或者调整曲线段以更改曲线的斜率和方向。

1.　选择对象

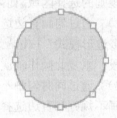

在绘图工具栏中单击"部分选取工具"按钮选择部分选取工具，然后单击要选择的线条或轮廓即可选择相应的对象。使用部分选取工具所选择的对象的图像边框上会出现锚记点，如图 10-39 所示。

若要同时选择多个对象，可在按住 Shift 键的同时单击每个欲选的对象。

图 10-39　用部分选取工具选择对象

2.　调整对象

用部分选取工具选择对象后，可以通过拖动锚记点来对所选对象进行调整。下面分别介绍对不同对象的调整方法。

（1）调整直线段：用部分选取工具将线段上的锚记点拖动到新的位置，可以更改直线段的角度或长度，如图 10-40 所示。

图 10-40　更改线条角度（左）和更改线条长度（右）

（2）调整曲线段：用部分选取工具拖动曲线段的锚记点，可以更改曲线的斜率和方向，如图 10-41 所示。使用部分选取工具调整曲线段时可能会给路径添加一些锚记点。

（3）调整曲线上的点或切线手柄：当使用部分选取工具选中曲线段上的一个锚记点时，该点上就会出现一个切线手柄，拖动锚记点或者切线手柄可以调整该锚记点两边的曲线形状，如图 10-42 所示。按下 Shift 键拖动会将曲线限制为倾斜 45º 的倍数；按住 Alt 键拖动键可单独拖动每个切线手柄。

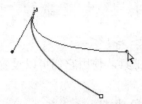
图 10-41　调整曲线段的斜率和方向

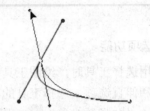
图 10-42　拖动切线手柄以更改曲线的斜率

10.7.3　套索工具的使用

在绘图工具栏中单击"套索工具"按钮 ![icon] 即可选择套索工具。在使用套索工具选择对象区域时，如果勾画的边界没有封闭，套索工具会自动将其封闭。被套索工具选中的图形元素将自动融合在一起，而组和符号则不会发生融合现象。如果想选择多个区域，可在按住 Ctrl 键的同时使用套索工具逐一勾画欲选区域。

使用套索工具及其"多边形模式"功能键可以通过勾画不规则或直边选择区域的方法来选择对象。使用套索工具有以下 3 种选择对象的方式。

（1）通过勾画不规则边选择对象：选择套索工具，然后在欲选区域周围随意拖动，勾画出不规则的选择区域。如果在勾画选择区域时没有闭合区域，Flash 会自动用直线闭合成环。

（2）通过勾画直边选择区域选择对象：选择套索工具后，在绘图工具栏的选项区域中按下"多边形模式"按钮 ![icon]，然后单击设定起始点，移动指针再单击确定第二个点，得到一条直线段。重复此操作依次设定其他线段的结束点，最后双击即可闭合选择区域。

（3）通过同时勾画不规则和直边选择区域选择对象：通过交叉使用拖动和单击操作可同时勾画不规则和直边选择区域。在使用该方式时，要确保关闭了"多边形模式"功能，然后拖动套索工具可勾画不规则线段，按住 Alt 键单击设置起始点和结束点可勾画直线段。若在绘制不规则线段时需要闭合区域，释放鼠标键即可；若在绘制直线段时需要闭合区域，则要执行双击操作。

在使用套索工具时，用户还可以通过使用绘图工具栏选项区域中的"魔术棒"工具 ![icon] 在位图中快速选择颜色近似区域。魔术棒工具只对位图（GIF，JPEG 和 PNG）起作用。单击"魔术棒设置"按钮 ![icon] 可以打开"魔术棒设置"对话框，在其中可设置魔术棒在选择时对颜色差异的敏感度和边界的形状。

★例 10.14：选取位图中的颜色。

（1）向舞台中导入一幅位图，选择"修改"|"分离"命令将其分解为形状。

（2）单击绘图工具栏中的"套索工具"按钮选择套索工具。

（3）单击绘图工具栏选项区域中的"魔术棒设置"按钮，打开"魔术棒设置"对话框，如图 10-43 所示。

（4）在"阈值"文本框中输入"50"，单击"确定"按钮。

（5）单击绘图工具栏选项区域中的"魔术棒"按钮使其呈按下状态。

（6）将指针移到位图中要选取的颜色上，指针变成魔术棒形状时单击。被选区域周围会出现一个矩形选择框，将其拖离原位置，如图 10-44 所示。

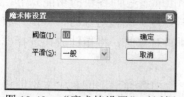

图 10-43　"魔术棒设置"对话框

图 10-44　选择并移出颜色

10.8　变形对象

Flash CS4 提供了任意变形工具、渐变变形工具、3D 旋转工具和 3D 平移工具。任意变形工具用于对场景中的图形对象、组、文本块、示例或其他对象进行缩放、旋转、倾斜、翻转或者扭曲；渐变变形工具则用于对填充的颜色进行变形；两个 3D 工具是 Flash CS4 新增的功能，用于在舞台的 3D 空间中旋转和平移影片剪辑，从而创建 3D 效果。

10.8.1　任意变形

使用任意变形工具可以将对象、组、实例或文本块进行任意变形。可以单独执行变形操作，也可以将诸如移动、旋转、缩放、倾斜和扭曲等多个变形操作组合在一起执行。

注意：任意变形工具不能变形元件、位图、视频对象、声音、渐变或文本。如果所选的多种内容包含以上任意内容，则只能扭曲形状对象。要将文本块变形，首先要将字符转换成形状对象。

1.　任意变形工具的使用

选择任意变形工具后，在所选对象的周围移动指针，指针会发生变化，指明哪种变形功能可用。使用任意变形工具可进行以下变形操作。

（1）移动对象：将指针放在边框内的对象上，然后将该对象拖动到新位置。注意不要拖动变形点。

（2）设置旋转或缩放的中心：将变形点拖到新位置。

（3）旋转对象：将指针放在角手柄的外侧，指针形状变为 状后拖动。按住 Shift 键拖动可以以 45º 为增量进行旋转。按住 Alt 键拖动可以围绕对角旋转。

（4）缩放对象：沿对角方向拖动角手柄可以沿着两个方向缩放尺寸；水平或垂直拖动角手柄或边手柄可以沿各自的方向进行缩放。按住 Shift 键拖动可以按比例调整大小。

（5）倾斜对象：将指针放在变形手柄之间的轮廓上，指针形状变为 状后拖动。

（6）扭曲形状：按住 Ctrl 键拖动角手柄或边手柄。

（7）锥化对象：同时按住 Shift 键和 Ctrl 键拖动角手柄。锥化对象即将选定的角及其相邻角从它们的原始位置起移动相同的距离。

变形完毕后，单击所选对象之外的任意位置即可结束变形操作。

2. 任意变形工具的选项

选择任意变形工具后，在绘图工具栏的选项区域中会显示 4 个功能键："旋转与倾斜"按钮、"缩放"按钮、"扭曲"按钮和"封套"按钮。它们各自的功能如下。

（1） "旋转与倾斜"：用于将对象进行旋转与倾斜处理。旋转对象时，将指针放在选择框的角手柄上，当旋转指针出现时，拖动角手柄；倾斜对象时，将指针放在选择框的中心手柄上，当倾斜指针 ⇐ 出现时，拖动中心手柄。

（2） "缩放"：用于将对象进行缩小或放大操作。拖动选择框上的某个手柄即可按相应方向缩放对象。

（3） "扭曲"：用于将对象进行各个方向上的变形，拖动对象变形的控制点即可。

（4） "封套"：用于弯曲或扭曲对象。封套是一个边框，其中包含一个或多个对象。更改封套的形状会影响封套内对象的形状。通过调整封套的点和切线手柄可编辑封套形状。

★例 10.15： 绘制一幅蝌蚪群戏图，如图 10-45 所示。

图 10-45　蝌蚪群戏图

（1） 选择椭圆工具，设置填充颜色为黑色，然后在舞台上绘制一个椭圆形。

（2） 选择选择工具，单击椭圆的轮廓，按 Del 键将其删除，只留下填充对象。

（3） 选择部分选取工具，在椭圆填充的边框上单击鼠标，显示锚记点。

（4） 将指针放在椭圆右边的锚记点向右下拖动，如图 10-46 所示。

（5） 将椭圆右上方的锚记点切线手柄下方的端点稍稍向下拖动，如图 10-47 所示。

（6） 选择任意变形工具，然后在绘图工具栏中的选项区域中单击"缩放"按钮，将指针放在选择框右下角的控制点上向左上拖动，缩小图形，如图 10-48 所示。

图 10-46　拖动锚记点　　　　图 10-47　拖动切线手柄　　　　图 10-48　缩小对象

（7） 按 Ctrl+C 组合键，再按若干下 Ctrl+V 组合键，创建一些蝌蚪的副本。

（8） 选择任意蝌蚪，单击"旋转和倾斜"按钮，将指针放在选择框角控点上，当指针形状变成 时拖动鼠标旋转图形，如图 10-49 所示。

（9） 选择任意蝌蚪，单击"旋转和倾斜"按钮，将指针放在选择框中心控点上，当指针形状变成 ⇐ 时拖动鼠标倾斜图形，如图 10-50 所示。

（10） 选择任意蝌蚪，单击"扭曲"按钮，将指针放在选择框上的某一控点上，当指针形状变成 时拖动鼠标扭曲图形，如图 10-51 所示。

（11） 选择任意蝌蚪，单击"封套"按钮，将指针放在选择框上的某一控点上，当指针

形状变成 时拖动鼠标变形图形，如图 10-52 所示。

图 10-49　旋转对象　　　图 10-50　倾斜　　　　图 10-51　扭曲　　　　图 10-52　封套

10.8.2　填充变形

　　填充变形是指对对象进行填充颜色的变形处理，比如选择过渡色、旋转颜色和拉伸缩放颜色等处理。在绘图工具栏中的"任意变形工具/渐变变形工具"按钮组中选择渐变变形工具，然后单击使用了渐变填充的图形，该图形的填充区域周围即会显示一个带有编辑手柄的边框，对于线性渐变填充，在渐变过渡方向的两侧显示两条编辑线；对于放射状渐变填充，则显示圆形的编辑框，如图 10-53 所示。

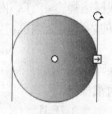　　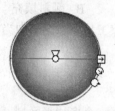

图 10-53　线性渐变填充（左）和放射状渐变填充（右）的编辑框

　　各编辑手柄的功能如下。

　　（1）　中心点 ○：用于更改渐变填充的中心点。

　　（2）　焦点 ▽：仅当选择放射状渐变填充时，才会显示焦点手柄，用于改变放射状渐变填充的焦点。

　　（3）　大小 ◎：用于调整渐变填充的大小。

　　（4）　旋转 ↻：用于调整渐变填充的旋转角度。

　　（5）　宽度 ⊟：用于调整渐变和位图的宽度。

　　此外，如果使用的是位图填充，则当把指针放在图形边框上，指针形状变成 ⬎ 状时，拖动边框可以更改位图填充内容，如图 10-54 所示。

图 10-54　通过移动图形边框移动位图填充

10.9　习题

10.9.1　填空题

　　1. Flash 的绘制模型有＿＿＿＿＿＿绘制模型和＿＿＿＿＿＿绘制模型。

　　2. 在绘制星形时，设置的顶点深度数字越接近 0，创建的顶点就越＿＿＿＿＿＿。

　　3. 在绘制矩形时，如果将矩形圆角的角度设置 90°，绘制的将是＿＿＿＿＿＿形。

　　4. 可以给舞台内的图形绘制一个轮廓的工具是＿＿＿＿＿＿＿＿＿。

5. 在缩放对象时，要同时沿水平和垂直方向缩放对象，应拖动选择框上的_____。

6. 使用对称效果可以创建_____。对称效果的默认元件是_____形状。

7. 使用网格填充效果可创建_____或用自定义图案填充的区域或形状。

8. 应用_____填充效果后，将无法更改属性检查器中的高级选项以改变填充图案。

10.9.2 选择题

1. 要沿任意方向绘制一条直线段，最好使用（   ）工具。

  A. 线条   B. 铅笔   C. 钢笔   D. 刷子

2. 使用铅笔工具绘制图形时，要想将接近三角形、椭圆、圆形、矩形和正方形的形状转换为这些常见的几何形状，应使用（   ）绘画模式。

  A. 伸直   B. 平滑   C. 墨水   D. 都可以

3. 在使用刷子工具绘画时，要对刷子笔触开始时所在的填充区域进行涂色，但不对线条涂色，应使用的绘图模式是（   ）。

  A. 后面绘画   B. 颜料填充   C. 颜料选择   D. 内部绘画

4. 要想使用橡皮擦工具擦除图形中当前被选定的内部填充颜色，而不影响外部轮廓线，应采用（   ）模式。

  A. 标准擦除   B. 擦除填色

  C. 擦除所选填充   D. 内部擦除

5. 要在对象上选择一个多边形区域，应使用（   ）工具。

  A. 选择工具   B. 部分选取工具

  C. 套索工具   D. 多角星形工具

6. 用选择工具指向线段，然后按住 Ctrl 键拖动鼠标，可以（   ）。

  A. 移动终点   B. 移动转角点

  C. 改变曲线形状   D. 添加拐角点

7. 要更改放射状渐变的焦点，应拖动圆形编辑框上的（   ）手柄。

  A. ○   B. ▽   C. ◎   D. ↻

10.9.3 简答题

1. 在使用铅笔工具画线的时候，最后得到的形状将由哪些因素决定？

2. "水龙头"是什么？有什么作用？

3. 如何使用选择工具选择对象？

4. 如何使用部分选取工具调整对象？

5. 如何使用套索工具通过勾画直边选择区域来选择对象？

10.9.4 上机练习

1. 试用不同的绘画工具绘制图形，并更改其初始颜色。

2. 切换不同的擦除模式，尝试不同的擦除效果。

3. 绘制一个渐变填充图形，对其进行填充变形。

第 11 章

创 建 元 件

教学目标：

　　Flash 的元件是指可以在文档中重复使用的图形、按钮或影片剪辑。元件保存在元件库中，在文档中使用元件可以显著减小文件的大小，并且可以在不同的文档中重复使用。将元件放置到舞台上就创建了此元件的实例，对实例的更改不会更改元件本身。本章介绍关于元件的知识，通过本章的学习，读者可以了解元件和实例的区别，元件、实例和库的关系，并且掌握创建和使用元件的方法，元件实例的创建方法等内容。

教学重点与难点：

1. 区别元件和实例。
2. 创建元件及编辑元件。
3. 创建元件实例及设置元件实例属性。
4. 使用库资源。

11.1　元件、实例与库概述

　　Flash 可导入和创建多种资源来填充 Flash 文档。这些资源在 Flash 中作为元件、实例和库资源进行管理。

11.1.1　元件分类

　　元件是指在 Flash 创作环境中或使用 Button（AS 2.0）、SimpleButton（AS 3.0）和 MovieClip 类创建过一次的图形、按钮或影片剪辑。然后，用户可在整个文档或其他文档中重复使用该元件。创建元件时需要选择元件类型，Flash 元件大致可以分为以下 4 种。

（1）图形元件▥。

图形元件用于静态图像，并可用来创建连接到主时间轴的可重用动画片段。图形元件与主时间轴同步运行。交互式控件和声音在图形元件的动画序列中不起作用。由于没有时间轴，图形元件在 FLA 文件中的尺寸小于按钮或影片剪辑。

（2）按钮元件▥。

按钮元件用于创建用于响应鼠标单击、滑过或其他动作的交互式按钮。可以定义与各种按钮状态关联的图形，然后将动作指定给按钮实例。

（3）影片剪辑元件▥。

影片剪辑元件用于创建可重用的动画片段。影片剪辑拥有各自独立于主时间轴的多帧时间轴。用户可以将多帧时间轴看作是嵌套在主时间轴内，它们可以包含交互式控件、声音甚至其他影片剪辑实例。也可以将影片剪辑实例放在按钮元件的时间轴内，以创建动画按钮。此外，还可以使用 ActionScript 对影片剪辑进行改编。

（4）字体元件。

字体元件用于导出字体并在其他 Flash 文档中使用该字体。

11.1.2　认识实例

实例是指位于舞台上或嵌套在另一个元件内的元件副本，也就是说，当把元件应用到场景中，就创建了该元件的实例。

可以创建一个元件的多个实例，例如，创建了一个小鸟飞翔的影片剪辑元件后，当需要制作一个一群小鸟在空中飞翔的场景时，就可以从库中反复拖出小鸟飞翔元件的实例。元件的每一个实例都是对原元件的一次引用，而不是重新创建原元件。

每个元件都有自己的时间轴、场景以及图层，也就是说，可以将元件实例放置在场景中的动作看成是将一部小的影片（元件）放置在较大的影片（Flash 项目）中。而且，可以将元件实例作为一个整体来设置影片效果。例如，有一只奔跑着的小狗的元件，可以为该元件的实例指定一个运动路径，从而为其设置影片效果，以便使这只小狗看上去像是沿着一条路线从场景中跑过。

元件实例的外观和动作无需与原元件一样。每个元件实例都可以有其不同的颜色和大小，并提供不同的交互作用。例如，可以将按钮元件的多个实例放置在场景上，其中每一个实例都有不同颜色和指定动作。

11.1.3　库分类

Flash 文档中的库用于存储在 Flash 创作环境中创建，或在文档中导入的媒体资源。　在 Flash 中可以直接创建矢量插图或文本，导入矢量插图、位图、视频和声音，以及创建元件。库还包含已添加到文档的所有组件。组件在库中显示为编译剪辑。

在 Flash 中工作时，可以打开任意 Flash 文档的库，以便将该文件的库项目用于当前文档。此外，还可以在 Flash 应用程序中创建永久的库，只要启动 Flash 就可以使用这些库。

Flash 还提供了以下几个包含按钮、图形、影片剪辑和声音的范例库。

（1）"声音"库。

"声音"库中包含大量的声音元件，可以让创建附带声音的内容的工作变得更为轻松。

选择"窗口"|"公用库"|"声音"命令即可显示该库面板，如图 11-1 所示。

（2）"按钮"库。

"按钮"库中包含大量按钮及与其相关的图形和影片剪辑，可以将这些元素添加到 Flash 文档中。选择"窗口"|"公用库"|"按钮"命令即可显示该库面板，如图 11-2 所示。

（3）"类"库。

"类"库中包含 3 个库项目，是共享库资源范例。选择"窗口"|"公用库"|"类"命令即可显示该库面板，如图 11-3 所示。

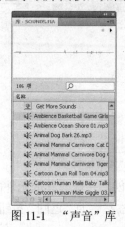  

图 11-1　"声音"库　　　　　图 11-2　"按钮"库　　　　　图 11-3　"类"库

可以将库资源作为 SWF 文件导出到一个 URL，从而创建运行时共享库。这样即可从 Flash 文档链接到这些库资源，而这些文档在运行时会共享导入的元件。

11.1.4　元件、实例与库的关系

元件保存在库中，用户所创建的任何元件都会自动成为当前文档库中的一部分，即库资源。在创作时或在运行时，可以将元件作为共享库资源在文档之间共享。

对于运行时共享资源，可以把源文档中的资源链接到任意数量的目标文档中，而无需将这些资源导入目标文档。对于创作时共享的资源，可以用本地网络上可用的其他任何元件更新或替换一个元件。

实例是元件库中的元件在动画中的应用，一个元件可以创建多个实例。在创建了元件后，就可以在文档中任何需要的地方（包括在其他元件内）创建它的实例。修改元件时，Flash 会更新元件的所有实例。

11.2　创建元件

可以通过舞台上选定的对象来创建元件，也可以创建一个空元件，然后在元件编辑模式下制作或导入内容。如果有重复或循环的动作，例如鸟的翅膀上下翻飞这种动作时，应考虑在元件中创建动画。若要创建字体元件，则要使用"库"面板。

11.2.1　创建新元件

创建新元件是指直接创建一个空白元件，Flash 会将该元件添加到库中，并切换到元件编

辑模式，使用户创建和编辑元件的内容。在元件编辑模式下，元件的名称出现在舞台左上角的位置，并由一个十字光标表明该元件的注册点。

在创建新元件时，必须确保没有选中舞台上的任何内容，然后选择"插入" | "新建元件"命令，或者在创作面板的标题栏中单击"库"标签，切换到"库"面板，单击其右下角的"新建元件"按钮，打开如图11-4所示的"创建新元件"对话框，指定元件的名称、类型及保存位置后单击"确定"按钮，进入元件编辑模式创建元件内容，如图11-5所示。

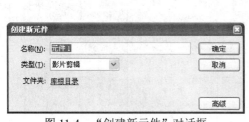

图11-4 "创建新元件"对话框

图11-5 元件编辑模式

用户可通过用时间轴编辑动画、用绘画工具绘制、导入介质、创建并修改其他元件的实例等手段来创建新的元件。完成元件的编辑后，单击舞台上方编辑栏左侧的"返回"按钮，或者单击舞台上方编辑栏内的场景名称即可返回到文档编辑模式。

在创建新元件时，注册点通常放置在元件编辑模式下窗口的中心，在编辑元件时也可以相对于注册点移动元件内容，以便更改注册点。

★例11.1：新建一个圆形按钮元件。

（1）选择"插入" | "新建元件"命令，打开"创建新元件"对话框。在"名称"文本框中输入"圆形按钮"，在"类型"选项组中选择"按钮"单选按钮。

（2）单击"文件夹"选项组中的"库根目录"链接，打开"移至"对话框，选择"新建文件夹"单选按钮，在其后的文本框中键入"按钮"，如图11-6所示。

（3）单击"选择"按钮返回"新建元件"对话框，单击"确定"按钮，进入元件编辑模式。

（4）选择椭圆工具，将其笔触颜色设置为黑色，填充颜色设置为黑白放射性渐变，然后以注册点为中心绘制一个圆形,如图11-7所示。

图11-6 "移至"对话框

图11-7 制作元件

（5）单击编辑栏左侧的"返回"按钮退出元件编辑模式。

11.2.2　将舞台中的元素转换为元件

可以将舞台中的任何元素转换成元件。在舞台上选择一个或多个元素后，选择"修改"|"转换为元件"命令，或者右击元素，在弹出的快捷菜单中选择"转换为元件"命令，打开"转换为元件"对话框，指定元件的名称、类型及注册点位置，单击"确定"按钮，即可将所选元素转换为元件。

将选定元素转换为元件后，Flash 会将该元件添加到库中，舞台上选定的元素此时就变成了该元件的一个实例。

★例 11.2：绘制一个"灯笼"，将其转换为图形元件。

（1）选择"椭圆"工具，设置笔触大小为 1，笔触颜色为黄色，填充颜色为红色，然后在舞台上绘制 3 个椭圆，如图 11-8 所示。

（2）选择"矩形"工具，在椭圆的上方和下方各绘制一个矩形，如图 11-9 所示。

图 11-8　绘制椭圆

图 11-9　添加矩形

（3）选择刷子工具，在顶部矩形上方绘制一条短线，再选择"线条"工具在底部矩形下方绘制若干条线段，如图 11-10 所示。

（4）选择"选择"工具，在图形周围拖出一个选择框，选择全部图形。

（5）选择"修改"|"转换为元件"命令，打开"转换为元件"对话框。

（6）在"名称"文本框中键入"灯笼"，在"类型"下拉列表框中选择"图形"选项，在"注册"网格中单击中心点，如图 11-11 所示。

图 11-10　添加线条

图 11-11　设置元件选项

（7）单击"确定"按钮，将灯笼转换为元件。

11.2.3　将动画转换为影片剪辑元件

如果要将一段动画转换为元件，可将其元件类型设置为影片剪辑。在 Flash 中不能把舞台上的动画直接通过使用"转换为元件"命令转换为影片剪辑元件，而是要先利用时间轴对动画中所需的帧进行复制或者剪切，然后再通过新建元件将动画转换为影片剪辑元件。

将动画转换为影片剪辑元件的具体方法是：在舞台上创建或者导入一段动画，然后在时间轴上通过单击要使用的动画每一层中的每一帧，选中的帧以反色突出显示。若要选择动画的所有帧，可选择"编辑"|"时间轴"|"选择所有帧"命令，或者右击任意帧，从弹出的快捷菜单中选择"选择所有帧"命令。

选择所需帧后，选择"编辑"|"时间轴"|"复制帧"命令复制选中的帧。如果要在该序列转换为影片剪辑之后将其删除，则可选择"编辑"|"时间轴"|"剪切帧"命令。然后，取消选择所选内容，并确保没有选中舞台上的任何内容，再选择"插入"|"新建元件"命令，打开"创建新元件"对话框，为元件命名并指定元件类型为"影片剪辑"，单击"确定"按钮进入元件编辑状态，在新元件的时间轴上单击图层1上的第1帧，选择"编辑"|"时间轴"|"粘贴帧"命令粘贴刚才复制的动画帧。复制的帧上的所有动画、按钮或交互性现在即成为一个独立的动画。

★例11.3：导入一个动画文件，将其转换为影片剪辑元件，并删除舞台上的原内容。

（1）选择"文件"|"导入"|"导入到舞台"命令，打开"导入"对话框，选择一个SWF文件，如图11-12所示。

图11-12　选择动画文件

（2）单击"打开"按钮，将所选动画文件导入到舞台上，如图11-13所示。

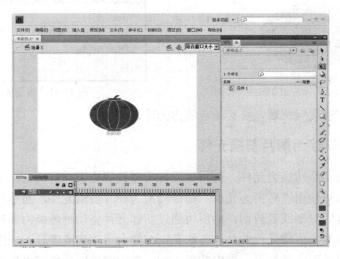

图11-13　导入动画文件

（3）选择"编辑"|"时间轴"|"选择所有帧"命令。

（4）选择"编辑"|"时间轴"|"剪切帧"命令。

（5）选择"插入"|"新建元件"命令，打开"创建新元件"对话框。

（6）在"名称"文本框中输入"风吹灯笼"，在"类型"选项组中选择"影片剪辑"单选按钮，如图 11-14 所示。

（7）单击"确定"按钮进入元件编辑状态。

（8）在新元件的时间轴上单击图层 1 上的第 1 帧，选择"编辑"|"时间轴"|"粘贴帧"命令。

（9）单击编辑栏左侧的"返回"按钮退出元件编辑模式。

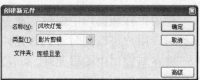

图 11-14　创建新元件

11.2.4　重制元件

当需要创建一个与已有的某个元件非常相似的新元件时，可以通过复制现有的元件，然后对其修改而得到一个新元件。也可以使用实例创建各种版本的具有不同外观的元件，但使用这种方法创建的新元件不能更改元件类型。

要通过使用元件的实例来直接复制元件，应先在舞台上选择元件的一个实例，然后选择"修改"|"元件"|"直接复制元件"命令，打开如图 11-15 所示的"直接复制元件"对话框，指定元件的名称后单击"确定"按钮，元件即会被直接复制，而且原来的实例也会被复制元件的实例所代替。

图 11-15　使用元件实例复制元件

11.3　编辑元件

Flash 提供了多种编辑元件的方式，编辑元件时，Flash 将更新文档中该元件的所有实例，以反映编辑的结果。用户可以使用任意绘画工具、导入介质或创建其他元件的实例来编辑元件，并且可以使用任意元件编辑方法来更改元件的注册点。

11.3.1　在当前位置编辑元件

当舞台上同时有多个对象时，可以使用"在当前位置编辑"命令对所选元件进行编辑。在这种方式下，其他对象以灰显方式出现，以将其和正在编辑的元件区别开来。正在编辑的元件名称会显示在舞台上方的编辑栏内的当前场景名称的右侧。

要在当前位置编辑元件，可在舞台上双击元件的一个实例，或者在舞台上选择元件的一个实例，然后选择"编辑"|"在当前位置编辑"命令，进入如图 11-16 所示的"在当前位置编辑"模式，根据需要编辑元件即可。

若要更改注册点，可直接在舞台上拖动该元

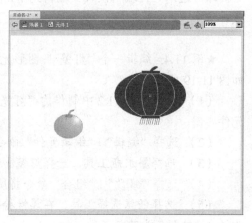

图 11-16　在当前位置编辑

件，注册点的位置以小十字形表示。编辑完毕，单击编辑栏上的"返回"按钮，即可退出"在当前位置编辑"模式。

11.3.2 在新窗口中编辑元件

使用"在新窗口中编辑"命令可以在一个单独的窗口中编辑元件。在单独的窗口中编辑元件时，用户可以同时看到该元件和主时间轴。

要在新窗口中编辑元件，可在舞台上右击元件的一个实例，从弹出的快捷菜单中选择"在新窗口中编辑"命令，进入"在新窗口中编辑"模式，如图 11-17 所示。根据需要编辑元件或者更改元件的注册点，然后单击窗口选项卡标签右侧的"关闭"按钮✕，关闭新窗口，返回到编辑主文档状态下。

11.3.3 在元件编辑模式下编辑元件

编辑元件的第 3 种模式是元件编辑模式。在这种模式下，可以将窗口从舞台视图更改为只显示所选元件的单独视图，如图 11-18 所示。

图 11-17　在新窗口中编辑

图 11-18　元件编辑模式

在库面板中双击元件图标，或者在舞台上选择一个实例后选择"编辑"|"编辑元件"命令，即可进入元件编辑模式。编辑完毕，单击编辑栏上的"返回"按钮即可退出元件编辑模式。

★例 11.4：编辑一个"灯笼"图形元件，编辑后的元件效果如图 11-19 所示。

（1）　打开在例 11.2 中制作的"灯笼"元件，选择舞台上的元件实例。

（2）　选择"编辑"|"编辑元件"命令，进入元件编辑模式。

（3）　选择墨水瓶工具，选择灯笼下面的所有直线段。

（4）　选择"修改"|"组合"命令将所有直线段组合在一起。

（5）　选择任意选择工具，在属性检查器中设置其笔触大小为 4，笔触颜色为黄色。

（6）　用刷子工具单击图形上的所有黄色轮廓线。

图 11-19　编辑后的元件

（7）单击编辑栏上的"返回"按钮，退出元件编辑模式。

11.4 使用实例

当创建影片剪辑和按钮实例时，Flash 将为它们指定默认的实例名称，可以在属性检查器中将自定义的名称应用于实例。创建影片剪辑元件的实例与创建图形元件的实例不同，影片剪辑只需一个关键帧来播放，而图形实例必须放在要它出现的每一帧里。

11.4.1 将元件添加到舞台

Flash 只能将实例放在关键帧中，如果没有选择关键帧，Flash 会将实例添加到当前帧左侧的第一个关键帧上。

切换到库面板，如果其中已经包含有所需的元件，直接将其拖动到舞台上即可创建此元件的实例。

如果要使用当前打开的其他文档的库中的元件，可在库面板中的文档列表下拉菜单中选择要共享元件的文档，显示该文档的库资源，如图 11-20 所示。选择所需的元件，将其拖动到当前文档的舞台上即可创建实例。

也可以使用未打开的文档中的库资源。方法是选择"文件"|"导入"|"打开外部库"命令，打开如图 11-21 所示的"作为库打开"对话框。选择包含所需元件库的文档，单击"打开"按钮，打开所选文件的库面板，将所需的元件拖动到舞台上。

图 11-20　使用其他文档中的元件

图 11-21　"作为库打开"对话框

可以重复创建一个元件的多个实例。创建了图形元件的实例后，若要添加将包含该图形元件的帧数，可选择"插入"|"时间轴"|"帧"命令，在时间轴上添加帧数。

★例 11.5：创建一个新文档，用已有文档中的元件创建一个实例。

（1）创建一个新文档，选择"文件"|"导入"|"打开外部库"命令，打开"作为库打

开"对话框。

（2） 选择"风吹灯笼"文档。

（3） 单击"打开"按钮，打开该文档的库面板，将"风吹灯笼"影片剪辑元件拖动到舞台上，创建一个实例。

11.4.2　设置实例属性

每个元件实例都各有独立于该元件的属性。对一个实例的修改不会影响到元件本身和该元件的其他实例。如果编辑元件或将实例重新链接到不同的元件，则任何已经改变的实例属性仍然适用于该实例。

可以使用属性检查器来编辑实例的属性。在舞台上选择一个实例，属性检查器中即可显示该实例的各项属性。

11.4.3　交换实例

在实例的属性检查器中单击"交换"按钮，可打开"交换元件"对话框，当前文档中的所有元件都显示在列表框中，如图 11-22 所示。选择其他的元件，然后单击"确定"按钮，即可用其他元件替换当前实例。

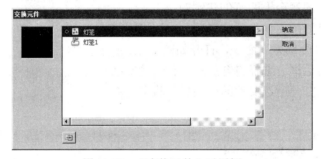

图 11-22　"交换元件"对话框

通过给实例指定不同的元件，可以在舞台上显示不同的实例，并保留所有的原始实例属性，如色彩效果或按钮动作等。

11.4.4　更改实例颜色

使用实例属性检查器上的"色彩效果"选项组可以更改实例的亮度、色调、透明度等。选择某一选项后即会在属性检查器上出现相关选项，根据需要进行设置即可。该设置也会影响放置在元件内的位图。

"色彩效果"选项组中的"样式"下拉列表框中包含 5 个选项，它们各自的功能说明如下。

（1） "无"：不设置颜色效果。

（2） "亮度"：用于调节图像的相对亮度或暗度，度量范围从黑（-100%）到白（100%）。选择该选项后会在"样式"下拉列表框下方显示"亮度"滑块和文本框，拖动滑块或者在文本框中输入一个值都可以调节亮度。

（3） "色调"：用于使用相同的色相为实例着色。度量范围为从透明（0%）到完全饱和（100%）。选择该选项后会在"样式"下拉列表框右侧显示一个颜色按钮，并在下拉列表框下方显示"色调"、"红"、"绿"、"蓝"滑块和文本框，拖动滑块或者在文本框中输入值即可调节色调。

（4）"Alpha"：用于调节实例的透明度，从透明（0%）到完全饱和（100%）。选择该选项后会在"样式"下拉列表框下方显示文本框及滑块，拖动滑块或在文本框中输入一个值即可。

（5）"高级"：用于分别调节实例的红、绿、蓝和透明度的值。选择该选项后会在"样式"下拉列表框下方显示 Alpha 和红、绿、蓝的值，单击数值使其进入编辑状态即可进行更改。该选项对于在诸如位图这样的对象上创建和制作具有微妙色彩效果的动画时非常有用。

 注意：如果对包括多帧的影片剪辑元件应用色彩效果，Flash 会将效果应用于该影片剪辑元件的每一帧。当在特定帧内改变实例的颜色和透明度时，Flash 会在播放该帧时立即进行这些更改。要进行渐变颜色更改，必须使用补间动画。

★例 11.6：将红灯笼改为黄灯笼，如图 11-23 所示。

（1）打开包含灯笼元件的 Flash 文件，显示"库"面板，将灯笼元件拖放到舞台上，创建一个实例。

（2）在属性检查器上的"色彩效果"栏中选择"样式"下拉列表框中的"色调"选项，显示色调相关选项，如图 11-24 所示。

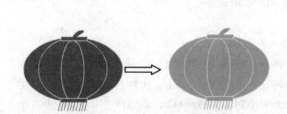

图 11-23　更改实例的颜色

图 11-24　设置图形实例的循环

（3）单击"样式"下拉列表框右侧的颜色按钮，从弹出的调色板中选择黄色（#FFFF00）。

11.4.5　设置图形实例的循环

对于图形元件的实例，可以通过设置图形选项来循环播放实例中的动画序列。

属性检查器"循环"栏下的"选项"下拉列表框中包含"循环"、"播放一次"、"单帧"三个选项，选择"循环"选项即可使元件实例按照其占用的帧数来循环包含在该实例内的所有动画序列。若要指定循环时首先显示的图形元件的帧，可在"第一帧"文本框中输入帧编号。

11.4.6　分离实例元件

若要断开一个实例与一个元件之间的链接，并将该实例放入未组合形状和线条的集合中，可以"分离"该实例。分离实例可以从实质上更改所选实例而不影响任何其他实例，并且如果在分离实例之后修改该源元件，并不会用所作的更改来更新该实例。

要分离实例，在舞台上选择所需实例后，选择"修改"|"分离"命令，即可将该实例分离成它的几个组件图形元素。分离实例后，可以使用涂色工具和绘画工具随意修改图形元素。

★例 11.7：将灯笼元件的实例分离为图形元素，然后将其轮廓线的颜色更改为黑色，如图 11-25 所示。

（1）　打开包含灯笼元件的文档，创建一个灯笼元件的实例。

（2）　选择"修改"|"分离"命令，将实例分离为图形元素，如图 11-26 所示。

图 11-25　本例效果

图 11-26　分离实例

（3）　在图形外的空白处单击取消对图形的选择。

（4）　选择墨水瓶工具，设置其笔触颜色为黑色，单击各条轮廓线。

11.5　创建实例的 3D 效果

Flash CS4 新增了两个 3D 工具：3D 平移工具和 3D 变形工具。使用这两个工具可以通过在舞台的 3D 空间中移动和旋转影片剪辑来创建 3D 效果。

11.5.1　关于 Flash 中的 3D 图形

Flash 通过在每个影片剪辑实例的属性中包括 z 轴来表示 3D 空间。通过使用 3D 平移和 3D 旋转工具沿着影片剪辑实例的 z 轴移动和旋转影片剪辑实例，可以向影片剪辑实例中添加 3D 透视效果。在 3D 术语中，在 3D 空间中移动一个对象称为平移，在 3D 空间中旋转一个对象称为变形。将这两种效果中的任意一种应用于影片剪辑后，Flash 会将其视为一个 3D 影片剪辑，每当选择该影片剪辑时就会显示一个重叠在其上面的彩轴指示符。

若要使对象看起来离查看者更近或更远，可使用 3D 平移工具或属性检查器沿 z 轴移动该对象。若要使对象看起来与查看者之间形成某一角度，则可使用 3D 旋转工具绕对象的 z 轴旋转影片剪辑。通过组合使用这些工具，可以创建逼真的透视效果。

通过在 FLA 文件中使用影片剪辑实例的 3D 属性，可以创建多种图形效果，而不必复制库中的影片剪辑。不过，当编辑库中的影片剪辑时，已经应用的 3D 变形和平移将不可见。在编辑影片剪辑的内容时，只能看到嵌套的影片剪辑的 3D 变形。

注意： 在为影片剪辑实例添加 3D 变形后，不能在"在当前位置编辑"模式下编辑该实例的父影片剪辑元件。

默认情况下，应用了 3D 变形的所选对象在舞台上显示 3D 轴叠加，如图 11-27 所示，左图为 3D 平移工具叠加，右图为 3D 旋转工具叠加。

如果更改了 3D 影片剪辑的 z 轴位置，则该影片剪辑在显示时也会改变其 x 轴和 y 轴的位置。因为 z 轴上的移动是沿着从 3D 消失点（在 3D 元件实例属性检查器中设置）辐射到舞台边缘的不可见透视线执行的。

3D 平移和 3D 旋转工具都允许用户在全局 3D 空间或局部 3D 空间中操作对象。3D 平移和旋转工具的默认模式是全局，在绘图工具栏的选项区域中单击"全局转换"按钮即可在局部模式中使用 3D 变形工具。如果要临时从全局模式切换到局部模式，可使用 3D 变形工具进行拖动的同时按 D 键。图 11-28 所示分别为 3D 旋转工具的全局模式（左）和局部模式（右）。

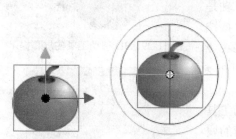
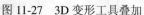
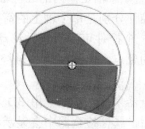
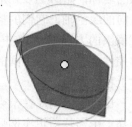

图 11-27　3D 变形工具叠加　　　　　　　图 11-28　3D 旋转工具的全局模式和局部模式

全局 3D 空间即为舞台空间，全局变形和平移与舞台相关。局部 3D 空间即为影片剪辑空间，局部变形和平移与影片剪辑空间相关。例如，如果影片剪辑包含多个嵌套的影片剪辑，则嵌套的影片剪辑的局部 3D 变形与容器影片剪辑内的绘图区域相关。

如果舞台上有多个 3D 对象，可以通过调整 FLA 文件的"透视角度"和"消失点"属性将特定的 3D 效果添加到所有对象（这些对象作为一组）。"透视角度"属性具有缩放舞台视图的效果。"消失点"属性具有在舞台上平移 3D 对象的效果。这些设置只影响应用 3D 变形或平移的影片剪辑的外观。

在 Flash 创作工具中只能控制一个视点（也称为摄像头）。FLA 文件的摄像头视图与舞台视图相同。每个 FLA 文件只有一个"透视角度"和"消失点"设置。

若要使用 Flash 的 3D 功能，FLA 文件的发布设置必须设置为 Flash Player 10 和 ActionScript 3.0。只能沿 z 轴旋转或平移影片剪辑实例。可通过 ActionScript 使用的某些 3D 功能不能在 Flash 用户界面中直接使用，如每个影片剪辑的多个消失点和独立摄像头。使用 ActionScript 3.0 时，除了影片剪辑之外，还可以向对象（如文本、FLV Playback 组件和按钮）应用 3D 属性。

 注意： 不能对遮罩层上的对象使用 3D 工具，包含 3D 对象的图层也不能用作遮罩层。

11.5.2　在 3D 空间中移动对象

可以使用 3D 平移工具 在 3D 空间中移动影片剪辑实例。在使用该工具选择影片剪辑后，影片剪辑的 x、y 和 z 三个轴将显示在舞台上对象的顶部。

3D 平移工具和 3D 旋转工具集成在一个按钮组中，在绘图工具栏中的 3D 变形工具组按钮上按下鼠标左键，然后从弹出的菜单中选择相应的命令即可选择所需的工具。

1．移动 3D 空间中的单个对象

当需要移动 3D 空间中的单个对象时，可选择 3D 平移工具，并将其设置为局部或者全局模式，然后在舞台上选择一个影片剪辑，将指针移到 x、y 或 z 轴控件上进行拖动即可沿相应的轴移动对象。

可以通过屏幕提示来识别各轴控件。默认情况下指针在经过任一控件时都会显示屏幕提示，指示当前指针所在轴的名称，如图 11-29 所示。x 轴是横向的红色轴，y 轴是纵向的绿色轴，它们的控件分别是每个轴上的箭头，按控件箭头的方向拖动其中一个控件可沿所选轴移动对象；z 轴控件是影片剪辑中间的黑点，上下拖动 z 轴控件可在 z 轴上移动对象。

图 11-29　3D 移动工具的屏幕提示

也可以使用属性检查器来移动对象。用 3D 移动工具选择一个影片剪辑实例后，属性检查器中会显示相应的属性，其中有一个"3D 定位和查看"选项栏，如图 11-30 所示。在该栏下单击 X、Y 或 Z 选项后面的数值，使其进入编辑状态，输入新的数值即可。

在 z 轴上移动对象时，对象的外观尺寸将发生变化。外观尺寸在属性检查器中显示为属性检查器的"3D 位置和查看"栏中的"宽度"和"高度"值，这些值是只读的。

图 11-30　3D 移动工具的属性

2．在 3D 空间中移动多个选中对象

当选择多个影片剪辑时，如果使用 3D 平移工具移动其中一个选定对象，则其他对象将以相同的方式移动。

要在全局 3D 空间中以相同方式移动组中的每个对象，应将 3D 平移工具设置为全局模式，即绘图工具栏选项区域中的"全局转换"按钮 为弹起状态。然后，用轴控件拖动其中一个对象，即可在全局 3D 空间中移动组中的所有对象。

若要在局部 3D 空间中以相同方式移动组中的每个对象，应将 3D 平移工具设置为局部模式，即"全局转换"按钮为按下状态。然后，用轴控件拖动其中一个对象，即可在局部 3D 空间中移动组中的所有对象。

用平移工具选中多个选中影片剪辑时，按住 Shift 键并双击其中一个选中对象可将轴控件移动到该对象。

★例 11.8：在全局 3D 空间中平移舞台上的多个对象。

（1）打开一个包含两个图形元件实例的文档，使用选择工具在两个对象外拖出一个选

择框，同时选中它们。

（2） 选择 3D 平移工具，并查看"全局转换"按钮，确保它未被按下。

（3） 在属性工具栏中的"实例行为"下拉列表框中选择"影片剪辑"选项，为所选对象应用影片剪辑行为，如图 11-31 所示。

（4） 将指针放在显示在苹果图形上的 y 轴控件上按下鼠标左键向下拖动，如图 11-32 所示。

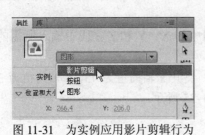

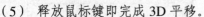

图 11-31　为实例应用影片剪辑行为

图 11-32　在全局模式下进行 3D 平移

（5） 释放鼠标键即完成 3D 平移。

11.5.3　在 3D 空间中旋转对象

使用 3D 旋转工具可以在 3D 空间中旋转影片剪辑实例。3D 旋转控件分为 4 种，红色的是 X 控件，绿色的是 Y 控件，蓝色的是 Z 控件，橙色的是自由旋转控件。使用自由旋转控件可以同时绕 x 轴和 y 轴旋转。

1.　在 3D 空间中旋转单个对象

在 3D 变形工具组中选择 3D 旋转工具，并确定使用全局模式还是局部模式，然后在舞台上选择一个影片剪辑，将指针放在 4 个旋转轴控件之一上进行拖动，即可使选定对象绕 3D 中心点旋转，该中心点显示在旋转控件的中心，如图 11-33 所示。左右拖动 x 轴控件可绕 x 轴旋转。上下拖动 y 轴控件可绕 y 轴旋转。拖动 z 轴控件进行圆周运动

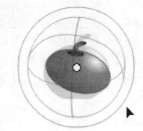

图 11-33　拖动自由旋转控件

可绕 z 轴旋转。拖动自由旋转控件（外侧橙色圈）则同时绕 x 和 y 轴旋转。

若要相对于影片剪辑重新定位旋转控件中心点，可拖动中心点。按住 Shift 键同时拖动中心点可按 45°的增量约束中心点的移动。移动旋转中心点可以控制旋转对于对象及其外观的影响。双击中心点可将其移回所选影片剪辑的中心。

用户也可以在"变形"面板中修改所选对象的旋转控件中心点的位置，该位置在"变形"面板中显示为"3D 中心点"属性。

2.　在 3D 空间中旋转多个选中对象

如果在舞台上选择了多个影片剪辑，3D 旋转控件将显示为叠加在最近所选的对象上，拖动 4 个旋转轴控件之一即可使所有选中的影片剪辑都绕 3D 中心点旋转。

使用下列方法之一可以重新定位 3D 旋转控件中心点。

（1） 将中心点移动到任意位置：拖动中心点。

（2）将中心点移动到一个选定的影片剪辑的中心：按住 Shift 键并双击该影片剪辑。

（3）将中心点移动到选中影片剪辑组的中心：双击该中心点。

3. 使用"变形"面板旋转选中对象

使用"变形"面板也可旋转选定的对象。选择"窗口"|"变形"命令即可显示"变形"面板，如图 11-34 所示。

在舞台上选择一个或多个影片剪辑后，在"变形"面板上的"3D 旋转"选项组中输入 X、Y 和 Z 字段的值即可在 3D 空间中旋转所选对象。这些字段包含热文本，也可以通过拖动这些值进行更改。

若要移动 3D 旋转点，可在"3D 中心点"选项组中的 X、Y 和 Z 字段中输入所需的值。

★例 11.9：在局部 3D 空间中旋转舞台上的对象，使其 x 轴的值为 45，y 轴的值为 30，z 轴的值为 15。进行局部 3D 旋转后的实例效果如图 11-35 所示。

图 11-34　"变形"面板

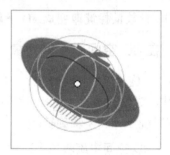

图 11-35　本例效果图

（1）选择 3D 旋转工具。

（2）在绘图工具栏的选项区域中单击"全局切换"按钮，使之呈按下状态，切换到局部模式。

（3）选择"窗口"|"变形"命令，显示"变形"面板。

（4）在舞台上选择"灯笼"影片剪辑元件实例，在"变形"面板上的"3D 旋转"选项组中单击"X"选项后的数值，使其进入编辑状态，键入"45"，并用同样的方法指定"Y"值为"30"，"Z"值为"15"。

11.5.4　调整透视角度

FLA 文件的透视角度属性用于控制 3D 影片剪辑视图在舞台上的外观视角。增大或减小透视角度将影响 3D 影片剪辑的外观尺寸，及其相对于舞台边缘的位置。调整透视角度的效果与通过镜头更改视角的照相机镜头缩放类似，增大透视角度可使 3D 对象看起来更接近查看者；减小透视角度属性则可使 3D 对象看起来更远。例如，图 11-36 所示的是为一个 3D 影片剪辑分别应用了 30°视角（左）和 100°视角（右）

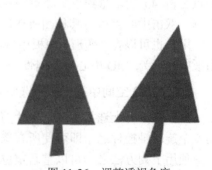

图 11-36　调整透视角度

的透视效果。

透视角度属性会影响应用了 3D 平移或旋转的所有影片剪辑。透视角度不会影响其他影片剪辑。默认透视角度为 55°视角，类似于普通照相机的镜头。透视角度的有效值范围为 1°~180°，对透视角度所做的更改在舞台上立即可见。

在舞台上选择一个 3D 影片剪辑，即可在属性检查器中查看或设置其透视角度，如图 11-37 所示。透视角度在更改舞台大小时会自动更改，以便 3D 对象的外观不会发生改变。

在舞台上选择一个应用了 3D 旋转或平移的影片剪辑实例，然后在属性检查器中的"透视角度"字段中输入一个新值，或者拖动热文本以更改该值，即可更改透视角度。

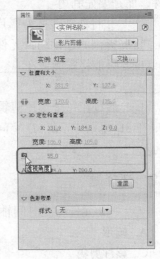

图 11-37　3D 影片剪辑的属性检查器

11.5.5　调整消失点

FLA 文件的消失点属性用于控制舞台上 3D 影片剪辑的 z 轴方向。FLA 文件中所有 3D 影片剪辑的 z 轴都朝着消失点后退。通过重新定位消失点可以更改沿 z 轴平移对象时对象的移动方向，以精确控制舞台上 3D 对象的外观和动画。例如，如果将消失点定位在舞台的左上角（0,0），则增大影片剪辑的 Z 属性值可使影片剪辑远离查看者并向着舞台的左上角移动。

消失点是一个文档属性，它会影响应用了 z 轴平移或旋转的所有影片剪辑。消失点的默认位置是舞台中心。在舞台上选择一个 3D 影片剪辑，即可在属性检查器中查看或设置其消失点。属性检查器上的"消失点"选项组位于"透视角度"选项组下方。对消失点进行的更改在舞台上立即可见。

在舞台上选择一个应用了 3D 旋转或平移的影片剪辑，然后在属性检查器上的"消失点"字段中输入一个新值，或者拖动热文本以更改该值，即可更改消失点的位置。拖动热文本时，指示消失点位置的辅助线将显示在舞台上，如图 11-38 所示。在属性检查器中的"消失点"选项组中单击"重置"按钮，可将消失点移回舞台中心。

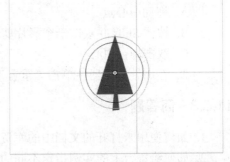

图 11-38　显示指示消失点位置的辅助线

11.6　习题

11.6.1　填空题

1. 图形元件用于静态图像，并可用来创建＿＿＿＿＿＿＿＿＿＿。
2. Flash CS4 内置的 3 个公用库是＿＿＿＿＿＿＿、＿＿＿＿＿＿＿、＿＿＿＿＿＿＿。
3. 在 Flash 中不能把舞台上的动画直接通过使用＿＿＿＿＿＿＿命令转换为影片剪

辑元件，而是要先利用_____对动画中所需的帧进行复制或者剪切，然后再通过_____将动画转换为影片剪辑元件。

4. Flash 提供的 3 种编辑元件的方式是_____、_____、_____。

5. Flash 只能将实例放在_____中，如果没有选择_____，Flash 会将实例添加到_____。

6. Flash 通过在每个影片剪辑实例的属性中_____来表示 3D 空间。

7. 在 3D 术语中，在 3D 空间中移动一个对象称为_____，在 3D 空间中旋转一个对象称为_____。

11.6.2　选择题

1. （　　）元件与主时间轴同步运行。

 A. 图形   B. 按钮

 C. 影片剪辑   D. 文字

2. 影片剪辑元件在库面板中显示的图标是（　　）。

 A. 　　　　　　　　　　　B.

 C. 　　　　　　　　　　　D.

3. 在对影片剪辑进行 3D 变形时，如果要临时从全局模式切换到局部模式，可在使用 3D 变形工具进行拖动的同时按（　　）键。

 A. A   B. B

 C. C   D. D

4. 绿色的 3D 旋转控件是（　　）。

 A. X 控件   B. Y 控件

 C. Z 控件   D. 自由旋转控件

5. 将消失点移回舞台中心的方法是（　　）。

 A. 拖动中心点

 B. 按住 Shift 并双击一个影片剪辑

 C. 双击舞台中心

 D. 在属性检查器中单击"重置"按钮

11.6.3　简答题

1. 如何使用未打开的文档中的库资源？

2. 如何给舞台上的实例指定不同的元件？

3. 要使图形元件实例中的动画序列只播放一次，应如何设置？

4. 如何断开一个实例与一个元件之间的链接？

5. 如何在 3D 空间中旋转多个选中对象？

11.6.4　上机练习

1. 在舞台绘制一个图案，将其转换为元件。

2. 在舞台上创建元件实例，并为其应用 3D 平移效果和 3D 旋转效果。

第 12 章

创建基本动画

教学目标：

Flash 是一个专业的动画制作工具，可以创建补间动画、传统补间、补间形状、逐帧动画、反向运动姿势等多种动画形式。Flash 的功能强大，但使用起来简单方便，很容易上手，例如，利用时间轴特效只需执行几个简单步骤即可完成一个动画作品。本章介绍在 Flash 中创建动画的方法，包括补间动画、补间形状、遮罩动画、逐帧动画、时间轴特效动画及反向运动姿势等各种基本的动画形式的创建。通过本章的学习，读者可以了解 Flash 动画的基本类型，并掌握简单动画的制作方法与技巧。

教学重点与难点：

1. 补间动画的制作。
2. 传统补间动画的制作。
3. 补间形状动画的制作。
4. 逐帧动画的制作。
5. 遮罩动画的制作。
6. 使用反向运动。

12.1 补间动画

Flash CS4 支持两种不同类型的补间：补间动画和传统补间。其中补间动画是 Flash CS4 新增的功能，功能强大且易于创建。

12.1.1 关于补间动画

补间动画是通过为一个帧中的对象属性指定一个值，并为另一个帧中的该相同属性指定另一个值创建的动画。Flash 通过计算这两个帧之间该属性的值来创建中间的过渡。例如，可以在时间轴第1帧的舞台左侧放置一个影片剪辑，然后将该影片剪辑移到第20帧的舞台右侧，在创建补间时，Flash 将计算用户指定的右侧和左侧这两个位置之间的舞台上影片剪辑的所有位置，最后会得到这样的动画：影片剪辑从第 1 帧到第 20 帧，从舞台左侧移到右侧。在中间的每个帧中，Flash 将影片剪辑在舞台上移动二十分之一的距离。

补间图层中的最小构造块是补间范围，补间图层中的补间范围只能包含一个元件实例。元件实例称为补间范围的目标实例。将第二个元件添加到补间范围将会替换补间中的原始元件。将其他元件从库拖到时间轴中的补间范围上，可更改补间的目标对象。可从补间图层删除元件，而不必删除或断开补间，这样，以后可以将其他元件实例添加到补间中。也可以更改补间范围的目标元件的类型。

在将补间添加到某一图层上的一个对象或一组对象时，Flash 会根据下列规则将该图层转换为补间图层，或创建一个新图层来保存图层上的对象的原始堆叠顺序。

（1） 如果该图层上除选定对象之外没有其他任何对象，则该图层更改为补间图层。

（2） 如果选定对象位于图层堆叠顺序底部（在所有其他对象之下），则会在原始图层之上创建一个图层以容纳非选定项，而原始图层成为补间图层。

（3） 如果选定对象位于图层堆叠顺序顶部（在所有其他对象之上），则创建一个新图层，选定对象将移到该图层，而该图层成为补间图层。

（4） 如果选定对象位于图层堆叠顺序中间（在该选定对象之上和之下有非选定对象），则创建两个图层，一个图层用于容纳新补间，上方的另一个图层用于容纳堆叠顺序顶部的非选定项。位于堆叠顺序底部的非选定项仍位于新插入图层下方的原图层上。

补间图层可包含补间范围、静态帧和 ActionScript。但包含补间范围的补间图层的帧不能包含补间对象以外的对象。若要将其他对象添加到同一帧中，应将其放在单独的图层中。

Flash CS4 提供了一系列预设的补间动画资源，可以直接将它们应用于舞台上的对象。此外，用户也可以自己设计创建补间动画。

12.1.2 应用动画预设

动画预设是预配置的补间动画，可以将它们应用于舞台上的对象。如果需要经常使用相似类型的补间，使用预设可以极大地节约动画设计和制作的时间。

 注意：动画预设只能包含补间动画，传统补间不能保存为动画预设。

Flash 随附的每个动画预设都包括预览。选择"窗口"|"动画预设"命令，显示"动画预设"面板，双击列表框中的"默认预设"文件夹图标，打开该文件夹，单击其中的某一动画预设名称，即可在面板顶部的预览窗格中查看该预设的动画效果，如图 12-1 所示。在"动画预设"面板外任意处单击鼠标，即可停止播放预览。

可以为元件实例或文本字段应用动画预设。在舞台上选择了这些类型的可补间的对象后，在"动画预设"面板中选择所需的预设，然后单击"应用"按钮即可应用预设。

每个对象只能应用一个预设，如果将第二个预设应用于相同的对象，则第二个预设将替换第一个预设。可以将 2D 或 3D 动画预设应用于任何 2D 或 3D 影片剪辑，但包含 3D 动画的动画预设只能应用于影片剪辑实例，已补间的 3D 属性不适用于图形或按钮元件，也不适用于文本字段。

每个动画预设都包含特定数量的帧。在应用预设时，在时间轴中创建的补间范围将包含此数量的帧。如果目标对象已应用了不同长度的补间，补间范围将进行调整，以符合动画预设的长度。可在应用预设后调整时间轴中补间范围的长度。

在应用动画预设时，如果选择了无法补间的对象，Flash CS4 会打开一个"将所选的内容转换为元件以进行补间"对话框来提示用户，并询问是否要对所选的对象进行转换并创建补间，如图 12-2 所示。单击"确定"按钮即可将所选对象转换为元件，然后在"动画预设"面板中选择预设。

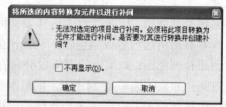

图 12-1 "动画预设"面板　　　图 12-2 "将所选的内容转换为元件以进行补间"对话框

在舞台上选择可补间的对象。如果将动画预设应用于无法补间的对象，则会显示一个对话框，允许您将该对象转换为元件。动画在舞台上影片剪辑的当前位置开始。如果预设有关联的运动路径，该运动路径将显示在舞台上。如果要应用预设以便其动画在舞台上对象的当前位置结束，可按住 Shift 键，同时单击"动画预设"面板中的"应用"按钮，或者单击面板右上角的选项按钮，从弹出菜单中选择"在当前位置结束"命令。

创建了动画作品后，为了可以及早发现可能存在的问题，可选择"控制" | "测试影片"命令，将动画导入为 SWF 影片来查看动画效果。

★例 12.1：为一个五角星图形应用预设动画。

（1） 选择多角星形工具，在舞台上绘制一个红色五角星。

（2） 选择"窗口" | "动画预设"命令，显示"动画预设"面板。

（3） 双击"默认预设"文件夹图标，打开该文件夹，从中选择"3D 螺旋"选项，打开"将所选的内容转换为元件以进行补间"对话框。

（4） 单击"确定"按钮，为图形应用"3D 螺旋"动画预设。时间轴中显示该动画所占用的帧数，如图 12-3 所示。

（5） 选择"控制" | "测试影片"命令查看动画效果，如图 12-4 所示。

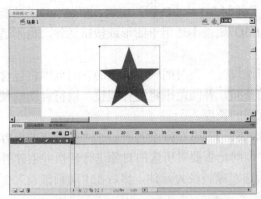

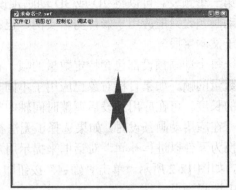

图 12-3 为舞台上的图形应用动画预设   图 12-4 测试影片

12.1.3 创建补间动画

在制作补间动画时，只能补间元件实例和文本字段。如果将补间应用于所有其他对象类型，则这些对象将包装在元件中。元件实例可包含嵌套元件，这些元件可在自己的时间轴上进行补间。如果补间包含动画，将会在舞台上显示运动路径。运动路径显示每个帧中补间对象的位置。

要创建补间动画，应在舞台上选择要补间的一个或多个对象，选择"插入"|"补间动画"命令，或者右击所选内容或当前帧，从弹出的快捷菜单中选择"创建补间动画"命令，在时间轴上创建补间范围：如果原始对象仅驻留在时间轴的第一帧中，则补间范围的长度等于 1 s的持续时间；如果帧速率是 24 帧/s，则范围包含 24 帧；如果帧速率不足 5 帧/s，则范围长度为 5 帧；如果原始对象存在于多个连续的帧中，则补间范围将包含该原始对象占用的帧数。

在时间轴中拖动补间范围的任一端至所需长度，以缩短或者延长补间范围。舞台上显示的运动路径指示从补间范围的第一帧中的位置到新位置的路径。由于显式定义了对象的 X 和Y 属性，因此将在包含播放头的帧中为 X 和 Y 添加属性关键帧。属性关键帧在补间范围中显示为小菱形。

若要将动画添加到补间，可将播放头放在补间范围内的某个帧上，然后将舞台上的对象拖到新位置。若要指定对象的其他位置，可将播放头放在补间范围内的另一个帧中，然后将舞台上的对象拖到其他位置。若要对 3D 旋转或位置进行补间，可将播放头放置在要添加 3D属性关键帧的帧中，并使用 3D 旋转或 3D 平移工具。

提示：将可补间对象放在多个图层上，选择所有图层，然后选择"插入"|"补间动画"命令，可一次创建多个补间。也可以用同一方法将动画预设应用于多个对象。

★例 12.2：利用补间创建一棵树渐去渐远的动画效果。

（1）新建一个文档，利用多角星形工具和任意变形工具的缩放功能，在舞台左下角绘制一棵松树的图案，并选择所有图形，如图 12-5 所示。

（2）选择"插入"|"补间动画"命令，打开"将所选的多项内容转换为元件以进行补间"对话框，如图 12-6 所示。

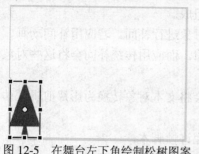

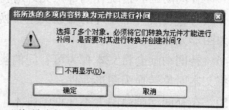

图 12-5　在舞台左下角绘制松树图案　　图 12-6　"将所选的多项内容转换为元件以进行补间"对话框

（3）　单击"确定"按钮创建补间。

（4）　在时间轴上拖动补间范围的右端至第 80 帧，如图 12-7 所示。

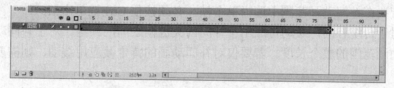

图 12-7　拖动补间范围

（5）　确保播放头在第 80 帧上，将松树移至舞台右上角，并用任意变形工具的缩放功能缩小松树，如图 12-8 所示。图中的绿色线条是从补间范围的第一帧中的位置到新位置的路径。

（6）　选择"控制"｜"测试影片"按钮查看动画效果，如图 12-9 所示。

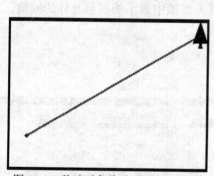

图 12-8　移动对象将动画添加到补间

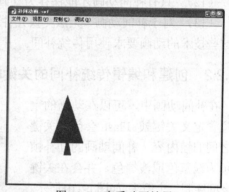

图 12-9　查看动画效果

12.2　传统补间

Flash CS4 中的传统补间动画与补间动画类似，但在某种程度上，其创建过程更为复杂，也不那么灵活。不过，传统补间所具有的某些类型的动画控制功能是补间动画所不具备的，因此，传统补间在 Flash CS4 中依然是一种重要的动画类型。

12.2.1　传统补间和补间动画的差异

传统补间和补间动画之间有着很大的差异，主要有以下几点。

（1）　传统补间使用关键帧。关键帧是其中显示对象的新实例的帧。补间动画只能具有一个与之关联的对象实例，并使用属性关键帧而不是关键帧。

（2）　补间动画在整个补间范围上由一个目标对象组成。

（3）　补间动画和传统补间都只允许对特定类型的对象进行补间。若应用补间动画，则在创建补间时会将所有不允许的对象类型转换为影片剪辑，而应用传统补间会将这些对象类型转换为图形元件。

（4）　补间动画会将文本视为可补间的类型，而不会将文本对象转换为影片剪辑。传统补间会将文本对象转换为图形元件。

（5）　在补间动画范围上不允许帧脚本，传统补间允许帧脚本。

（6）　补间目标上的任何对象脚本都无法在补间动画范围的过程中更改。

（7）　可以在时间轴中对补间动画范围进行拉伸和调整大小，并将它们视为单个对象。传统补间包括时间轴中可分别选择的帧的组。

（8）　若要在补间动画范围中选择单个帧，必须按住 Ctrl 键单击帧。

（9）　对于传统补间，缓动可应用于补间内关键帧之间的帧组。对于补间动画，缓动可应用于补间动画范围的整个长度。若要仅对补间动画的特定帧应用缓动，则需要创建自定义缓动曲线。

（10）　利用传统补间，可以在两种不同的色彩效果（如色调和 Alpha 透明度）之间创建动画。补间动画可以对每个补间应用一种色彩效果。

（11）　只可以使用补间动画来为 3D 对象创建动画效果。无法使用传统补间为 3D 对象创建动画效果。

（12）　只有补间动画才能保存为动画预设。

（13）　对于补间动画，无法交换元件或设置属性关键帧中显示的图形元件的帧数。应用了这些技术的动画要求使用传统补间。

12.2.2　创建和编辑传统补间的关键帧

在补间动画中，可以在动画的重要位置定义关键帧，Flash 会创建关键帧之间的帧内容。补间动画的插补帧显示为浅蓝色或浅绿色，并会在关键帧之间绘制一个箭头，如图 12-10 所示。

在传统补间中，只有关键帧是可编辑的。可以查看补间帧，但无法直

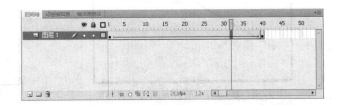

图 12-10　传统补间在时间轴上的表示方式

接编辑它们。若要编辑补间帧，应修改一个定义关键帧，或在起始和结束关键帧之间插入一个新的关键帧，然后从"库"面板中将项目拖动到舞台上，以将这些项目添加到当前关键帧中。若要同时显示和编辑多个帧，可使用绘图纸外观。

1.　创建关键帧

由于 Flash 文档会保存每一个关键帧中的形状，所以只应在插图中有变化的点处创建关键帧。关键帧在时间轴中有相应的表示符号：实心圆表示该帧为有内容的关键帧，帧前的空心圆则表示该帧为空白的关键帧。以后添加到同一图层的帧的内容将和关键帧相同。

在时间轴中选择一个帧，然后选择"插入"|"时间轴"|"关键帧"命令，或者右击时间轴中的一个帧，从弹出的快捷菜单中选择"插入关键帧"命令，即可创建一个关键帧。

2. 在时间轴中插入帧

要在时间轴中插入帧，可根据需要执行以下操作之一。

（1）插入新帧：选择"插入"|"时间轴"|"帧"命令。

（2）创建新关键帧：选择"插入"|"时间轴"|"关键帧"命令，或者右击要放置关键帧的帧，从弹出的快捷菜单中选择"插入关键帧"命令。

（3）创建新的空白关键帧：选择"插入"|"时间轴"|"空白关键帧"，或者右击要放置关键帧的帧，从弹出的快捷菜单中选择"插入空白关键帧"命令。

3. 删除或修改帧或关键帧

除了可以在时间轴中插入帧外，也可以删除时间轴中已有的帧或关键帧，或者对其进行修改。下面列出了删除和修改帧或关键帧的各种方法。

（1）删除帧、关键帧或帧序列：选择并右击要删除的帧、关键帧或帧序列，从弹出的快捷菜单中选择"删除帧"命令。被删除的帧、关键帧或帧序列周围的帧保持不变。

（2）移动关键帧或帧序列及其内容：选择要移动的帧、关键帧或帧序列，将它拖到所需的位置。

（3）延长关键帧的持续时间：按住 Alt 键将所需关键帧拖到新序列的最后一帧。

（4）复制和粘贴帧或帧序列：选择要复制的帧或帧序列，然后选择"编辑"|"时间轴"|"复制帧"命令，再选择要替换的帧或序列，然后选择"编辑"|"时间轴"|"粘贴帧"命令。

（5）将关键帧转换为帧：选择所需关键帧，然后选择"修改"|"时间轴"|"清除关键帧"命令，或者右击该关键帧，从弹出的快捷菜单中选择"清除关键帧"命令。被清除的关键帧以及到下一个关键帧之前的所有帧都将被清除的关键帧之前的帧内容替换。

（6）通过拖动来复制关键帧或帧序列：选择所需关键帧或帧序列，然后按住 Alt 键将它拖到新位置。

（7）更改补间序列的长度：将开始关键帧或结束关键帧向左或向右拖动。

（8）将库项目添加到当前关键帧中：将该项目从"库"面板拖到舞台上。

（9）翻转动画序列：选择一个或多个图层中的合适帧，然后选择"修改"|"时间轴"|"翻转帧"命令。关键帧必须位于序列的开头和结尾。

12.2.3 向实例、组或类型添加传统补间

使用传统补间可以补间实例、组和类型的属性中的更改，如更改实例、组和类型的位置、大小、旋转和倾斜等。此外，Flash 还可以补间实例和类型的颜色、创建渐变的颜色切换或使实例淡入或淡出。在补间组或类型的颜色时，应将它们变为元件。若要使文本块中的单个字符分别动起来，则应将每个字符放在独立的文本块中。在创建补间的图层中只能有一个项目。

要在一个图层中创建传统补间，首先应单击该图层名称，使之成为活动层，并在动画开始播放的图层中选择一个空白关键帧。该帧将成为传统补间的第一帧。然后，在舞台上创建所需的内容，如元件、实例、组或文件块，以向该帧中添加内容。接下来，要在动画的结束处创建第 2 个关键帧，并选择该关键帧，修改该帧中的项目，例如，可以更改项目的位置、大小、颜色、或者对其进行旋转或倾斜等。

设置了开头结尾处的关键帧后，单击补间的帧范围中的任意帧，然后选择"插入"|"传统补间"命令，或者右击补间的帧范围中的任意帧，从弹出的快捷菜单中选择"创建传统补间"命令，即可创建传统补间。之后，用户还可以使用帧的属性检查器对创建的传统补间进行编辑，如图 12-11 所示。

在帧的属性检查器中，可对传统补间进行以下设置。

（1）如果在修改第 2 个关键帧中的项目时更改了项目大小，可在"补间"栏下选中"缩放"复选框，以补间选定项目的大小。

（2）若要产生更逼真的动画效果，可对传统补间应用缓动，方法是在"补间"栏中的"缓动"字段为所创建的每个传统补间指定缓动值：输入介于-1 和-100 之间的负值可慢慢地开始传统补间，并朝着动画的结束方向加速补间；输入介于 1 和 100 之间的正值可快速地开始传统补间，并朝着动画的结束方向减速补间。若要在补间的帧范围中产生更复杂的速度变化效果，可单击"编辑缓动"按钮，打开"自定义缓入/缓出"对话框，从中更精确地控制传统补间的速度，如图 12-12 所示。默认情况下，补间帧之间的变化速率是不变的。缓动可以通过逐渐调整变化速率创建更为自然的加速或减速效果。

图 12-11　帧的属性检查器

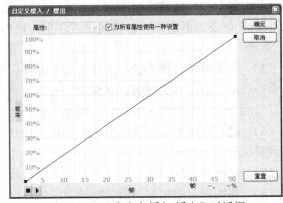

图 12-12　"自定义缓入/缓出"对话框

（3）要在补间期间旋转选定项目，可从"补间"栏下的"旋转"下拉菜单中选择一个选项："无"用于防止旋转；"自动"用于使对象在需要最少动作的方向上旋转一次；"顺时针"或"逆时针"用于按照顺时针方向或者逆时针方向旋转对象，选择这两个选项中的一个后，还可指定旋转次数的数值。

（4）要使用运动路径，可在"补间"栏下选中"调整到路径"复选框，将补间元素的基线调整到运动路径。

（5）要使图形元件实例的动画和主时间轴同步，可在"补间"栏下选中"同步"复选框。

提示：使用"同步"功能会重新计算补间的帧数，从而匹配时间轴上分配给它的帧数。如果元件中动画序列的帧数不是文档中图形实例占用的帧数的偶数倍，请使用"同步"选项。

应用了传统补间后，如果更改两个关键帧之间的帧数，或移动任一关键帧中的组或元件，

Flash 会自动重新补间帧。

★例 12.3：利用传统补间制作球体自转的动画。

（1）新建一个 Flash 文档，选择"文件"|"导入"|"导入到舞台"命令，打开"导入"对话框,选择一幅星球图片，如图 12-13 所示。

（2）单击"打开"按钮将其导入到舞台中。

（3）选择"插入"|"传统补间"命令，创建传统补间。

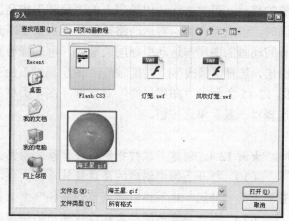

图 12-13　导入图像

（4）选择时间轴的第 60 帧，然后选择"插入"|"时间轴"|"关键帧"命令，插入一个关键帧。此时补间区域的范围即为第 1 帧至第 60 帧，如图 12-14 所示。

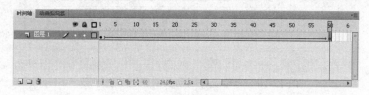

图 12-14　补间区域

（5）选择舞台中的图像，在绘图工具栏中选择任意变形工具，然后单击选项区域中的"旋转与倾斜"按钮，将图像旋转 360°。

（6）单击第 1 帧，在属性检查器上的"补间"栏下选中"缩放"复选框，并在"旋转"下拉菜单中选择"顺时针"选项，指定旋转次数为"1"。

（7）选择"控制"|"测试影片"命令，在测试窗口中浏览球体自转的动画效果。

12.2.4　沿路径创建传统补间动画

使用运动引导层可以绘制路径,从而使补间实例、组或文本块能够沿着这些路径运动。创建了有传统补间动画的动画序列，并在属性检查器上选中"调整到路径"复选框后，补间元素的基线就会调整到运动路径。然后，右击包含传统补间的图层的名称，从弹出的菜单中选择"添加传统运动引导层"命令，在传统补间图层的上方添加一个运动引导层，这时，传统补间图层的名称将缩进显示，表明该图层已绑定到运动引导层。

选择引导层，用绘图工具绘制所需的路径，再拖动要补间的对象，使其贴紧至第一个帧中线条的开头，然后将其拖到最后一个帧中线条的末尾，即可为该传统补间动画创建运动路径。

提示： 如果时间轴中已有一个引导层，可以直接将包含传统补间的图层拖到该引导层下方，该引导层即会转换为运动引导层，并将传统补间绑定到该引导层。

如果要隐藏运动引导层和路径，以便在工作时只显示对象的移动，可单击运动引导层上的"眼睛" 👁 列。当播放动画时，组或元件将沿着运动路径移动。如果要断开包含传统补间动画的图层与运动引导层的链接，可选择要断开链接的图层，选择"修改"|"时间轴"|"图层属性"命令，打开如图 12-15 所示的"图层属性"对话框，在"类型"选项组中选择"一般"单选按钮。

图 12-15 "图层属性"对话框

★例 12.4：创建星球按指定路径运动的动画。

（1）打开上例中创建的星球旋转动画文件，在时间轴上选择任意一帧，然后在属性检查器上的"补间"栏下选中"调整到路径"复选框。

（2）右击现有的图层名称，从弹出的快捷菜单中选择"添加传统运动引导层"命令，添加一个运动引导层，如图 12-16 所示。

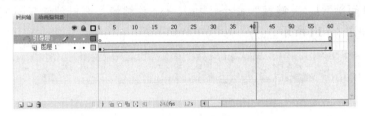

图 12-16 为传统补间动画创建运动引导层

（3）选择引导层，使用线条工具在舞台上画一条直线，如图 12-17 所示。

（4）单击"图层 1"，使其成为当前活动层，然后单击第 1 帧，将星球图像移到线段的开始端，如图 12-18 所示。

图 12-17 绘制路径

图 12-18 将图像移动到运动路径上

（5）将星球图像移动到直线的末端。

（6）选择"控制"|"测试影片"命令，浏览球体沿直线滚动的动画效果。

12.3 补间形状

通过补间形状可以创建类似于形变的效果，即在一段时间内将一个对象过渡为另一个对象的效果。在 Flash 中，用户可以变形或过渡对象的形状、颜色、透明度、大小及位置。

一次补间一个形状通常可以获得最佳效果。如果一次补间多个形状，则所有的形状必须在同一个图层上。如果要控制更复杂或不可思议的形状变化，可以使用形状提示，它可以使用户控制部分原始形状在移动过程中变成新的形状。

提示：要对组、实例或位图图像应用形状补间，首先必须分离这些元素。要对文本应用形状补间，必须将文本分离两次，从而将文本转换为对象。

12.3.1 补间形状

补间形状是通过在时间轴的某个帧中绘制一个对象，再在另一帧中修改该对象或重新绘制其他的对象，然后由 Flash 计算两帧之间的差距并插入变形帧，从而创建出变形过渡的动画效果。

要创建补间形状动画，应在时间轴窗口单击图层名称，使其成为活动图层，并选择一个空白的关键帧作为动画的开始帧，在此帧上创建或放置一幅插图（图形对象或者分离的组、位图、实例或文本块），然后，在开始帧后面的若干帧处插入一个空白关键帧，把它作为变形的第 2 个关键帧，并在其中创建变形后的图形。这一帧一定要与起始帧在同一图层上。最后，在时间轴上单击第 1 个关键帧，选择"插入"|"补间形状"命令，并在属性检查器中设置相关属性即可。

补间形状动画的属性设置有"缓动"和"混合"两个选项，如图 12-19 所示。它们的功能说明如下。

（1）"缓动"：用于调整补间帧之间的变化速率。默认情况下，补间帧之间的变化速率是不变的，缓动可以通过逐渐调整变化速率创建更加自然的变形效果。

（2）"混合"：包括"分布式"和"角形"两个选项。

图 12-19　补间形状动画的属性

"分布式"用于使动画过程中新创建的中间过渡帧的图形更为平滑和不规则；"角形"用于使创建的过渡帧中的图形保留有明显的角和直线。"角形"选项只适合于具有锐化转角和直线的混合形状，如果选择的形状没有角，Flash 会还原到分布式补间形状。

在补间形状时也可以改变对象的位置和颜色，但它却不同于创建补间动画，因为在补间动画中，变化的是同一个实例的颜色属性，而在补间形状时是在两个图形对象之间变化。

★例 12.5：创建一个形状分裂的动画。

（1）新建一个 Flash 文档，选择椭圆工具，将填充颜色设置为渐变色，并在绘图工具栏的选项区域中按下"对象绘制"按钮，然后在舞台上绘制一个圆形。

（2）在时间轴的第 50 帧中单击鼠标，选择"插入"|"时间轴"|"空白关键帧"命令，插入一个空白关键帧。

（3）单击时间轴底部的"绘图纸外观"按钮，使对象显示出来，如图 12-20 所示。

（4）在圆形上方绘制上、下两个小椭圆，使其覆盖在大圆上，如图 12-21 所示。

（5）在第 1~50 帧之间的任意帧上单击鼠标，选择"插入"|"时间轴"|"补间形状"命令，创建补间形状。

（6）选择"控制"|"测试影片"命令，即可在测试窗口中看到形状渐变的动画效果。

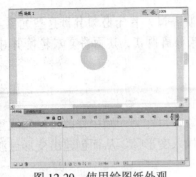

图 12-20　使用绘图纸外观

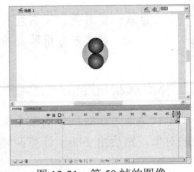

图 12-21　第 50 帧的图像

12.3.2　使用形状提示

使用形状提示可以控制更加复杂的形状变化。它的工作原理是在变形的初始图形与结束图形上分别指定一些形状提示点，并使这些点在起始帧中和结束帧中一一对应，这样 Flash就会根据这些点的对应关系计算变形的过程。例如，如果要补间一张正在改变表情的脸部图画时，可以使用形状提示来标记每只眼睛。这样在形状发生变化时，脸部就不会乱成一团，每只眼睛还都可以辨认，并在转换过程中分别变化。

在 Flash 中最多可以使用 26 个形状提示点，用字母 a~z 表示。起始关键帧的形状提示点是黄色的，结束关键帧的形状提示点是绿色的，不在一条曲线上时的形状提示点是红色的。

要使用形状提示，首先要选择动画的第 1 个关键帧，然后选择"修改"|"形状"|"添加形状提示"命令，这时在舞台中将出现一个红色的形状提示点，标识字母为 a，如图12-22 所示。将形状提示点移到希望标记的位置，然后选择变形过渡动画的最后一个关键帧，可以看到在最后一帧的图形上也有一个红色的标记为 a 的形状提示点。把这个形状提

图 12-22　显示第 1 帧处的标记

示点移到相应的位置，形状提示点将变为绿色。播放动画，可以看到在起始关键帧中标记的点，变形后是在结束帧中标记的位置，可以添加多个形状提示点。

选择"视图"|"显示形状提示"命令可查看所有的形状提示。不过，仅当包含形状提示的图层和关键帧处于活动状态下时，该命令才可用。若要删除某个形状提示，将它拖离舞台即可；若要删除所有形状提示，则可选择"修改"|"形状"|"删除所有提示"命令。

在补间形状时，要想获得最佳效果，应遵循以下几个原则。

（1）　在复杂的补间形状中，需要创建中间形状然后再进行补间，而不要只定义起始和结束的形状。

（2）　确保形状提示是符合逻辑的。例如，如果在一个三角形中使用三个形状提示，则在原始三角形和要补间的三角形中它们的顺序必须是一致的，而不能颠倒或混乱它们的顺序。

（3）　如果按逆时针顺序从形状的左上角开始放置形状提示，其工作效果最好。

12.4　逐帧动画

逐帧动画是 Flash 动画的一个重要类型，它更改每一帧中的舞台内容，最适合于每一帧

中的图像都在更改而不仅仅是简单地在舞台中移动的复杂动画。也正是因为这样，逐帧动画的文件大小比补间动画大得多。在逐帧动画中，Flash 会保存每个完整帧的值。

12.4.1　创建逐帧动画

要创建逐帧动画，需要将每个帧都定义为关键帧，然后给每个帧创建不同的图像。每个新关键帧最初包含的内容和它前面的关键帧是一样的，因此可以递增地修改动画中的帧。

要创建逐帧动画，在时间轴中选择合适的层后，首先要选择或者创建第 1 个关键帧，并在此帧上创建一个图像作为动画序列的第 1 帧，然后在时间轴中单击该帧的右边一帧，选择"插入"Ⅰ"时间轴"Ⅰ"空白关键帧"命令，插入一个空白关键帧，并在新帧上创建图像作为第 2 个关键帧。依此类推，直到完成全部动画所需的帧即可。

★例 12.6：创建一个眼珠快速转动的逐帧动画。

（1）新建一个 Flash 文件，用刷子工具和椭圆工具绘制一个简单的眼睛图案，如图 12-23 所示。

（2）单击第 2 帧，然后选择"插入"Ⅰ"时间轴"Ⅰ"空白关键帧"命令，插入一个空白关键帧。

（3）单击第 1 帧，选择舞台上的眼睛图案，按 Ctrl+C 组合键复制该图案，然后再单击第 2 帧，按 Ctrl+V 组合键将眼睛图案粘贴到舞台上。

（4）单击时间轴底部的"绘图纸外观"按钮显示第 1 帧的对象，拖动第 2 帧的眼睛图案使之与第 1 帧的眼睛重叠。

（5）将第 2 帧中的椭圆向右移动少许，如图 12-24 所示。

图 12-23　简单眼睛图案

图 12-24　更改图案内容

（6）在时间轴上的第 3 帧插入一个空白关键帧，再次复制粘贴一幅眼睛图案，并将其与前两帧中的眼睛图案重叠，然后再将椭圆向左移动一些。

（7）插入第 4 个空白关键帧，执行复制、粘贴和重叠操作，并将椭圆移到眼框最左边。

（8）插入第 5 个空白关键帧，复制粘贴第 3 个关键帧中的眼睛图案，使之与前面的图形重叠。

（9）插入第 6 个空白关键帧，复制粘贴第 2 个关键帧中的眼睛图案，使之与前面的图形重叠。

（10）插入第 7 个空白关键帧，复制粘贴第 1 个关键帧中的眼睛图案，使之与前面的图形重叠。

（11）选择"控制"Ⅰ"测试影片"命令，测试动画效果。

12.4.2　使用绘图纸外观

在前面的两个实例中都用到了"绘图纸外观"，这是一个很实用的功能，尤其是在制作形状渐变的逐帧动画时，这一功能非常有用。

通常情况下，在某个时间舞台上仅显示动画序列的一个帧。为了便于定位和编辑逐帧动画，可以通过使用绘图纸外观来在舞台上一次查看两个或更多的帧。在此状态下，播放头下面的帧用全彩色显示，但是其余的帧是暗淡的，看起来就好像每个帧是画在一张半透明的绘图纸上，而且这些绘图纸相互层叠在一起。全彩色显示的帧可以编辑，而暗淡的帧无法编辑。

单击时间轴下方的"绘图纸外观"按钮即可启用绘图纸外观。启用绘图纸外观后，时间轴标题中会出现"起始绘图纸外观"标记和"结束绘图纸外观"标记，两个标记之间的所有帧都被重叠为文档窗口中的一个帧。

通常情况下，绘图纸外观标记和当前帧指针一起移动。拖动标记符号可更改启用绘图纸外观的帧的范围。图 12-25 所示的是使用绘图纸外观显示例 12.6 创建的眼珠转动逐帧动画中所有帧的图案。如果使用绘图纸外观后感觉不好定位当前帧的图案，可单击"绘图纸外观轮廓"按钮，将具有绘图纸外观的帧显示为轮廓，这样，只有当前帧的图案才以彩色显示，如图 12-26 所示。

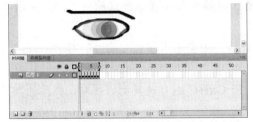
图 12-25　用绘图外观显示逐帧动画中所有帧

图 12-26　显示绘图纸外观轮廓

若要编辑绘图纸外观标记之间的所有帧，可单击"编辑多个帧"按钮。绘图纸外观通常只允许编辑当前帧，但是可以显示绘图纸外观标记之间每个帧的内容，并且无论哪一个帧为当前帧，都可以让每个帧可供编辑。

提示： 打开绘图纸外观时，不显示被锁定的图层。为了避免出现大量使人感到混乱的图像，可锁定或隐藏不希望对其使用绘图纸外观的图层。

可以更改绘图纸外观标记的显示，方法是单击"修改绘图纸标记"按钮，从弹出菜单中选择所需的命令。此菜单中各命令功能说明如下。

（1）"始终显示标记"：不管绘图纸外观是否打开，都会在时间轴标题中显示绘图纸外观标记。

（2）"锚记绘图纸"：用于将绘图纸外观标记锁定在它们在时间轴标题中的当前位置。通常情况下，绘图纸外观范围是和当前帧指针以及绘图纸外观标记相关的。通过锚记绘图纸外观标记，可以防止它们随当前帧指针移动。

（3）"绘图纸 2"：用于在当前帧的两边各显示两个帧。

（4）"绘图纸 5"：用于在当前帧的两边各显示五个帧。

（5）"所有绘图纸"：用于在当前帧的两边显示所有帧。

12.5　遮罩动画

使用 Flash 的遮罩功能可以制作很多复杂的效果。遮罩层的功能就像一个蜡版，当用户将蜡版放在一个表面并在该表面涂抹颜料时，颜料只会涂在没有被蜡版遮掩住的地方，其他地方则被隔开或被遮掩住。例如，要获得聚光灯效果以及转变效果，可以使用遮罩层创建一个孔，通过这个孔可以看到下面的图层。遮罩项目可以是填充的形状、文字对象、图形元件的实例或影片剪辑。可以将多个图层组织在一个遮罩层之下来创建复杂的效果。

12.5.1　创建遮罩层

要创建遮罩层，可以将遮罩项目放在要用作遮罩的图层上。与填充或笔触不同，遮罩项目像是个窗口，透过它可以看到位于它下面的链接层区域。除了透过遮罩项目显示的内容之外，其余的所有内容都被遮罩层的其余部分隐藏起来。一个遮罩层只能包含一个遮罩项目。按钮内部不能有遮罩层，也不能将一个遮罩应用于另一个遮罩。

与遮罩层连接的常规图层实际上已经成了被遮罩层，但它保留了常规层的所有功能，可以使用任何被连接图层上的多个元件、对象和文本，甚至可以将它们处理成动画。简言之，遮罩层是包括用作遮掩的实际对象的层，而被遮掩层是一个受遮罩层影响的层。遮罩层可以有多个与之相联系的或相连接的被遮掩层。与遮罩层连接的常规图层中的内容只能通过遮罩层上具有实心对象（如圆、正方形、群组、文本甚至元件）的区域显示。可以将遮罩层上的这些对象做成动画以创建移动的遮罩层。

　注意：遮罩层总是遮住紧贴其下的图层，因此要确保在正确的地方创建遮罩层。

要创建一个遮罩层，首先要创建一个常规图层，并在上面画出将要透过遮罩的洞显示的图形与文本，然后插入一个新图层，在新图层上创建填充形状、文字或元件的实例，之后再右击新建图层，从弹出的快捷菜单中选择"遮罩层"命令，此时该图层即转换为遮罩层，并用一个遮罩层图标■来表示。紧贴它下面的图层将连接到遮罩层，其内容会透过遮罩层上的填充区域显示出来。被遮罩的图层的名称将以缩进形式显示，其图标将更改为一个被遮罩的图层的图标■，如图 12-27 所示。创建了遮罩层后，Flash 会自动锁定遮罩层和被遮住的图层，并显示遮罩效果。

默认情况下，创建了遮罩层后，图层将会被锁定，因为只有锁定遮罩层和被遮住的图层才可以显示出遮罩效果。如果需要编辑遮罩层，必须先解除锁定，再进行编辑。解锁后的遮罩层和被遮住的图层不会显示遮罩效果。

锁定的图层在其名称右面会显示锁定图标■，且活动图层中的铅笔图标上会显示一条斜杠，当时该图层不可编辑。单击锁定图标即可解除对该层的锁定，此时活动图层中铅笔图标上的斜杠消失，表示当前图层为可编辑状态，如图 12-28 所示。如果要解除对所有层的锁定，可单击图层上方标题栏中的锁定图标。

　　图 12-27　创建遮罩层　　　　　　　　图 12-28　解除对图层 2 的锁定

★例12.7：利用遮罩层创建探照灯效果，如图12-29所示。

（1）新建一个 Flash 文件，在属性检查器上单击"属性"栏下的"舞台颜色"按钮，从弹出的调色板中选择黑色，以更改舞台颜色。

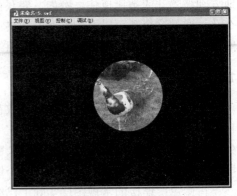

（2）选择"文件"|"导入"|"导入到舞台"命令，打开"导入"对话框，选择要导入的图片，然后单击"确定"按钮，导入位图。

（3）在绘图工具栏中选择任意变形工具，并单击选项区域中的"缩放"按钮，将导入的位图缩放至合适大小，并放置在舞台中央，如图12-30所示。

图12-29　探照灯效果

（4）单击时间轴左下角的"新建图层"按钮，新建一个图层，其默认名称为"图层2"。

（5）选择椭圆工具，并在绘图工具栏的选项区域中按下"对象绘制"按钮。

（6）按住 Shift 键在场景中央孔雀的位置绘制一个与孔雀大小差不多的圆形，使其差不多能够遮住孔雀，如图12-31所示。

图12-30　在"图层1"中导入位图

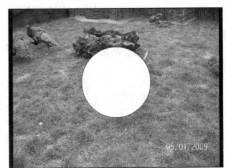

图12-31　在"图层2"上绘制圆形

（7）在图层1的第60帧处右击鼠标，从弹出的快捷菜单中选择"插入帧"命令，延伸第1帧到第30帧，如图12-32所示。

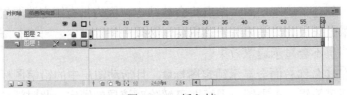

图12-32　插入帧

（8）在图层2的第20、40、60帧处分别右击鼠标，从弹出的快捷菜单中选择"插入关键帧"命令，插入两个关键帧，如图12-33所示。

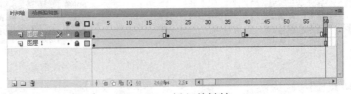

图12-33　插入关键帧

（9）　单击图层 2 上的锁定图标🔒，解除对该图层的锁定。

（10）　单击第 20 帧，在绘图工具栏中选择选择工具，将圆形移动到场景中位图的左上角，如图 12-34 所示。

（11）　单击第 40 帧，将圆形移动到场景中位图的右上角，如图 12-35 所示。

图 12-34　移动圆

图 12-35　更改圆的位置

（12）　在"图层 2"上的第 1 帧~第 20 帧之间单击鼠标，选择"插入"|"时间轴"|"传统补间"命令，创建从第 1 帧到第 20 帧的传统补间动画。

（13）　用同样的方法，创建第 21 帧到第 40 帧和第 41 帧到第 60 帧的传统补间动画，这时的时间轴如图 12-36 所示。

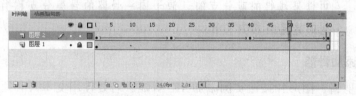

图 12-36　在"图层 2"中创建动画效果

（14）　在时间轴上右击图层 2，从弹出的快捷菜单中选择"遮罩层"命令。

（15）　选择"控制"|"测试影片"命令，测试动画效果。

12.5.2　设置和取消被遮掩层

与运动引导层一样，遮罩层也可以与任意多个被遮掩层相连接。仅有那些与遮罩层相连接的图层会受其影响，而与其他图层无关。

常规图层和遮罩层是相互关联的，被关联的常规图层位于遮罩层下面。Flash 提供了以下 3 种使常规图层和遮罩层相关联的方法。

（1）　在时间轴中把已经存在的常规图层拖动到遮罩层下面。被遮掩的图层会向右缩进，表示被遮掩。

（2）　选择"修改"|"时间轴"|"图层属性"命令，打开"图层属性"对话框，选择"类型"选项组中的"遮罩层"单选按钮，如图 12-37 所示。

（3）　在遮罩层的下面创建一个新的图层。

如果要取消一个常规图层与遮罩层的关联，可用与上述各方法相反的操作：即在时间轴中把关联的层拖动到遮罩层

图 12-37　指定图层的类型

上面，或者在"图层属性"对话框中选择"类型"选项组中的"一般"选项。

12.6 反向运动

反向运动（IK）是一种使用骨骼的有关节结构对一个对象或彼此相关的一组对象进行动画处理的方法。使用骨骼可以让元件实例和形状对象按照复杂而自然的方式移动，用户只需做很少的设计工作。例如，通过反向运动可以更加轻松地创建人物动画，如胳膊、腿和面部表情。

在 Flash 中可以按两种方式使用 IK：一种是通过添加将每个实例与其他实例连接在一起的骨骼，用关节连接一系列的元件实例；另一种是向形状对象的内部添加骨架。

12.6.1 添加骨骼

可以向单独的元件实例或单个形状的内部添加骨骼。在一个骨骼移动时，与启动运动的骨骼相关的其他连接骨骼也会移动。使用反向运动进行动画处理时，只需指定对象的开始位置和结束位置即可。

 提示：骨骼链称为骨架。在父子层次结构中，骨架中的骨骼彼此相连。骨架可以是线性的或分支的。源于同一骨骼的骨架分支称为同级。骨骼之间的连接点称为关节。

1. 向元件添加骨骼

可以向影片剪辑、图形和按钮实例添加 IK 骨骼。若要使用文本，必须先将其转换为元件。在向元件实例添加骨骼时，会创建一个链接实例链。根据用户的需要，元件实例的链接链可以是一个简单的线性链或分支结构，例如，蛇的特征仅需要线性链，而人体图形则需要包含四肢分支的结构。每个实例只能具有一个骨骼。

要向元件添加骨骼，首先要在舞台上创建元件实例，并按照与添加骨骼之前所需近似的空间配置排列实例。然后，在绘图工具栏中选择骨骼工具 ，用其单击要成为骨架的根部或头部的元件实例，再拖动到单独的元件实例，以将其链接到根实例。在拖动时，将显示骨骼。释放鼠标后，在两个元件实例之间将显示实心的骨骼。在向实例添加骨骼时，Flash 会自动创建一个"骨架"图层，如图 12-38 所示。

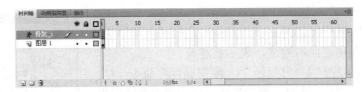

图 12-38　向实例添加骨骼后自动创建的"骨架"图层

默认情况下，Flash 将每个元件实例的变形点移动到由每个骨骼连接构成的连接位置。对于根骨骼，变形点移动到骨骼头部。对于分支中的最后一个骨骼，变形点移动到骨骼的尾部。

若要添加其他骨骼，可从第一个骨骼的尾部拖动到要添加到骨架的下一个元件实例。每个骨骼都具有头部、圆端和尾部（尖端），骨架中的第一个骨骼是根骨骼，它显示为一个圆围绕骨骼头部，如图 12-39 所示。

图 12-39 实例中的骨骼

指针在经过现有骨骼的头部或尾部时会发生改变。为便于将新骨骼的尾部拖到所需的特定位置，可单击绘图工具栏选项区域中的"贴紧至对象"按钮。

用户可按照要创建的父子关系的顺序将对象与骨骼链接在一起。例如，如果要向表示胳膊的一系列影片剪辑添加骨骼，应绘制从肩部到肘部的第一个骨骼、从肘部到手腕的第二个骨骼以及从手腕到手部的第三个骨骼。

骨架可以具有所需数量的分支。若要创建分支骨架，可单击希望分支开始的现有骨骼的头部，然后进行拖动以创建新分支的第一个骨骼。分支只能连接到其根部，而不能连接到其他分支。

创建 IK 骨架后，可以在骨架中拖动骨骼或元件实例，以重新定位实例。拖动骨骼会移动其关联的实例，但不允许它相对于其骨骼旋转。拖动实例允许它移动以及相对于其骨骼旋转。拖动分支中间的实例可导致父级骨骼通过连接旋转而相连。子级骨骼在移动时没有连接旋转。

★例 12.8：用元件拼一个人体图案，然后向其添加骨架，如图 12-40 所示。

（1）选择椭圆工具，在舞台上绘制一个如图 12-41 所示的图案，作为人体的头部。

（2）用选择工具选择所有形状，选择"修改"|"转换为元件"命令，打开"转换为元件"对话框，指定元件的名称为"头"，类型为图形、注册点位于中心位置，然后单击"确定"按钮。

（3）再用椭圆工具绘制一个如图 12-42 所示的椭圆，将其也转换为图形元件，命名为"肢"。

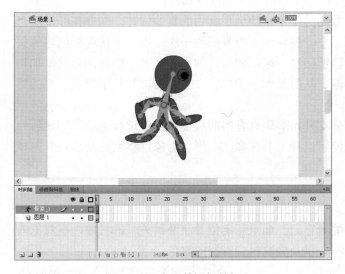

图 12-40 向元件添加骨架

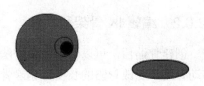

图 12-41 人头图　图 12-42 "肢"元件图

（4）　从库面板中拖出若干个"肢"元件，与舞台上现有的实例组合为一个奔跑的人体图案。

（5）　选择骨骼工具，在人体躯干的形状中单击鼠标，然后向上拖动指针至头部形状中，绘出一根骨骼，如图 12-43 所示。此时 Flash 将自动创建一个"骨架_1"图层。

（6）　从第一个骨骼的头部拖动指针到右上臂的形状内，以创建分支的第 1 个骨骼，如图 12-44 所示。

（7）　从第一个骨骼的尾部拖动指针到右下臂的形状内，如图 12-45 所示。

图 12-43 绘制骨骼	图 12-44　创建分支	图 12-45　分支的第 2 个骨骼

（8）　参照第（6）、（7）步，在左臂和双腿的形状中创建骨骼分支。

2. 向形状添加骨骼

还可以向单个或者一组形状对象添加 IK 骨架。向形状添加骨骼时，可以向单个形状的内部添加多个骨骼。在将骨骼添加到所选内容后，Flash 会将所有的形状和骨骼转换为 IK 形状对象。在某个形状转换为 IK 形状后，将无法再与 IK 形状外的其他形状合并。

要向形状添加骨骼，首先要在舞台上创建填充的形状，并且编辑形状使其尽可能接近其最终形式。然后，在舞台上选择整个形状，再选择骨骼工具，用其在形状内单击鼠标，并拖动到形状内的其他位置。

一个形状变为 IK 形状后，就无法再向其添加新笔触，但仍可向形状的现有笔触添加控制点或从中删除控制点。IK 形状具有自己的注册点、变形点和边框。

若要添加其他骨骼，可从第一个骨骼的尾部拖动到形状内的其他位置。指针在经过现有骨骼的头部或尾部时会发生改变。第二个骨骼将成为根骨骼的子级。用户可按照要创建的父子关系的顺序，将形状的各区域与骨骼链接在一起，例如，如果要向表示胳膊的形状添加骨骼，可绘制从肩部到肘部的第一个骨骼、从肘部到手腕的第二个骨骼以及从手腕到手部的第三个骨骼。

若要创建分支骨架，可单击希望分支开始的现有骨骼的头部，然后进行拖动以创建新分支的第一个骨骼。若要移动骨架，可使用选择工具选择 IK 形状对象，然后拖动任何骨骼以移动它们。

12.6.2　编辑 IK 骨架和对象

创建骨骼后，可以使用多种方法编辑它们，如重新定位骨骼及其关联的对象，在对象内移动骨骼，更改骨骼的长度，删除骨骼，以及编辑包含骨骼的对象。

只能在第一个帧（骨架在时间轴中的显示位置）中仅包含初始姿势的骨架图层中编辑 IK

骨架。在骨架图层的后续帧中重新定位骨架后，即无法对骨骼结构进行更改。若要编辑骨架，应从时间轴中删除位于骨架的第一个帧之后的任何附加姿势。如果只是重新定位骨架以达到动画处理目的，则可以在骨架图层的任何帧中进行位置更改。Flash 将该帧转换为姿势帧。

1. 选择骨骼和关联的对象

可以用下述方法选择骨骼及其关联的对象。选中某个项目后，属性检查器中将显示相应的属性。

（1）选择单个骨骼：使用选择工具单击该骨骼。按住 Shift 键同时单击每个骨骼来选择多个骨骼。

（2）将所选内容移动到相邻骨骼：在属性检查器中单击"上一个同级" 、"下一个同级" 、"父级" 或"子级" 按钮。

（3）选择骨架中的所有骨骼：双击某个骨骼。

（4）选择整个骨架并显示骨架的属性：单击骨架图层中包含骨架的帧。

（5）选择 IK 形状：单击该形状。

（6）选择连接到骨骼的元件实例：单击该实例。

2. 重新定位骨骼和关联的对象

要重新定位骨骼和关联的对象，可根据需要执行以下操作之一。

（1）重新定位线性骨架：拖动骨架中的任何骨骼。如果骨架已连接到元件实例，则也可以拖动实例，这样还可以相对于其骨骼旋转实例。

（2）重新定位骨架的某个分支：拖动该分支中的任何骨骼。该分支中的所有骨骼都将移动，而骨架的其他分支中的骨骼不会移动。

（3）将某个骨骼与其子级骨骼一起旋转而不移动父级骨骼：按住 Shift 键拖动该骨骼。

（4）将某个 IK 形状移动到舞台上的新位置：在属性检查器中选择该形状并更改其 X 和 Y 属性。

3. 删除骨骼

要删除骨骼，可根据需要执行以下操作之一。

（1）删除某个骨骼及其所有子级：单击该骨骼并按 Delete 键。

（2）从某个 IK 形状或元件骨架中删除所有骨骼：选择该形状或该骨架中的任何元件实例，然后选择"修改"|"分离"命令。IK 形状将还原为正常形状。

4. 相对于关联的形状或元件移动骨骼

执行以下操作之一可相对于关联的形状或元件移动骨骼。

（1）移动 IK 形状内骨骼任一端的位置：使用部分选取工具拖动骨骼的一端。

图 12-46　"变形"面板

（2）移动元件实例内骨骼连接、头部或尾部的位置：选择"窗口"|"变形"命令，显示如图 12-46 所示的"变形"面板，移动实例的变形点。骨骼将随变形点移动。

（3）移动单个元件实例而不移动任何其他链接的实例：按住 Alt 键拖动该实例，或者使用任意变形工具拖动它。连接到实例的骨骼将变长或变短，以适应实例的新位置。

5. 编辑 IK 形状

可以使用部分选取工具在 IK 形状中添加、删除和编辑轮廓的控制点。选择部分选取工具后，可根据需要执行以下操作之一。

（1）　移动骨骼的位置而不更改 IK 形状：拖动骨骼的端点。

（2）　显示 IK 形状边界的控制点：单击形状的笔触。

（3）　移动控制点：拖动该控制点。

（4）　添加新的控制点：单击笔触上没有任何控制点的部分。

（5）　删除现有的控制点：通过单击鼠标选择要删除的控制点，然后按 Delete 键。

12.6.3　将骨骼绑定到形状点

默认情况下，形状的控制点连接到离它们最近的骨骼。使用绑定工具可以编辑单个骨骼和形状控制点之间的连接。这样，就可以控制在每个骨骼移动时笔触扭曲的方式，以获得更满意的结果。可以将多个控制点绑定到一个骨骼，以及将多个骨骼绑定到一个控制点。

绑定工具和骨骼工具集成在一个按钮组中，在绘图工具栏中的"骨骼工具"按钮上单击鼠标，从弹出的菜单中选择"绑定工具"命令，即可选择绑定工具。使用绑定工具单击控制点或骨骼，将显示骨骼和控制点之间的连接，如图 12-47 所示。

可以按以下各种方式更改连接。

（1）　加亮显示已连接到骨骼的控制点：用绑定工具单击该骨骼。已连接的点以黄色加亮显示，选定的骨骼以红色加亮显示。仅连接到一个骨骼的控制点显示为方形。连接到多个骨骼的控制点显示为三角形。

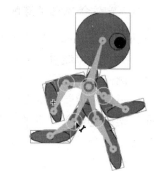

图 12-47　显示骨骼和控制点之间的连接

（2）　向选定的骨骼添加控制点：按住 Shift 键单击未加亮显示的控制点。也可以通过按住 Shift 键拖动鼠标来选择要添加到选定骨骼的多个控制点。

（3）　从骨骼中删除控制点：按住 Ctrl 键单击以黄色加亮显示的控制点。也可以通过按住 Ctrl 键拖动鼠标来删除选定骨骼中的多个控制点。

（4）　加亮显示已连接到控制点的骨骼：用绑定工具单击该控制点。

（5）　向选定的控制点添加其他骨骼:按住 Shift 键单击骨骼。

（6）　从选定的控制点中删除骨骼：按住 Ctrl 键单击以黄色加亮显示的骨骼。

12.6.4　调整 IK 运动约束

若要创建 IK 骨架的更多逼真运动，可以控制特定骨骼的运动自由度。例如，可以约束作为胳膊一部分的两个骨骼，以便肘部无法按错误的方向弯曲。

默认情况下，创建骨骼时会为每个 IK 骨骼分配固定的长度。骨骼可以围绕其父连接以及沿 x 和 y 轴旋转，但是它们无法以要求更改其父级骨骼长度的方式移动。可以启用、禁用和约束骨骼的旋转及其沿 x 或 y 轴的运动。默认情况下，启用骨骼旋转，而禁用 x 和 y 轴运动。启用 x 或 y 轴运动时，骨骼可以不限度数地沿 x 或 y 轴移动，而且父级骨骼的长度将随之改变以适应运动。也可以限制骨骼的运动速度，在骨骼中创建粗细效果。

用选择工具选定一个或多个骨骼时，属性检查器中会显示 IK 骨骼相关属性，如图 12-48 所示。在 IK 骨骼的属性检查器中可以设置以下属性。

（1）使选定的骨骼可以沿 x 或 y 轴移动并更改其父级骨骼的长度：在属性检查器的"联接：X 平移"或"联接：Y 平移"栏下选中"启用"复选框。启用了 X 平移功能后，将显示一个垂直于连接上骨骼的双向箭头，指示已启用 x 轴运动。启用了 Y 平移功能后，将显示一个平行于连接上骨骼的双向箭头，指示已启用 y 轴运动。如果对骨骼同时启用了 X 平移和 Y 平移，则对该骨骼禁用旋转时定位它更为容易。

图 12-48　IK 骨骼的属性检查器

（2）限制沿 x 或 y 轴启用的运动量：在属性检查器的"联接：X 平移"或"联接：Y 平移"栏下选中"约束"复选框，然后输入骨骼可以行进的最小距离和最大距离。

（3）禁用选定骨骼绕联接的旋转：在属性检查器的"联接：旋转"栏下取消选中"启用"复选框。默认情况下此复选框是选中的。

（4）约束骨骼的旋转：在属性检查器的"联接：旋转"栏下选中"约束"复选框，并输入旋转的最小度数和最大度数。旋转度数是相对于父级骨骼而言的。启用此功能后，在骨骼联接的顶部将显示一个指示旋转自由度的弧形。

（5）使选定的骨骼相对于其父级骨骼是固定的：禁用旋转以及 x 和 y 轴平移。此时骨骼将变得不能弯曲，并跟随其父级运动。

（6）限制选定骨骼的运动速度：在属性检查器的"速度"字段中输入一个值。连接速度为骨骼提供了粗细效果。最大值 100%，表示对速度没有限制。

12.6.5　对骨架进行动画处理

对 IK 骨架进行动画处理的方式与 Flash 中的其他对象不同。对于骨架，只需向骨架图层添加帧并在舞台上重新定位骨架即可创建关键帧。骨架图层中的关键帧称为姿势。由于 IK 骨架通常用于动画目的，因此每个骨架图层都自动充当补间图层。但是，IK 骨架图层不同于补间图层，因为无法在骨架图层中对除骨骼位置以外的属性进行补间。若要对 IK 对象的其他属性（如位置、变形、色彩效果或滤镜）进行补间，应将骨架及其关联的对象包含在影片剪辑或图形元件中，然后使用"插入" | "补间动画"命令和"动画编辑器"面板对元件的属性进行动画处理。

也可以在运行时使用 ActionScript 3.0 对 IK 骨架进行动画处理。如果计划使用 ActionScript 对骨架进行动画处理，则无法在时间轴中对其进行动画处理。骨架在骨架图层中只能具有一个姿势，且该姿势必须位于骨架图层中显示该骨架的第一个帧中。

1.　在时间轴中对骨架进行动画处理

IK 骨架存在于时间轴中的骨架图层上。若要在时间轴中对骨架进行动画处理，可通过右击骨架图层中的帧，从弹出的快捷菜单中选择"插入姿势"命令来插入姿势。使用选择工具可以更改骨架的配置。Flash 将在姿势之间的帧中自动内插骨骼的位置。

在时间轴中对骨架进行动画处理的具体方法是：在时间轴中右击骨架图层中任何现有帧右侧的帧，从弹出的快捷菜单中选择"插入帧"命令，以添加帧，为要创建的动画留出空间，然后根据需要执行以下操作之一，以向骨架图层中的帧添加姿势。

（1）将播放头放在要添加姿势的帧上，然后在舞台上重新定位骨架。

（2）右击骨架图层中的帧，从弹出的快捷菜单中选择"插入姿势"命令。

（3）将播放头放在要添加姿势的帧上，然后按 F6 键。

执行上述操作后，Flash 将向当前帧中的骨架图层插入姿势。帧中的菱形姿势标记指示新姿势，如图 12-49 所示。

图 12-49　向骨架图层中插入姿势

在新的姿势帧中对骨架进行编辑，以得到新的姿势。如果要在时间轴中更改动画的长度，可将姿势图层的最后一个帧向右或向左拖动，以添加或删除帧。Flash 将依照图层持续时间更改的比例重新定位姿势帧，并在中间重新内插帧。完成后，用户可通过使用"控制"|"测试影片"命令来预览动画。

★例 12.9：在时间轴中为在例 12.8 中添加的骨架进行动画处理。

（1）打开上例创建的文档，在时间轴面板上选择骨架图层。

（2）右击"骨架_1"图层的第 20 帧，从弹出的快捷菜单中选择"插入帧"命令，以添加帧。

（3）在第 20 帧上用选择工具拖动骨架中的骨骼，以调整人物图案的姿势，如图 12-50 所示。

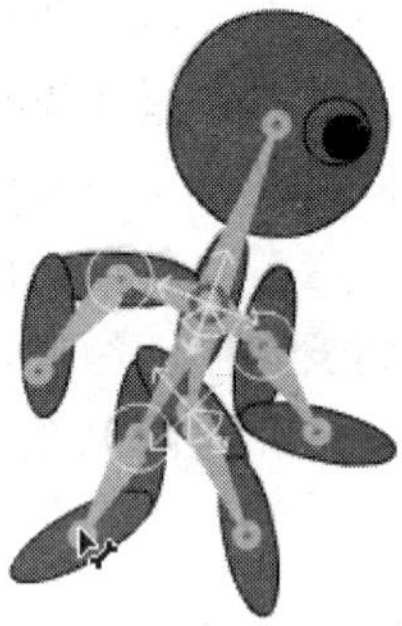

（4）右击"骨架_1"图层的第 40 帧，用"插入帧"命令添加帧，并再次调整人物图案的姿势。

图 12-50　调整骨架姿势

（5）选择"控制"|"测试影片"命令，预览动画效果。

2.　将骨架转换为影片剪辑或图形元件以实现其他补间效果

若要将补间效果应用于除骨骼位置之外的 IK 对象属性，该对象必须包含在影片剪辑或图形元件中。

要在时间轴上将 IK 骨架包含在影片剪辑或图形元件中，首先要选择 IK 骨架及其所有的关联对象。若要选择 IK 形状，只需单击该形状即可；若要选择链接的元件实例集，则可在时间轴中单击骨骼图层，或者围绕舞台上所有的链接元件拖动一个选取框。

选择了所需内容后，右击它，从弹出的快捷菜单中选择"转换为元件"命令，打开"转换为元件"对话框，指定元件的名称，并将元件类型指定为"影片剪辑"或者"图形"，然后单击"确定"按钮，即可将骨架转换为元件，且该元件自己的时间轴中包含骨架的骨架图层。

此后，用户即可使用该元件应用实例，并向实例添加补间动画效果了。此外，用户还可以将包含 IK 骨架的元件嵌入在所需数量的其他嵌入元件图层中，以创建所需的效果。

3. 使用 ActionScript 3.0 为运行时动画准备骨架

使用 ActionScript 3.0 无法控制连接到图形或按钮元件实例的骨架，但是可以控制连接到形状或影片剪辑实例的 IK 骨架。使用 ActionScript 只能控制具有单个姿势的骨架。具有多个姿势的骨架只能在时间轴中控制。

要使用 ActionScript 3.0 控制连接到形状或影片剪辑实例的 IK 骨架，可先用选择工具选择骨架图层中包含骨架的帧，然后在属性检查器上的"选项"栏中选择"类型"下拉菜单中的"运行时"命令，如图 12-51 所示。

默认情况下，属性检查器中的骨架名称与骨架图层名称相同。在 ActionScript 中使用此名称以指代骨架。可以在属性检查器中更改该名称。

图 12-51　选择"运行时"命令

12.6.6　向 IK 动画添加缓动

使用姿势向 IK 骨架添加动画时，可以调整帧中围绕每个姿势的动画的速度。通过调整速度，可以创建更为逼真的运动。控制姿势帧附近运动的加速度称为缓动。例如，在移动胳膊时，在运动开始和结束时胳膊会加速和减速，通过在时间轴中向 IK 骨架图层添加缓动，可以在每个姿势帧前后使骨架加速或减速。

要向姿势图层中的帧添加缓动，可单击骨架图层中两个姿势帧之间的帧，然后在属性检查器中，从"缓动"栏下的"类型"菜单中选择缓动类型，并为缓动强度输入一个值。默认的缓动强度是 0，即表示无缓动；最大值是 100，表示对下一个姿势帧之前的帧应用最明显的缓动效果；最小值是-100，表示对上一个姿势帧之后的帧应用最明显的缓动效果。

图 12-52　IK 动画的缓动类型

IK 动画的缓动类型包括四个简单缓动和四个停止并启动缓动，如图 12-52 所示。简单缓动将降低紧邻上一个姿势帧之后的帧中运动的加速度或紧邻下一个姿势帧之前的帧中运动的加速度。缓动的 Strength 属性可控制哪些帧将进行缓动以及缓动的影响程度。停止并启动缓动减缓紧邻之前姿势帧后面的帧以及紧邻图层中下一个姿势帧之前的帧中的运动。这两种类型的缓动都具有"慢"、"中"、"快"和"最快"形式，"慢"形式的效果最不明显，而"最快"形式的效果最明显。在使用补间动画时，这些相同的缓动类型在动画编辑器中是可用的。在时间轴中选定补间动画时，可以在动画编辑器中查看每种类型的缓动的曲线。

应用缓动时，它会影响选定帧左侧和右侧的姿势帧之间的帧。如果选择某个姿势帧，则缓动将影响图层中选定的姿势和下一个姿势之间的帧。

12.7　习题

12.7.1　填空题

1. 补间图层中的最小构造块是_____，其中只能包含一个_____。

2. 包含 3D 动画的动画预设只能应用于＿＿＿＿＿＿＿＿＿实例，已补间的 3D 属性不适用于＿＿＿＿＿＿＿＿＿元件，也不适用于＿＿＿＿＿＿＿＿＿。

3. 在 Flash 中最多可以使用＿＿＿＿＿＿＿个形状提示点，用＿＿＿＿＿＿＿＿表示。

4. 要创建逐帧动画，需要将每个帧都定义为＿＿＿＿＿，然后给每个帧＿＿＿＿＿＿＿＿＿。

5. 默认情况下，创建了遮罩层后，图层将会被＿＿＿＿＿＿，因为只有这样才可以显示出遮罩效果。

6. 使用绑定工具可以＿＿＿＿＿＿＿＿＿＿＿＿＿＿＿＿＿。

7. 在 Flash CS4 中可以按两种方式使用 IK：一种是向＿＿＿＿＿＿＿＿添加骨骼；一种是向＿＿＿＿＿＿＿＿＿添加骨架。

12.7.2　选择题

1. 在创建逐帧动画时，要创建绘图纸外观，应在时间轴面板底部单击（　　　）按钮。
　　A.　　　　　　B.　　　　　　C.　　　　　　D.

2. 要使对象沿着一条指定的路径运动，应沿路径创建（　　　）。
　　A. 补间动画　　　B. 传统补间动画　　　C. 逐帧动画　　　D. 遮罩动画

3. 要将绘图纸外观标记锁定在它们在时间轴标题中的当前位置，应在时间轴上的"修改绘图纸标记"按钮弹出菜单中选择（　　　）命令。
　　A. 绘图纸 2　　　B. 绘图纸 5　　　C. 锚记绘图纸　　　D. 始终显示标记

4. 要选择整个骨架并显示骨架的属性，应执行（　　　）操作。
　　A. 使用选择工具单击该骨架　　　　　　B. 双击某个骨骼
　　C. 按住 Shift 键同时单击每个骨骼　　　D. 单击骨架图层中包含骨架的帧

5. 在使用部分选取工具编辑 IK 形状时，若要移动骨骼的位置而不更改 IK 形状，应执行（　　　）操作。
　　A. 拖动骨骼的端点　　　　　　　　　　B. 拖动形状的笔触
　　C. 拖动控制点　　　　　　　　　　　　D. 拖动笔触上没有任何控制点的部分

12.7.3　简答题

1. 在 Flash CS4 中可以创建哪些动画形式？
2. 如何应用动画预设创建补间动画？
3. 传统补间和补间动画有哪些差异？
4. 在补间形状时要想获得最佳效果，应遵循哪些原则？
5. 如何向 IK 动画添加缓动？

12.7.4　上机练习

1. 使用动画预设设计一个补间动画作品。
2. 利用运动引导层创建一个太阳东升西落的传统补间动画。
3. 利用元件组合一个图案并为其创建骨架，然后在时间轴中对骨架进行动画处理。

第 13 章

Flash 按钮和 Flash 文本

教学目标：

Flash 按钮在网页中非常常见，如导航栏中的导航按钮通常用的就是 Flash 按钮。Flash 按钮利用 ActionScript 行为添加动作，当用户对 Flash 按钮执行某一行为时，即可启动相应的动作。Flash 文本也是一种非常有用的元素，在动画作品中常常具有画龙点睛的作用。本章将介绍 Flash 按钮和 Flash 文本这两种元素的制作方法。通过本章的学习，读者将学习和掌握在 Flash CS4 中创建 Flash 按钮和 Flash 文本的操作技巧。

教学重点与难点：

1. 创建 Flash 按钮。
2. 为按钮添加声音。
3. 为按钮添加 ActionScript。
4. 创建和处理 Flash 文本。

13.1 Flash 中的按钮和文本

Flash 按钮和 Flash 文本是两种常见的网页元素，如网页中使用的导航按钮和变色文字，就是利用 Flash 来进行制作的。在网页中使用 Flash 按钮和 Flash 文本可以实现网站与访问者的交互，从而实现在网页中进行跳转。

13.1.1 Flash 按钮

Flash 按钮实际上是一个四帧的交互影片剪辑。当为元件选择按钮行为时，Flash 会创建一个四帧的时间轴。前三帧显示按钮的三种可能状态，第四帧则定义按钮的活动区域。按钮元件时间轴上的每一帧都表示一种状态。这 4 种状态的功能如下。

（1）　第1帧：弹起状态，表示指针没有经过按钮时该按钮的状态。

（2）　第2帧：指针经过状态，表示当指针滑过按钮时，该按钮的外观。

（3）　第3帧：按下状态，表示单击按钮时，该按钮的外观。

（4）　第4帧：点击状态，定义响应鼠标单击的区域。此区域在 SWF 文件中是不可见的。如果没有在"点击"帧指定动作，则显示在"弹起"帧中的对象就作为响应鼠标事件的动作。

如果要使一个按钮具有交互性，可以把该按钮元件的一个实例放在舞台上，然后给该实例指定动作。

 注意：必须将动作指定给文档中按钮的实例，而不是指定给按钮时间轴中的帧。

也可以用影片剪辑元件或按钮组件创建按钮。两类按钮各有所长，应根据需要使用。使用影片剪辑创建按钮时，可以添加更多的帧到按钮或添加更复杂的动画。但是，影片剪辑按钮的文件大小要大于按钮元件。

使用按钮组件允许将按钮绑定到其他组件上，并在应用程序中共享和显示数据。按钮组件还包含预置功能（如辅助支持）并且可以进行自定义。按钮组件包括按钮、RadioButton 和 CheckBox。

13.1.2　Flash 文本

在 Flash CS4 中可以创建三种类型的文本字段：静态文本字段、动态文本字段和输入文本字段。静态文本字段用于显示不会动态更改字符的文本；动态文本字段用于显示动态更新的文本，如体育得分、股票报价或天气报告；输入文本字段则用于使用户将文本输入到表单或调查表中。

在默认情况下，文本是以水平方向创建的。可以通过选择首选参数使垂直文本成为默认方向，并可以设置垂直文本的其他选项（选择"编辑"|"首选参数"命令）。还可以创建动态可滚动文本字段。在创建了文本字段之后，仍然可以使用属性检查器指明要使用哪种类型的文本字段，并可设置某些值来控制文本字段及其内容在 SWF 文件中出现的方式。

选择文本块后，Flash 会在文本块的一角显示一个手柄，用以标识该文本块的类型。

（1）　对于扩展的静态水平文本，会在该文本块的右上角出现一个圆形手柄。

（2）　对于具有定义宽度的静态水平文本，会在该文本块的右上角出现一个方形手柄。

（3）　对于方向为从右到左并且扩展的静态垂直文本，会在该文本块的左下角出现一个圆形手柄。

（4）　对于从右到左方向并且固定高度的静态垂直文本，会在该文本块的左下角出现一个方形手柄。

（5）　对于方向为从左到右并且扩展的静态垂直文本，会在该文本块的右下角出现一个圆形手柄。

（6）　对于从左到右方向并且固定高度的静态垂直文本，会在该文本块的右下角出现一个方形手柄。

（7）　对于动态或输入文本，会在该文本块的右下角出现一个方形手柄。

（8） 对于动态可滚动文本块，圆形或方形手柄会成为实心黑块而不是空心手柄。

图 13-1 所示的是以上 8 种文本块类型在编辑模式下的显示状态。

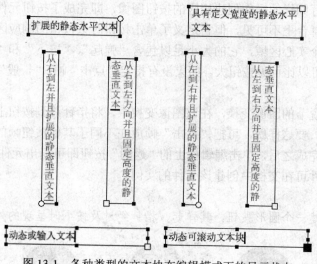

图 13-1　各种类型的文本块在编辑模式下的显示状态

13.2　创建按钮动画特效

可以在按钮中使用图形元件或影片剪辑元件，但不能在按钮中使用另一个按钮。如果要把按钮制成动画按钮，可使用影片剪辑元件。

13.2.1　创建按钮

要创建按钮元件，应确保没有选择舞台上的任何内容，然后选择"插入"|"新建元件"命令，打开"创建新元件"对话框，在"名称"文本框中输入新按钮元件的名称，并在"类型"选项组中单击"按钮"单选按钮，如图 13-2 所示。单击"确定"按钮后，即可切换到元件编辑模式，同时时间轴的标题会变为显示 4 个标签（分别为"弹起"、"指针经过"、"按下"和"点击"）的连续帧，其中第 1 帧（"弹起"）为空白关键帧，如图 13-3 所示。

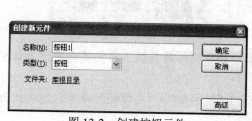

图 13-2　创建按钮元件

图 13-3　按钮的编辑模式

通过使用绘画工具、导入一幅图形或者在舞台上放置另一个元件的实例以创建一个"弹

起"状态的按钮图像。然后，单击标示为"指针经过"的第2帧，选择"插入"|"时间轴"|"关键帧"命令，使其成为一个关键帧，并将按钮图像更改为"指针经过"状态。为"按下"帧和"点击"帧执行同样的操作创建相应的按钮图像，即完成了按钮元件的基本制作。

"点击"帧在舞台上不可见，但它定义了单击按钮时该按钮的响应区域。必须确保"点击"帧的图形是一个实心区域，它的大小足以包含"弹起"、"按下"和"指针经过"帧的所有图形元素。它也可以比可见按钮大。如果没有指定"点击"帧，"一般"状态的图像会被用作"点击"帧。

可以创建一个脱节的图像变换，在该图像变换中，将指针移到按钮上将导致舞台上的另一个图形发生变化。要这样做，可把"点击"帧放在不同于其他按钮帧的位置上。

按钮完全制作完成之后，单击编辑栏上的"返回"按钮即可退出元件编辑模式。从"库"面板中拖出按钮元件可在文档中创建该元件的实例。

★例 13.1：创建一个圆形按钮，其弹起、指针经过及按下时呈现的外观如图 13-4 所示。

弹起状态　　　　　指针经过状态　　　　　按下状态

图 13-4　圆形按钮在各种状态下呈现的外观

（1）新建一个 Flash 文档，选择"插入"|"新建元件"命令，打开"创建新元件"对话框，指定按钮的名称和类型，如图 13-5 所示。

（2）单击"确定"按钮，进入按钮元件编辑模式。

（3）选择"视图"|"网格"|"显示网格"命令，在舞台上显示网格。

（4）选择"视图"|"贴紧"|"贴紧至网格"命令，打开贴紧网格功能。

（5）单击时间轴窗口中的"弹起"帧，然后选择椭圆工具，设置其笔触颜色为黑色，填充颜色为黑红渐变色（位于"填充颜色"调色板的底部），如图 13-6 所示。

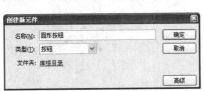

图 13-5　指定按钮的名称及类型

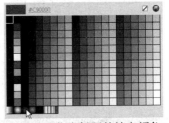

图 13-6　指定椭圆的填充颜色

（6）以按钮注册点为中心，绘制一个正圆形，然后使用颜料桶工具使填充变形为如图 13-7 所示的状态。

（7）单击"指针经过"帧，然后选择"插入"|"时间轴"|"关键帧"命令，使之成为关键帧。

（8）将圆形的填充色更改为黑白渐变。

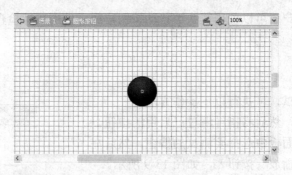

图 13-7 制作"弹起"帧的按钮外观

（9） 单击"按下"帧，选择"插入"|"时间轴"|"关键帧"命令。

（10） 将圆形的填充色改回黑红渐变色，并更改渐变中心的位置。

（11） 单击编辑栏上的"返回"按钮，退出元件编辑模式。

（12） 选择"窗口"|"库"命令，显示"库"面板，选中制作的"圆形按钮"元件，将其从预览窗口中拖放到舞台中，以创建该按钮元件的实例。

（13） 选择"视图"|"网格"|"显示网格"命令，隐藏网格。

（14） 选择"控制"|"测试影片"命令，打开测试窗口，用鼠标指针在按钮上移过，单击鼠标，以测试按钮动画。

13.2.2 启用和禁用按钮

默认情况下，Flash 在用户创建按钮时会将它们保持在禁用状态，以便用户更容易选择和处理这些按钮。当按钮处于启用状态时，它会响应用户已指定的鼠标事件，就如同 SWF 文件正在播放时一样。可以在工作时禁用按钮，然后启用按钮以便快速测试其行为。

要启用或禁用按钮，只需选择"控制"|"启用简单按钮"命令即可。在按钮的启用状态下，舞台上的任何按钮现在都会做出反应，即当指针滑过按钮时，Flash 会显示"指针经过"帧；而当单击按钮的活动区域时，Flash 会显示"按下"帧。图 13-8 所示的是在"启动简单按钮"模式下将指针指向按钮的显示状态。

图 13-8 在"启动简单按钮"模式下将指针指向按钮

13.2.3 编辑按钮

当按钮处于禁用状态时，单击该按钮就可以选择它。如果是在按钮的启用状态下，则可通过使用选取工具围绕按钮拖出一个矩形选择区域来选择按钮。

选择按钮后，用户就可以使用箭头键移动按钮，或者使用属性检查器更改按钮的色彩、大小、位置等属性。

13.2.4 测试按钮

要对按钮进行测试，可执行以下操作方法之一。

（1）启用按钮，然后将指针滑过已启用的按钮。

（2）在"库"面板中选择要测试的按钮，然后在库预览窗口内单击"播放"按钮，如图 13-9 所示。

（3）选择"控制"|"测试场景"或"控制"|"测试影片"命令。

在 Flash 创作环境中，按钮中的影片剪辑不会显示。

图 13-9 在"库"面板中测试按钮

13.3 为按钮添加声音

Flash CS4 提供多种使用声音的方式，既可以使声音独立于时间轴连续播放，也可以使用时间轴将动画与音轨保持同步。向按钮添加声音则可以使按钮具有更强的互动性，通过声音淡入淡出还可以使音轨更加优美。

13.3.1 声音的类型

Flash 中有两种声音类型：事件声音和音频流。导入到 Flash 的声音只是拷贝原始声音将其保存在 Flash 库中。该声音可在动画某位置用作事件声音，也可以在其他位置处被用作音频流。

1. 事件声音

事件声音必须完全下载后才能开始播放，除非添加了停止指令才会停止播放，否则将一直连续播放。可以将事件声音作为动画中的循环音乐，放在任意一个希望从开始播放到结束而不被中断的地方，如背景音乐。也可以把事件声音作为激发某个对象时发出的声音，例如单击按钮时的声音。

对于事件声音，要注意以下几个方面。

（1）由于事件声音只有完全下载后才能播放，所以插入的声音文件最好不要太大。

（2）已经下载的声音文件，再次使用时无需重新下载。

（3）在任何情况下事件声音都会从开始播放到结束。

（4）事件声音无论长短，插入时间轴都只占用一个帧。

2. 音频流

音频流在前几帧下载了足够的数据后就开始播放，为了便于在网站上播放，要求音频流必须与时间同步。用户可以把音频流用于音轨或声轨中，以便声音与影片中的可视元素同步，也可以把它作为只使用一次的声音。

运用音频流，要注意以下几个方面。

（1）可以把音频流与影片中的可视元素同步。

（2）即使它是一个很长的声音，也只需下载很小一部分声音文件即可开始播放。

（3）音频流只在时间轴上它所在的帧中播放。

13.3.2　将声音导入到库中

与位图一样，导入到 Flash 中的声音会保存在库中，应用库中的声音文件，用户可以在 Flash 任意位置多次使用。导入到库中的声音最初并不显示在时间轴上。

要向 Flash 中导入声音，可选择"文件"｜"导入"｜"导入到库"命令，打开"导入到库"对话框，从中选择声音文件。

导入的声音加载到库窗口中后，在文件列表中选择导入的声音文件，预览窗口中即会显示声音文件的部分声波，单击"播放"按钮可收听播放的声音，如图 13-10 所示。

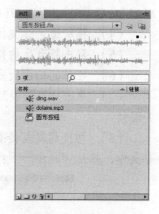

图 13-10　声音加载到库中

13.3.3　给按钮添加声音

用户可以将声音和按钮元件的四种状态关联起来，即为按钮"弹起"、"指针经过"、"按下"或"点击"这 4 种不同状态添加声音。

向按钮添加声音，应先进入按钮编辑状态，新建一个专门用来添加声音的新层，然后在要添加声音的状态帧中添加关键帧，例如要为单击按钮时添加单击声，应在"点击"帧创建关键帧。之后，选择已创建的关键帧，从"属性"面板"声音"下拉列表框中选择导入的声音文件，从"同步"下拉列表框中选择"事件"选项，即可为按钮添加声音。

提示：如果要将不同的声音和按钮的每个关键帧关联在一起，应创建一个空白的关键帧，然后给每个关键帧添加其他声音文件。也可以使用同一个声音文件，然后为按钮的每一个关键帧应用不同的声音效果。

★例 13.2：为例 13.1 中创建的按钮添加声音。

（1）打开上例创建的文件，选择"文件"｜"导入"｜"导入到库"命令，打开"导入到库"对话框，选择"ding.wav"声音文件，如图 13–11 所示。

13-11　选择声音文件

（2）单击"打开"按钮，将所选声音文件导入到库中。

（3）选择"窗口"|"公用库"|"声音"命令，显示声音库面板，在资源列表中选择"Weapon Machine Gun World War II Historical Single Shot 01.mp3"声音文件，如图 13-12 所示。

（4）将所选声音文件拖动到当前文档的库面板中，然后关闭声音库面板。

（5）双击舞台上的按钮实例，进入元件编辑状态。

（6）在时间轴面板底部单击"新建图层"按钮，创建"图层 2"。

（7）单击"指针经过"帧，选择"插入时间轴"|"空白关键帧"命令，插入一个空白关键帧。

（8）切换到属性检查器，从"声音"栏下的"名称"下拉菜单中选择"ding.wav"声音文件，并从"同步"下拉菜单中选择"事件"命令，如图 13-13 所示。

图 13-12　在声音库面板中选择声音　　　　　图 13-13　设置声音属性

（9）单击"单击"帧，插入一个空白关键帧，然后在属性检查器"声音"栏下的"名称"下拉菜单中选择"Weapon Machine Gun World War II Historical Single Shot 01.mp3"声音文件，并从"同步"下拉菜单中选择"事件"命令。

13.4　为按钮添加 ActionScript

使用 ActionScript 可以在运行时控制声音，如 FLA 文件中创建交互和其他功能。仅使用时间轴是不能创建这些功能的。

行为是预先编写的 ActionScript 脚本，可以将它们应用于对象（如按钮）以便控制目标对象（如声音）。通过使用声音行为（预先编写的 ActionScript 2.0）可以将声音添加至文档并控制声音的回放。

注意：ActionScript 3.0 和 Flash Lite 1.x 及 Flash Lite 2.x 不支持行为。

13.4.1　关于行为

每个行为都包含一组简单的指令，用以定义事件、目标和动作。例如，用户通过鼠标单击来开始播放动画，鼠标单击是触发动作的事件，而目标是动画，事件所触发的动作则是开始播放动画。

（1）事件。

事件是 SWF 文件播放时发生的动作。例如，鼠标单击或按键盘键之类的事件称作用户事件，因为它是由于用户直接操作而发生的。Flash Player 自动生成的事件（例如影片剪辑在舞台上第一次出现）称作系统事件，因为它不是由用户直接生成的。

通常，在添加交互动作时，首先需要定义的就是事件。Flash 8 中的事件可以划分为鼠标事件、键盘事件、剪辑事件和帧事件 4 类。

（2）目标。

事件控制当前影片及其时间轴、其他影片及其时间轴（例如影片剪辑实例）和外部应用程序（例如浏览器）3 个主要目标，可以用这些目标创建交互行为。

在当前影片中，如果将某个鼠标事件分配给某个按钮，而该事件影响包含此按钮的影片或时间轴，那么目标便是当前影片。外部目标有 3 个动作可以引用外部源：getURL, fscommand 和 load/unload Movie。这 3 个动作都需要外部应用程序的帮助。这些动作的目标可以是 Web 浏览器、Flash 投影程序、Web 服务器或其他应用程序。

（3）动作。

动作是组成交互作用的最后一个部分，用于引导影片（或外部应用程序）执行任务。在"动作"面板中单击"将新项目添加到脚本中"按钮，弹出的下拉菜单中的"全局函数"子菜单中将显示一组可用动作。

13.4.2　添加和配置行为

要为对象添加行为，首先要确保正在工作的 FLA 文件中的 ActionScript 发布设置设定为 ActionScript 2.0 或更早版本，然后在文档中选择一个触发对象（如影片剪辑或按钮），选择"窗口" | "行为"命令，打开如图 13-14 所示的"行为"面板，单击"添加行为"按钮 ，从弹出菜单中选择一种行为，该行为即添加到了对象中，并显示在"动作"面板中，如图 13-15 所示。

图 13-14　"行为"面板　　　　　图 13-15　"动作"面板中的行为脚本

13.4.3　使用行为将声音载入文件

使用"从库加载声音"或"加载流式 MP3 文件"行为可以将声音添加到文档。

要从资源库中加载声音，可先选择要用于触发行为的对象（如按钮），然后在"行为"面板中单击"添加行为"按钮，从弹出菜单中选择"声音"|"从库加载声音"命令，打开"从库加载声音"对话框，进行所需设置，如图 13-16 所示。

"从库加载声音"对话框各选项说明如下。

（1）"键入库中要播放的声音的链接"：用于输入"库"中声音的链接标识符。

（2）"为此声音实例键入一个名称，以便以后引用"：用于输入该声音实例的名称。

（3）"加载完成后播放此声音文件"：选择此复选框可在声音文件加载完成后即时播放此声音文件。

设置完毕，单击"确定"按钮，此动作即会显示到"行为"面板中，并赋予一个默认事件"释放时"。单击"释放时"事件名称，从弹出的下拉菜单中选择一个所需的鼠标事件，如图 13-17 所示。此后，当用户执行所指定的事件时，即会触发相应的动作。

图 13-16　"从库加载声音"对话框

图 13-17　指定事件

若要加载流式 MP3 文件，可在选择用于触发行为的对象后，在"行为"面板上单击"添加行为"按钮，从弹出菜单中选择"声音"|"加载 MP3 流文件"命令，打开"加载 MP3 流文件"对话框，如图 13-18 所示。在此对话框中加载所需的 MP3 流文件后为其指定事件即可。

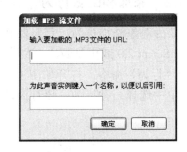

13.4.4　使用行为播放和停止声音

图 13-18　"加载 MP3 流文件"对话框

"播放声音"、"停止声音"和"停止所有声音"行为可以控制声音回放。要使用这些行为，必须首先用其中一种"加载"行为加载声音。要使用行为播放或停止声音，可以使用"行为"面板将该行为应用于触发对象上（如按钮）。用户需要指定触发行为的事件（如单击按钮），选择目标对象（行为将影响的声音），并选择行为参数设置以指定将如何执行行为。

1.　使用行为播放声音

要使用行为播放声音，应先选择要用于触发播放声音行为的对象，然后在"行为"面板中单击"添加行为"按钮，从弹出菜单中选择"声音"|"播放声音"命令，打开如图 13-19 所示的"播放声音"对话框，在文本框中键入要播放的声音的实例名称，并单击"确定"按钮。然后，在"行为"面板的"事件"栏中单击"释放时"事件，从打开的下拉菜单中选择所需事件即可。

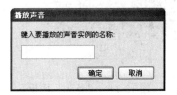

图 13-19　"播放声音"对话框

2. 使用行为停止声音

若要用行为停止声音，应先选择用于触发"播放声音"行为的对象。然后在"行为"面板中单击"添加行为"按钮，从弹出菜单中选择"声音"|"停止声音"命令，打开"停止声音"对话框，如图 13-20 所示。在两个文本框中分别输入链接标识符和要停止的声音的实例名称，并单击"确定"按钮。然后在"行为"面板的"事件"栏中单击"释放时"事件，从下拉菜单中选择所需事件即可。

上述介绍的方法是用行为停止单个声音的操作方法。也可以用一个行为停止所有的声音，操作方法为：选择要用于触发行为的对象，单击"行为"面板中的"添加行为"按钮，从弹出的菜单中选择"声音"|"停止所有声音"命令，打开"停止所有声音"对话框，如图 13-21 所示。单击"确定"按钮，确认要停止所有声音，然后在"行为"面板中的"事件"栏中指定所需事件即可。

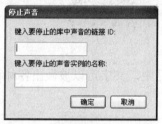

图 13-20 "停止声音"对话框

图 13-21 "停止所有声音"对话框

★例 13.3：将一首"youandme.mp3"音乐以 MP3 流音乐的形式载入至例 13.1 创建的按钮，并设置在用户"按下"按钮时载入此 MP3 音乐（不播放），按下 T 键时播放此 MP3 音乐。

（1）将"you and me.mp3"音乐文件与例 13.1 创建的动画文件存放在同一文件夹中，并打开该动画文件。

（2）选择"窗口"|"行为"命令，显示"行为"面板。

（3）在舞台上选择圆形按钮元件实例，然后在"行为"面板中单击"添加行为"按钮，从弹出菜单中选择"声音"|"加载 MP3 流文件"命令，打开"加载 MP3 流文件"对话框。

（4）在"输入要加载的.MP3 文件的 URL"文本框中输入"youandme.mp3"，在"为此声音实例键入一个名称，以便以后引用"文本框中输入"youandme"，如图 13-22 所示。设置完毕单击"确定"按钮。

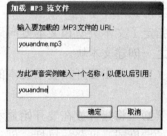

图 13-22 "加载 MP3 流文件"对话框

（5）打开"事件"下拉列表框，从中选择"按下时"选项。

（6）单击"添加行为"按钮，从弹出的下拉菜单中选择"声音"|"播放声音"命令，打开"播放声音"对话框。

（7）在"键入要播放的声音实例的名称"文本框中输入"youandme"，如图 13-23 所示。设置完毕单击"确定"按钮。

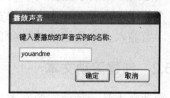

图 13-23 "播放声音"对话框

（8） 打开"事件"下拉列表框，从中选择"按键时"选项，打开"按键"对话框，按下 T 键，文本框中自动显示 t 字母，如图 13-24 所示。

（9） 单击"确定"按钮。"行为"面板中显示用户设置的事件和动作，如图 13-25 所示。

图 13-24 "按键"对话框

图 13-25 "行为"面板

13.5 创建和处理 Flash 文本

文本是 Flash 动画中不可缺少的一部分，在动画作品中，文字可以被做出各种特效，在 Flash 中还可以被激活并且交互。

13.5.1 创建和编辑文本字段

要创建文本字段，首先要选择"文本工具" $\boxed{\text{T}}$ ，然后在属性检查器的"文本类型"下拉列表框中选择文本字段的类型，如图 13-26 所示。

如果创建的是静态文本，还可在属性检查器的"段落"栏中单击"方向"按钮 ，从弹出菜单中选择所需的文本方向。如果文本为动态或输入文本，则垂直文本的布局选项会被禁用，因为只有静态文本才能具有垂直方向。

指定了文本类型和文本方向后，用户可以执行以下操作之一创建文本块。

（1） 单击要开始显示文本的位置，创建单行文本框。

（2） 将指针放在要开始显示文本的位置拖动，到所需的宽度或高度释放鼠标，创建定宽（适用于水平文本）或定高（适用于垂直文本）的文本框。

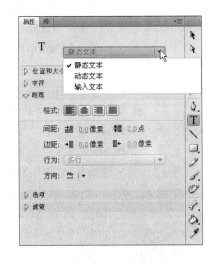

图 13-26 选择文本字段的类型

在单行文本框中，文本框的宽度会随着输入文本的增多而进行扩展；而定宽或定高文本框中，当输入文本到边框处时会自动折行。

13.5.2 创建滚动文本

滚动文本是一种动态的文本效果，它的含义是在固定大小的文本块中放置超出文本块容量的文本内容，从而使文本内容在有限的范围内依次滚动出现。

要使文本块可以滚动，首先要创建一个动态文本块，然后再将其设置为动态滚动文本块。设置文本块滚动的方法有以下 3 种。

（1）　按住 Shift 键，同时双击动态文本块右下角的方形手柄口。

（2）　用选择工具选择动态文本块，然后选择"文本"|"可滚动"命令。

（3）　右击动态文本块，从弹出的快捷菜单中选择"可滚动"命令。

★例 13.4：创建一个动态滚动文本块。

（1）　选择文本工具，光标变为十状。

（2）　在属性检查器上的"文本类型"下拉菜单中选择"动态文本"选项。

（3）　在舞台上拖动绘制一个定宽文本框。

（4）　选择"文本"|"可滚动"命令。

（5）　在文本框中输入"欢迎光临"。文本块右下角显示的黑色实心方块，表示当前文本块为动态滚动文本块，如图 13-27 所示。

图 13-27　动态可滚动文本块

13.5.3　编辑和处理文本对象

可以使用最常用的字处理技术编辑 Flash 中的文本，如使用"剪切"、"复制"和"粘贴"命令在 Flash 文件内部以及在 Flash 和其他应用程序之间移动文本，或者对文本进行变形、更改属性等处理。对于水平文本，还可以将其链接到 URL。

1.　选择文本

在编辑文本或更改文本属性时，必须先选择要更改的字符。可以在文本块内选择部分字符，也可以选择一个或多个文本块。

要在文本块内选择字符，首先要选择文本工具，然后执行以下操作之一，即可选择所需字符。

（1）　选择字符：在欲选字符上拖动鼠标。

（2）　选择一个单词：在该单词上双击鼠标。

（3）　选择字符串：单击欲选字符串的开始字符，然后按住 Shift 键单击欲选字符串的结束字符。

（4）　选择文本块中的所有文本：按 Ctrl+A 组合键。

在文本块内选择部分字符时，这些字符会以反色显示，如图 13-28 所示。

若要选择文本块，则要先选择选择工具，然后单击文本块。如果要同时选择多个文本块，可在按住 Shift 键的同时单击每个需选择的文本块。选中的文本块会显示一个蓝色选择框，如图 13-29 所示。

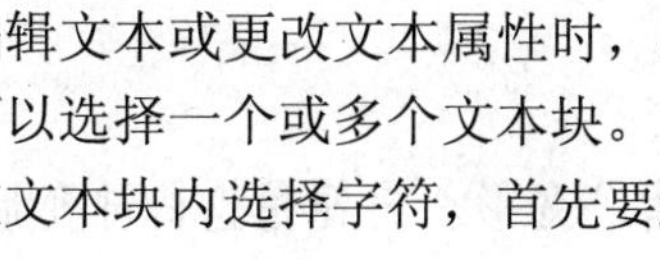

图 13-28　选择文本块中的字符

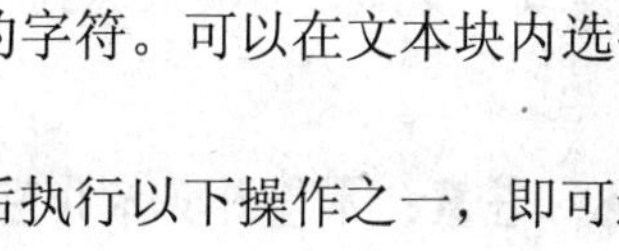

图 13-29　选择文本块

2.　编辑文本块

选择要编辑的文本块后，可以像对图形对象一样对其进行移动、复制、旋转或对齐等操作。此外，选择文本对象后，还可以使用"文本"菜单中的命令或者属性检查器中的选项来更改文本的字体、字号、颜色、字间距等属性。

Flash CS4 提供了相当丰富的字体库，包括中文、英文、日文和韩文多种语言的字体，可以极大地满足用户的不同需求。

3. 编辑文本块中的字符

要编辑文本块中字符，应先用文本工具单击文本对象，使其进入文本编辑状态，然后执行以下任意操作。

（1）在字符之间单击鼠标，放置插入点，然后按 Delete 键删除前一个字符或者按 Back Space 键删除后一个字符。

（2）选择要编辑的字母、单词或段落，改变其属性（如改变字体、字号和颜色等）。

（3）选择文本，使用剪切、复制和粘贴命令移动或复制文本。

编辑完毕，单击文本块之外任意点即可退出文本编辑状态。

13.5.4　文本变形

对于整个文本块可以同对象一样对其进行任意变形处理，以获得有趣的效果，例如可以通过翻转文本块得到反写文字，或者倾斜文本块等。当将整个文本块当作对象进行缩放时，其中字符的磅值增减不会反映在属性检查器中。对文本块进行变形之后，仍然可以编辑其中的字符。

对文本块进行变形的操作与对其他对象进行变形的方式一样，也可以使用菜单命令、任意变形工具或"变形"面板来达到目的。

 注意：不能对文本块应用"扭曲"和"封套"变形。要使用这两种变形操作，需将文本块先转换成图形对象（见"分离文本"）。

13.5.5　分离文本

通过分离文本可以将每个字符放在单独的文本字段中，然后，用户即可快速将文本字段分布到不同的图层，并使每个字段具有动画效果。或者，用户也可以将文本转换为组成它的线条和填充，以便对它执行改变形状、擦除等操作。如同其他任何形状一样，用户可以单独将这些转换后的字符分组，或者将它们更改为元件并制作动画效果。将文本转换为线条和填充之后，就不能再编辑文本了。

 注意：分离命令只适用于轮廓字体，如 TrueType 字体。当分离位图字体时，它们会从屏幕上消失。另外，不能分离可滚动文本字段中的文本。

用选择工具选择要分离的文本字段，然后选择"修改"|"分离"命令，即可将文本块中的每个字符放入一个单独的文本字段中，而文本在舞台上的位置保持不变，如图 13-30 所示。如果要将字符转换为形状，再执行一次"分离"命令即可。

图 13-30　分离文本块

13.5.6　分散到图层

使用"分散到图层"命令可以将舞台上原本处于同一图层中的各个对象分别放置到单独的图层中。

要将一个图层中的对象分散到各自的单独图层，只需选择"修改"I"时间轴"I"分散到图层"命令即可，Flash 将为各个对象分别创建新的图层，如图 13-31 所示。

图 13-31　将图层 1 中的对象分散到单独的图层

★例 13.5：在舞台上创建一个文本块"欢迎光临"，将其中的每个字符分散到不同的图层，并为其添加轮廓。然后，再为文本创建动画效果，使"欢"、"迎"和"光临"3 组字依次出现，且"光临"二字呈放大效果，如图 13-32 所示。

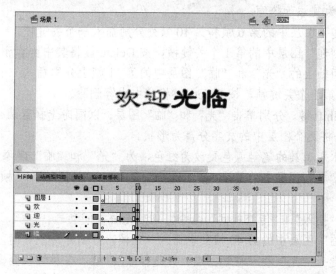

图 13-32　本例效果

（1）选择文本工具，在属性检查器上的"文本类型"下拉列表框中选择"静态文本"选项。

（2）在属性检查器上的"字符"栏下，选择"系列"下拉列表框中的"隶书"选项；单击"大小"选项后面的数字，将其更改为"60"点；单击"颜色"按钮，从弹出的调色板中选择棕色，如图 13-33 所示。

（3）在舞台上单击鼠标绘出一个文本框，然后在其中输入"欢迎光临"。

（4）选择选择工具，然后选择文本块。

（5）选择"修改"|"分离"命令，将文本组分解为单个的文本块。

（6）选择"修改"|"时间轴"|"分散到图层"命令，创建"欢"、"迎"、"光"、"临"4 个图层。

（7）选择"欢"图层，然后选择该图层上的"欢"字，再选择"修改"|"分离"命令，将其分离为形状，如图 13-34 所示。

图 13-33 设置文字属性

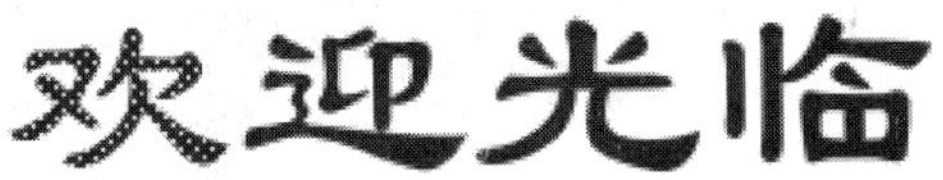

图 13-34 将"欢"字分离为形状

（8）选择墨水瓶工具，将其笔触颜色设置为浅蓝色，笔触高度设置为"2"，然后单击舞台上的"欢"字，为其添加轮廓。

（9）在"欢"图层中单击第 10 帧，选择"插入"|"时间轴"|"关键帧"命令，插入一个关键帧。

（10）选择"迎"图层上的"迎"字，选择"修改"|"分离"命令将其分离为形状，然后用墨水瓶工具为其添加轮廓。

（11）在"迎"图层中的第 6 帧和第 10 帧处分别插入一个关键帧。

（12）选择"迎"图层中的第 1 个关键帧，按 Delete 键将其中内容删除。

（13）在时间轴上的"光"和"临"图层中的第 11 帧上分别插入一个关键帧，然后选择这两个图层中的第 1 个关键帧，按 Delete 键将其中内容删除。

（14）按住 Shift 键，分别单击"光"和"临"图层，以同时选择这两个图层，选择"修改"|"分离"命令将两个图层中的文字分离为形状。

（15）将墨水瓶工具的笔触颜色更改为红色，为"光"和"临"字添加轮廓。

（16）单击"光"图层中的第 40 帧，选择"插入"|"时间轴"|"帧"命令，在第 40帧处添加一个帧。

（17）选择"插入"|"传统补间"命令，创建传统补间动画。

（18）在"临"图层中的第 40 帧处也插入一个帧，并创建传统补间。

（19）同时选择"光"和"临"图层，并选择第 40 帧，在属性检查器中将其大小更改为宽"150"，高"80"，X 位置"220"。

13.5.7 将文本链接到 URL

在处理水平文本时，可以将文本块链接到 URL 并使之可选，这样，使用 Flash 应用程序的其他用户就可以通过单击该文本来跳转到其他文件。

要将水平文本链接到 URL，应先选择所需的文本内容。如果要将文本块中的所有文本都链接到 URL，则应选择文本块。然后，在属性检查器上的"URL 链接"文本框中输入想将文本或文本块链接到的 URL 即可。如果该链接是指向电子邮件地址的，可使用 mailto:URL 的格式，如"mailto:jackey-2001@163.com"。被链接到 URL 的文本下方显示点划线，以表示其为链接文本，如图 13-35 所示。退出编辑状态后，则文本下方显示下画线，如图 13-36 所示。

图 13-35　显示点划线

搜歌谱

图 13-36　显示下画线

★例 13.6：在舞台上创建一个文本块"搜歌谱"，将其链接到"歌谱简谱网"网站。

（1）选择文本工具，在属性检查器上的"文本类型"下拉列表框中选择"静态文本"选项，然后在舞台上单击鼠标，输入"搜歌谱"。

（2）展开属性检查器上的"选项"栏，在"链接"文本框中输入"歌谱简谱网"网站的 URL "http://www.jianpu.cn"，如图 13-37 所示。

（3）选择"文件"|"保存"命令，保存文档。

（4）选择"控制"|"测试影片"命令，打开 SWF 文件，单击其中的"搜歌谱"链接，即可转到如图 13-38 所示的网页。

图 13-37　指定 URL

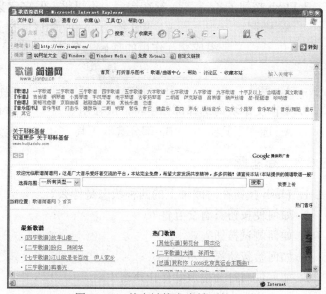

图 13-38　单击链接文本转到的网页

13.6　习题

13.6.1　填空题

1. Flash 按钮实际上是一个_____。当为元件选择按钮行为时，Flash 会创建一个_____。

2. 在按钮中可以使用_____或_____，但不能使用_____。

3. 在按钮的启用状态下，当指针滑过按钮时，Flash 会显示_____帧；而当单击按钮的活动区域时，Flash 会显示_____帧。

4. Flash 中有两种声音类型：_____和_____。

5. 声音行为是_____，通过使用声音行为，可以将声音添加至文档并_____。

6. 将声音添加到文档的两种行为是_____和_____。

7. 选择文本工具，然后在舞台上单击鼠标，可创建一个_____。

8. 通过分离文本可以将每个字符_____；如果连续选择两次"分离"命令，则文本块将_____。

13.6.2 选择题

1. Flash 按钮动画的（　　　）显示按钮的可能状态。

    A. 第一帧   B. 第三帧   C. 前三帧   D. 第四帧

2. 要创建可以与访问者进行交互的用于表单或调查表中的文本字段，应使用（　　　）字段。

    A. 静态文本   B. 动态文本   C. 输入文本   D. 可滚动文本

3. Flash 按钮的（　　　）帧在舞台上不可见，但它定义了单击按钮时该按钮的响应区域。

    A. 弹起   B. 指针经过   C. 按下   D. 点击

4. （　　　）是组成交互作用的最后一个部分，用于引导影片（或外部应用程序）执行任务。

    A. 事件   B. 目标   C. 动作   D. 行为

5. 要在文本块内选择部分字符，应使用（　　　）进行选择。

    A. 选择工具   B. 部分选取工具   C. 套索工具   D. 文本工具

13.6.3 简答题

1. Flash 按钮在时间轴上的四种状态是什么？

2. 如何使按钮具有交互性？

3. 如何测试按钮？

4. 如何给按钮添加声音？

5. 如何使用行为播放和停止声音？

6. 如何将文本链接到 URL？

13.6.4 上机练习

1. 制作一个"播放"按钮，并为按钮的"指针经过"关键帧添加声音（按钮样式和声音自定义）。

2. 设计一个文字变幻的 Flash 动画。

第 14 章

测试、导出与发布动画

教学目标：

制作 Flash 动画的目的是与人共赏，因此，一个 Flash 作品制作完成后还要做的一件事就是发布动画。为了保证作品的正常播放，可以在发布动画之前对其进行测试。测试动画的目的不只是消除错误，它还可以优化动画，使其回放效果达到最佳。此外，还可以将动画作品导出为影片或者图像。通过本章的学习，读者将掌握 Flash 作品的测试、导出与发布技术，从而可以制作出完美的网页，并能够采用合适的方式输出。

教学重点与难点：

1. 影片的测试方法及其环境。
2. 动画的优化。
3. 导出动画。
4. 发布动画。

14.1　测试作品

测试动画是一个很重要的环节，为了确保用户创建的动画能够得到预期的效果，用户可以在制作的过程中测试动画；也可以在动画制作完毕后再进行测试。建议用户最好养成在制作过程中随时测试动画的习惯，这样可以随时发现问题，以便进行相应的调整。

14.1.1　在编辑环境中进行测试

在编辑环境中用户可测试以下内容。

（1）按钮状态。可以测试按钮在弹起、按下、触摸和单击状态下的外观。选择"控制"|"启用简单按钮"命令，然后将光标放置在按钮上，按钮即会做出如同在最终动画中一样的

响应。清除此功能可编辑按钮实例。

（2）主时间轴上的声音。放映时间轴时，可以试听放置在主时间轴上的声音，包括那些与舞台动画同步的声音。

（3）主时间轴上的帧动作。可以测试任何附在帧或按钮上的 Go To、Play 和 Stop 动作。选择"控制" | "启用简单帧动作"命令即可（这些动作应不依赖于 ActionScript 表达式或不指向 URL）。

（4）主时间轴上的动画。可以测试主时间轴上的动画，包括形状和动画过渡。

在编辑环境中进行测试有相当大的局限性，例如，以下内容就无法在此环境中测试。

（1）影片剪辑。在 Flash 的编辑环境中不能测试影片剪辑中的声音、动画和动作。

（2）动作。除了 Go To、Stop 和 Play 外，用户无法测试交互作用、鼠标事件或依赖其他动作的功能。

（3）动画速度。Flash 编辑环境中的重放速度比最终经优化和导出的动画慢。

（4）下载性能。无法在编辑环境中测试动画在 Web 上的流动或下载性能。

14.1.2 测试影片和场景

使用"测试影片"或"测试场景"命令可以测试动画影片或场景。Flash 系统自定义了影片与场景测试时的选项，默认情况下完成测试可产生.swf 文件，此文件自动存放在当前编辑文件相同的目录中。如果测试文件运行正常，且用户希望将其用作最终文件，则可将其放置在硬盘驱动器并加载到服务器上。

要测试当前场景，可选择"控制" | "测试场景"命令，Flash 将自动导出当前场景，用户可在打开的窗口中进行测试，如图 14-1 所示。若要测试整个动画，则应选择"控制" | "测试影片"命令，Flash 自动导出当前动画所有场景，用户可在打开的窗口中进行动画测试，如图 14-2 所示。

图 14-1　测试场景

图 14-2　测试影片

提示：也可选择"调试" | "调试影片"命令，或按 Ctrl + Enter 组合键，进入调试窗口，进行动画测试。

完成场景或动画的测试后，Flash 会以 SWF 格式自动保存测试文件。例如，对"圣诞.fla"动画文件的"场景 2"和整部影片进行测试后，打开保存动画文件的文件夹，会看到在该文件夹中除了包含动画文件"圣诞.fla"外，还包含"圣诞_场景 2.swf"和"圣诞.swf"两个文件，如图 14-3 所示。

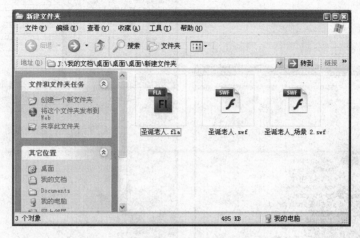

图 14-3　测试后自动生成的 SWF 文件

14.1.3　测试文档的下载性能

Flash 动画制作完毕后，可以发送到 Web 上以供其他用户欣赏或下载。在模拟下载速度时，Flash 使用典型 Internet 性能的估计值，而不是精确的调制解调器速度。例如，如果选择模拟 28.8 Kb/s 的调制解调器速度，Flash 会将实际速率设置为 2.3 Kb/s 以反映典型的 Internet 性能。

1.　下载设置

如果要测试动画的下载性能，可进入测试窗口，选择"视图"|"下载设置"命令，从打开的下级菜单中选择一个下载速度以确定 Flash 模拟的数据流速率，如图 14-4 所示。

选择"视图"|"模拟下载"命令，可以打开数据流，以便于模拟 Web 下载；再次选择该命令则关闭数据流，文档将在非模拟 Web 连接的情况下就开始下载。

2.　带宽设置

如果要以图形化方式查看下载性能，可进入测试窗口，选择"视图"|"带宽设置"命令，显示带宽设置窗格。"带宽设置"窗格分为两个部分。左边显示有关文档的信息、下载设置、状态和流等，右边显示数据流或帧的相关信息，如图 14-5 所示。

默认情况下，在"带宽设置"窗格的右边栏中显示的是数据流图表，用户可根据需要选择相应命令，以便在右侧窗格中显示帧图表。

（1）选择"视图"|"数据流图表"命令可显示数据流图表，用于查看哪些帧会引起暂停，如图 14-6 所示。默认视图显示交替的淡灰色和深灰色块，代表各个帧。每块的旁边指出了其相对字节大小。第一帧存储元件的内容，所以通常比其他帧大。

（2）选择"视图"|"帧数图表"命令可以显示帧图表，用于查看每个帧的大小，如图 14-7 所示。在此视图中可查看哪些帧导致数据流延迟，如有帧块伸到图表红线之上，Flash Player 将暂停回放，直到整个帧下载完毕。

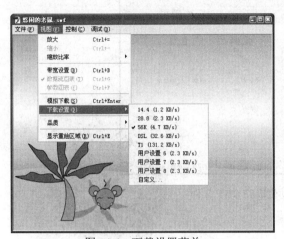

图 14-4　下载设置菜单

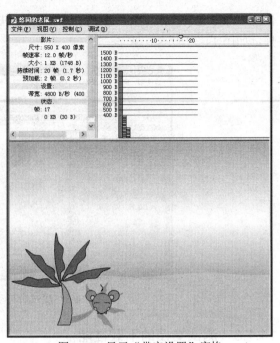

图 14-5　显示"带宽设置"窗格

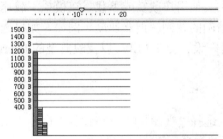

图 14-6　数据流图表

图 14-7　帧数图表

★例 14.1：打开一个已有的动画文档"恭贺新禧.fla"，测试其下载性能。

（1）打开"恭贺新禧.fla"动画文档。

（2）选择"控制"｜"测试影片"命令，打开测试窗口。

（3）选择"视图"｜"下载设置"｜"T1（13 1.2 Kb/s）"命令。

（4）选择"视图"｜"带宽设置"命令，显示下载性能图表。

（5）选择"视图"｜"模拟下载"命令打开数据流。

（6）选择"视图"｜"数据流图表"查看哪些帧会引起暂停，如图 14-8 所示。

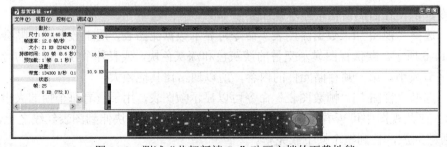

图 14-8　测试"恭贺新禧.fla"动画文档的下载性能

（7） 单击测试窗口右上角的"关闭"按钮⊠，返回创作环境。

14.2　导出作品

导出 FLA 作品类似于发布 FLA 文件，不同之处在于导出作品时用户可以自行选择存储位置。使用"文件"|"导出"子菜单中的命令，即可导出当前 FLA 文件。

14.2.1　导出作品时的文件格式

可以将 FLA 文档导入为影片或者图像。把 Flash 内容导出为影片时，导出的文件为序列文件，而当把 Flash 内容导出图像时，则导出的文件为单个文件。在 Windows 操作系统中，可以将 Flash 内容和图像导出为以下格式。

（1） Adobe Illustrator 序列文件和 Illustrator 图像，扩展名.ai。

（2） GIF 动画、GIF 序列文件和 GIF 图像，扩展名.gif。

（3） 位图（BMP）序列和位图图像，扩展名.bmp。

（4） DXF 序列文件和 AutoCAD DXF 图像，扩展名.dxf。

（5） 增强元文件（EMF）序列文件和图像，扩展名.emf。

（6） 带预览的内嵌 PostScript（EPS）3.0，扩展名.eps。

（7） Flash 文档（SWF），扩展名.swf。

（8） JPEG 序列文件和 JPEG 图像，扩展名.jpg。

（9） PNG 序列文件和 PNG 图像，扩展名.png。

（10） QuickTime 电影，扩展名.mov。

（11） WAV 音频，扩展名.wav。

（12） Windows AVI，扩展名.avi。

（13） Windows 元文件图像和 Windows 元文件序列，扩展名.wmf。

将 Flash 图像保存为位图 GIF、JPEG 或 BMP 文件时，图像会丢失其矢量信息，仅以像素信息保存。用户可以在图像编辑器（如 Adobe Photoshop）中编辑导出为位图的图像，但是不能再在基于矢量的绘图程序中编辑它们。

导出 SWF 格式的 Flash 文件时，文本以 Unicode 格式编码，从而提供了对国际字符集的支持，包括对双字节字体的支持。SWF 文件必须用 Flash Player 6 或更高版本才能播放。

14.2.2　导出作品

要将 FLA 动画作品导出为图像，可选择"文件"|"导出"|"导出图像"命令，打开"导出图像"对话框，在"保存类型"下拉列表框中选择文件的类型，然后单击"保存"按钮，即可将当前文档保存为相应格式的图像文件，如图 14-9 所示。

若要将 FLA 动画作品导出为影片，则应选择"文件"|"导出"|"导出影片"命令，打开"导出影片"对话框，在"保存类型"下拉列表框中选择用于保存的文件类型，并在"文件名"列表框中输入文件名，然后单击"保存"按钮，即可将当前 FLA 文件导出为影片，如图 14-10 所示。

图 14-9 "导出图像"对话框　　　　　　　图 14-10 "导出影片"对话框

★例 14.2：将"恭贺新禧.fla"动画文件导出为 avi 视频文件。

（1）打开"恭贺新禧.fla"动画文件。

（2）选择"文件"｜"导出"｜"导出影片"命令，打开"导出影片"对话框，在"保存类型"下拉列表框中选择"Windows AVI（*avi）"选项。

（3）单击"保存"按钮，打开"导出 Windows AVI"对话框，如图 14-11 所示。

（4）在"视频格式"下拉列表框中选择"24 位彩色"选项，在"声音格式"下拉列表框从中选择"22kHz 16 位立体声"选项，并选中"平滑"复选框。

（5）单击"确定"按钮，打开"视频压缩"对话框，如图 14-12 所示。

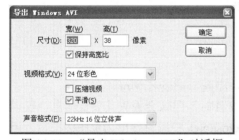

图 14-11 "导出 Windows AVI"对话框　　　　图 14-12 "视频压缩"对话框

（6）在"压缩程序"下拉列表框从中选择"全帧（非压缩的）"选项。

（7）单击"确定"按钮。稍等片刻即可完成视频导出。

（8）打开保存"恭贺新禧.avi"视频文件的文件夹，启动计算机中默认的影音播放软件，浏览导出的视频文件。图 14-13 所示的是使用暴风影音播放的"恭贺新禧.avi"视频文件。

图 14-13 用暴风影音播放导出的视频 AVI 文件

14.2.3 更新 Dreamweaver 的 SWF 文件

除了将 FLA 文档导出为图像和影片外，还可以将 SWF 文件直接导出到 Adobe Dreamweaver 站点，以将动画文件添加到网页中。在 Dreamweaver 中，可以更新 Flash 文档（FLA 文件），并自动重新导出更新后的内容。Dreamweaver 可以生成所有需要的 HTML 代码。

用户可以从 Dreamweaver 中启动 Flash 以更新动画内容。在 Dreamweaver 中打开包含 Flash 内容的 HTML 页面，然后执行以下操作之一，打开所需的 Flash 文件，根据需要更新内容即可。

（1） 选择 HTML 页面中的 Flash 内容，然后选择"编辑"命令。

（2） 在"设计"视图中，按住 Ctrl 键双击 Flash 内容。

（3） 在"设计"视图中，右击 Flash 内容，从弹出的快捷菜单中选择"使用 Flash 编辑"命令。

（4） 在"设计"视图的"站点"面板中，右击 Flash 内容，从弹出的快捷菜单中选择"使用 Flash 打开"命令。

如果用户使用了 Dreamweaver 中的"更改整个站点链接"功能，将会打开一个警告对话框，若要将链接更改应用于 SWF 文件，直接单击"确定"按钮即可。

若要保存 FLA 文件并将其重新导出到 Dreamweaver 中，可执行下列操作之一。

（1） 若要更新该文件并关闭 Flash，单击舞台左上角上方的"完成"按钮即可。

（2） 若要更新该文件并保持 Flash 处于打开状态，可选择"文件"|"更新用于 Dreamweaver"命令。

14.3 发布动画

完成 Flash 文档并测试无误后，就可以将其发布到网页中了。通过进行发布设置，用户可以将 Flash 动画发布为多种文件格式，如 SWF 文件、HTML 文档，或者 GIF、JPEG、PNG 图像和 QuickTime 电影等。

14.3.1 默认发布

选择"文件"|"发布"命令即可发布当前 Flash 文档。默认情况下，"发布"命令会创建一个 Flash SWF 文件和一个 HTML 文档。该 HTML 文档会将 Flash 内容插入到浏览器窗口中，如图 14-14 所示。

图 14-14 将 Flash 文档发布为 HTML 文档

"发布"命令还为 Adobe 的 Macromedia Flash 4 及更高版本创建和复制检测文件。如果更改发布设置，Flash 将更改并与该文档一并保存。在创建发布配置文件之后，将其导出以便在其他文档中使用，或供在同一项目上工作的其他人使用。

14.3.2　Flash 发布设置

如果要指定动画文件的发布设置，应选择"文件"|"发布设置"命令，打开"发布设置"对话框，选择"格式"选项卡，在"类型"选项组中选择要创建的文件格式，如图 14-15 所示。如果要将 Flash 动画文件发布为 SWF 和 HTML 格式以外的文件格式，可在"类型"选项组中选中所需格式前的复选框。选中某种文件格式之后，"发布设置"对话框中会显示该格式的选项卡。

当用户以 SWF 格式发布 Flash 动画时，所有的交互性、功能性都要完整保留。用户可在"发布设置"对话框的"Flash"选项卡中进行所需的发布设置，如图 14-16 所示。

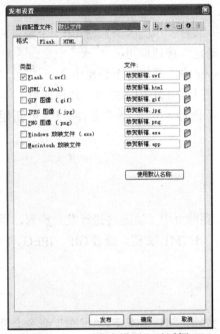

图 14-15　"发布设置"对话框

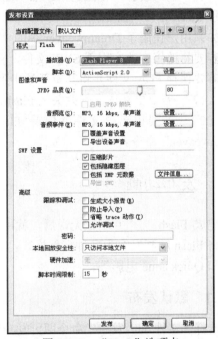

图 14-16　"Flash"选项卡

"Flash"选项卡中各选项功能如下。

（1）"播放器"：用于选择播放器版本。版本指定功能在导出低版本时不能用。

（2）"脚本"：用于选择 Flash 中创建动作的脚本版本。版本包括 ActionScript 1.0、ActionScript 2.0 和 ActionScript 3.0。如果选择 ActionScript 2.0 或 3.0 并创建了类，可单击"设置"按钮来设置类文件的相对类路径，该路径与在"首选参数"对话框中设置的默认目录的路径不同。

（3）"JPEG 品质"：用于设置默认压缩量，该压缩量将应用于动画中所有没有进行独立优化的位图。设置为 0，导出的位图质量最低（这时的动画文件最小）；设置为 100，导出的位图质量最高（这时的动画文件最大）。如果导出的图像中不包含位图图像，则该项设置不产生任何效果。

（4）"启用 JPEG 解块"：用于使高度压缩的 JPEG 图像显得更加平滑。此选项可减少由于 JPEG 压缩导致的典型失真，如图像中通常出现的 8×8 像素的马赛克。选中此选项后，一些 JPEG 图像可能会丢失少量细节。

（5）"音频流"和"音频事件"：若要为 SWF 文件中的所有声音流或事件声音设置采样率和压缩，可单击"音频流"或"音频事件"选项组右边的"设置"按钮，在打开的对话框中根据需要选择相应的选项。

提示： 只要前几帧下载了足够的数据，声音流就会开始播放；它与时间轴同步。事件声音需要完全下载后才能播放，并且在明确停止之前，将一直持续播放。

（6）"覆盖声音设置"：用于覆盖在属性检查器的"声音"部分中为个别声音指定的设置。选择此选项可创建一个较小的低保真版本的 SWF 文件。如果取消选择此选项，则 Flash 会扫描文档中的所有音频流（包括导入视频中的声音），然后按照各个设置中最高的设置发布所有音频流。如果一个或多个音频流具有较高的导出设置，则可能增加文件大小。

（7）"导出设置声音"：用于导出适合于设备（包括移动设备）的声音而不是原始库声音。

（8）"SWF 设置"选项组：用于进行 SWF 设置。

- "压缩影片"：默认选项，用于压缩 SWF 文件以减小文件大小和缩短下载时间。当文件包含大量文本或 ActionScript 时，使用此选项十分有益。经过压缩的文件只能在 Flash Player 6 或更高版本中播放。
- "包括隐藏图层"：默认选项，用于导出 Flash 文档中所有隐藏的图层。取消选择此复选框将阻止把生成的 SWF 文件中标记为隐藏的所有图层（包括嵌套在影片剪辑内的图层）导出。这样，用户就可以通过使图层不可见来轻松测试不同版本的 Flash 文档。
- "包括 XMP 元数据"：默认情况下，将在"文件信息"对话框中导出输入的所有元数据。单击"文件信息"按钮即可打开"文件信息"对话框。在 Adobe Bridge 中选定 SWF 文件后，可以查看元数据。
- "导出 SWC"：用于导出.swc 文件，该文件用于分发组件。.swc 文件包含一个编译剪辑、组件的 ActionScript 类文件，以及描述组件的其他文件。

（9）"跟踪和测试"选项组：用于使用高级设置或启用对已发布 Flash SWF 文件的调试操作。

- "生成大小报告"：用于生成一个报告，按文件列出最终 Flash 内容中的数据量。
- "防止导入"：用于防止其他人导入 SWF 文件并将其转换回 FLA 文档。可使用密码来保护 Flash SWF 文件。
- "省略 Trace 动作"：用于使 Flash 忽略当前 SWF 文件中的 ActionScript trace 语句。如果选择此选项，trace 语句的信息将不会显示在"输出"面板中。
- "允许调试"：用于激活调试器并允许远程调试 Flash SWF 文件。用户可使用密码来保护 SWF 文件。

（10）"密码"：如果使用的是 ActionScript 2.0，并且选择了"允许调试"或"防止导入"复选框，则可在"密码"文本框中输入密码。添加密码后，其他用户必须输入该密码才能调试或导入 SWF 文件。清除该文本框中的字段可删除密码。

（11）　"本地回放安全性"：用于选择要使用的 Flash 安全模型，指定是授予已发布的 SWF 文件本地安全性访问权，还是网络安全性访问权。"只访问本地"选项可使已发布的 SWF 文件与本地系统上的文件和资源交互，但不能与网络上的文件和资源交互。"只访问网络"选项可使已发布的 SWF 文件与网络上的文件和资源交互，但不能与本地系统上的文件和资源交互。

（12）　"硬件加速"：用于使 SWF 文件能够使用硬件加速。

（13）　"脚本时间限制"：用于设置脚本在 SWF 文件中执行时可占用的最大时间量。设置脚本时间限制后，Flash Player 将取消执行超出此限制的任何脚本。

14.3.3　HTML 发布设置

HTML 参数可以确定内容出现在窗口中的位置、背景颜色、SWF 文件大小等等，并可以设置 object 和 embed 标记的属性。在"发布设置"对话框中切换到"HTML"选项卡，即可更改这些设置和其他设置，如图 14-17 所示。更改这些设置会覆盖已在 SWF 文件中设置的选项。

"HTML"选项卡中各选项功能如下。

（1）　"模板"：用于选择模板。若要显示 HTML 设置并选择要使用的已安装模板，应在此下拉列表框中选择"HTML"选项。若要显示所选模板的说明，可单击"信息"按钮。

（2）　"检测 Flash 版本"：用于将文档配置为检测用户所拥有的 Flash Player 的版本，并在用户没有指定的播放器时向用户发送替代 HTML 页面。如果选择的不是"图像映射"或"QuickTime"HTML 模板，并且在"Flash"选项卡中已将版本设置为 Flash Player 4 或更高版本，则可选中此复选框。

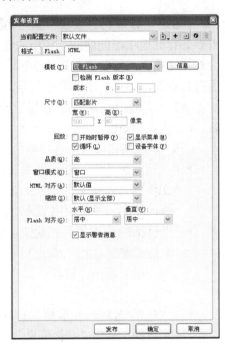

图 14-17　"HTML"选项卡

（3）　"尺寸"：用于影片尺寸，包括"匹配影片"、"像素"、"百分比"几个选项。

（4）　"回放"：用于控制 SWF 文件的回放和功能。

- "开始时暂停"：用于一直暂停播放 SWF 文件，直到用户单击按钮或从快捷菜单中选择"播放"后才开始播放。若不选中此选项，则加载内容后就立即开始播放。
- "循环"：用于使内容到达最后一帧后再重复播放。取消选择此项会使内容在到达最后一帧后停止播放。
- "显示菜单"：用于使用户在右击 SWF 文件时显示一个快捷菜单。若要在快捷菜单中只显示"关于 Flash"命令，应取消选择此选项。默认情况下此选项为选中状态。
- "设备字体"：用于用消除锯齿（边缘平滑）的系统字体替换用户系统上未安装的字体。使用设备字体可使小号字体清晰易辨，并能减小 SWF 文件的大小。此选项只影响那些包含静态文本（创作 SWF 文件时创建且在内容显示时不会发生更改的文本）

且文本设置为用设备字体显示的 SWF 文件。

（5）"品质"：用于在处理时间和外观之间确定一个平衡点。

（6）"窗口模式"：用于修改内容边框或虚拟窗口与 HTML 页中内容的关系。

（7）"HTML"对齐：用于在浏览器窗口中定位 SWF 文件窗口。

（8）"缩放"：用于在更改了文档的原始宽度和高度的情况下将内容放到指定边界内。

（9）"Flash 对齐"：用于设置如何在应用程序窗口内放置内容以及如何裁剪内容。

（10）"显示警告信息"：用于在标签设置发生冲突时（例如，某个模板的代码引用了尚未指定的替代图像时）显示错误消息。

14.3.4　为 Adobe AIR 发布

Adobe AIR 是 Flash CS4 新增的功能之一，是一个跨操作系统的运行时，通过它可以利用现有 Web 开发技术生成丰富 Internet 应用程序（RIA）并将其部署到桌面。借助 AIR，用户可以利用自己最拿手的工具和方法在熟悉的环境中工作，并且由于它支持 Flash、Flex、HTML、JavaScript 和 Ajax，因而用户可以创造满足需要的可能的最佳体验。

用户与 AIR 应用程序交互的方式和与本机桌面应用程序交互的方式相同。在用户计算机上安装一次此运行时之后，即可像任何其他桌面应用程序一样安装和运行 AIR 应用程序。此运行时通过在不同桌面间确保一致的功能和交互来提供用于部署应用程序的一致性跨操作系统平台和框架，从而消除跨浏览器测试。

1．创建 Adobe AIR 文件

可通过 Flash 的开始页或"文件"|"新建"命令创建"Flash 文件（Adobe AIR）"文档或者"Flash 文件（ActionScript 3.0）"文档，然后通过"发布设置"对话框将其转换为 Adobe AIR 文件。要创建 Adobe AIR 文件，可执行以下操作之一。

（1）启动 Flash CS4，在开始页中选择"新建"栏中的"Flash 文件（Adobe AIR）"选项，新建一个"Flash 文件（Adobe AIR）"文档，如图 14-18 所示。

（2）选择"文件"|"新建"命令，打开"新建文档"对话框，在"常规"选项卡中选择"Flash 文件（Adobe AIR）"选项，然后单击"确定"按钮，新建一个"Flash 文件（Adobe AIR）"文档，如图 14-19 所示。

图 14-18　开始页的"新建"栏

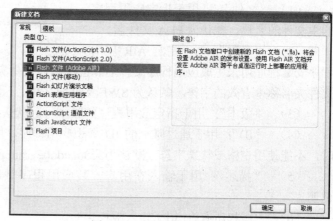

图 14-19　"新建文档"对话框

（3） 打开一个现有的 Flash 文件，打开"发布设置"对话框，切换到"Flash"选项卡，从"播放器"下拉列表框中选择"Adobe AIR"选项，将该文件转换为 AIR 文件。

默认情况下，AIR 文件设置为使用 ActionScript 3.0。用户可以从 ActionScript 2.0 FLA 文件创建 AIR 文件，但是该文件无法使用任何特定于 AIR 的 API（这些 API 全部都是 ActionScript 3.0 的 API）。

 注意：如果将某个 Flash CS4 AIR 文件保存为 Flash CS3 格式，应在以 Flash CS3 打开该文件时在"发布设置"对话框中手动将 Player 版本设置为 AIR 1.0。Flash CS3 只支持发布到 AIR 1.0。

2. 创建 Adobe AIR 应用程序和安装程序文件

在发布 AIR 文件之前，需保存 Adobe AIR FLA 文件。然后，选择"文件"|"AIR 设置"命令，打开如图 14-20 所示的"AIR-应用程序和安装程序设置"对话框，进行所需的设置，然后单击"发布 AIR 文件"按钮，即可创建 Adobe AIR 应用程序和安装程序文件。

单击"发布 AIR 文件"按钮时，会打包以下文件：SWF 文件、应用程序描述符文件、应用程序图标文件以及"包括的文件"文本框中所列的文件。如果尚未创建数字证书，则单击"发布 AIR 文件"按钮时会打开一个"数字签名"对话框，用户可在其中设置数字签名。

"AIR - 应用程序和安装程序设置"对话框中包括两组选项："应用程序设置"和"安装程序设置"。各选项说明如下。

（1） "文件名"：用于指定应用程序的主文件的名称。默认为 FLA 文件名。

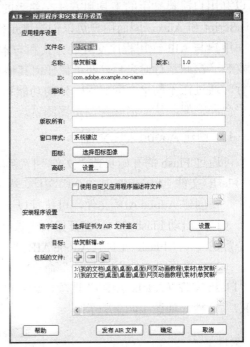

图 14-20 "AIR - 应用程序和安装程序设置"对话框

（2） "名称"：用于指定 AIR 应用程序安装程序用来生成应用程序文件名和应用程序文件夹的名称。该名称只能包含在文件或文件夹名称中有效的字符。默认为 SWF 文件的名称。

（3） "版本"：用于指定应用程序的版本号。默认为 1.0 版。

（4） "ID"：用于通过唯一的 ID 标识应用程序。用户可以更改默认的 ID，在指定 ID 时，不能使用空格或特殊字符。默认为 com.adobe.example.applicationName。

（5） "描述"：用于输入在用户安装应用程序时显示在安装程序窗口中的应用程序说明。

（6） "版权所有"：用于输入版权声明。

（7） "窗口样式"：用于指定当用户在计算机上运行该应用程序时，应用程序的用户界面使用哪种窗口样式（或镶边）。这些功能可用于非正方形或矩形的应用程序窗口。

（8）"图标"：单击"选择图标图像"按钮可打开"AIR-图标图像"对话框，用于指定应用程序图标，如图14-21所示。安装应用程序并在 Adobe AIR 运行时运行应用程序后，即会显示该图标。

（9）"高级"：单击"设置"按钮可打开"高级设置"对话框，用于指定应用程序描述符文件的其他设置，如图14-22所示。如 AIR 应用程序应处理的任何关联文件类型、应用程序初始窗口的大小和位置、安装应用程序的文件夹、放置应用程序的"程序"菜单文件夹等。

图 14-21　"AIR - 图标图像"对话框

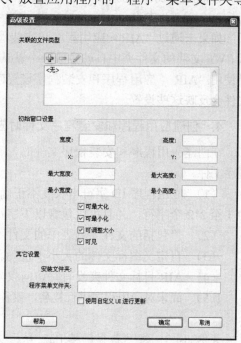

图 14-22　"高级设置"对话框

（10）"使用自定义应用程序描述符文件"：用于浏览到自定义应用程序描述符文件。选中此选项后，"应用程序设置"选项组中的所有选项将均不可用。

（11）"数字签名"：用于设置数字签名。所有 Adobe AIR 应用程序都必须进行签名，才能安装在另一个系统上。

（12）"目标"：用于指定保存 AIR 文件的位置。默认位置是保存 FLA 文件的目录，默认包名称是带.air 文件扩展名的应用程序名称。

（13）"包括的文件/文件夹"：用于指定应用程序包中包括哪些其他文件和文件夹。单击加号（+）按钮可以添加文件，单击文件夹按钮可以添加文件夹。若要从列表中删除某个文件或文件夹，可选择该文件或文件夹，然后单击减号（-）按钮。默认情况下，应用程序描述符文件和主 SWF 文件会自动添加到包列表中。即使尚未发布 Adobe AIR FLA 文件，包列表也会显示这些文件。图标文件不包括在列表中，Flash 在打包文件时，会将图标文件复制到一个相对于 SWF 文件位置的临时文件夹中，并在打包完成后删除该文件夹。

3.　发布 Adobe AIR 应用程序

可以在"AIR - 应用程序和安装程序设置"对话框中进行设置后直接发布 AIR 文件，也可以使用其他方法发布 AIR 文件。下面列出了发布 AIR 文件的几种方法，执行任一操作即可发布所创建的 Adobe AIR 应用程序。

（1）在"发布设置"对话框中单击"发布"按钮。

（2）在"AIR - 应用程序和安装程序设置"对话框中单击"发布 AIR 文件"按钮。

（3）选择"文件"|"发布"命令。

（4）选择"文件"|"发布预览"命令。

在发布 AIR 文件时，Flash 会创建一个 SWF 文件和 XML 应用程序描述符文件，并将两个文件的副本以及已添加到应用程序中的其他任何文件都打包到一个 AIR 安装程序文件（swfname.air）中。

如果未通过"AIR - 应用程序和安装程序设置"对话框设置应用程序设置，Flash 会在写入 SWF 文件的文件夹中自动生成一个默认应用程序描述符文件（swfname-app.xml）。如果已经使用"AIR - 应用程序和安装程序设置"对话框设置了应用程序设置，则应用程序描述符文件会反映这些设置。

4．创建应用程序和安装程序文件时应注意的问题

在创建应用程序和安装程序文件时，有几点应该注意，否则将无法创建应用程序和安装程序文件。

（1）应用程序 ID 字符串长度不正确或包含无效字符。应用程序 ID 字符串的长度可以为 1 至 212 个字符，并且可以包含以下字符：0~9、a~z、A~Z、.（点）、-（连字符）。

（2）"包括的文件"列表中的文件不存在。

（3）自定义图标文件的大小不正确。

（4）AIR 目标文件夹没有写访问权限。

（5）尚未对应用程序进行签名，或者未指定该 Adobe AIRI 应用程序将在以后进行签名。

★例 14.3：将"恭贺新禧.fla"动画文件转换为 AIR 文件并进行发布。

（1）打开"恭贺新禧.fla"动画文件。

（2）选择"文件"|"发布设置"命令，打开"发布设置"对话框，切换到"Flash"选项卡。

（3）从"播放器"下拉列表框中选择"Adobe AIR 1.1"选项，如图 14-23 所示。

（4）单击"确定"按钮，完成转换。

（5）选择"文件"|"AIR 设置"命令，打开"AIR - 应用程序和安装程序设置"对话框。

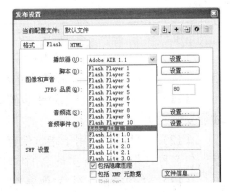

图 14-23　选择"Adobe AIR 1.1"播放器

（6）单击"数字签名"选项右边的"设置"按钮，打开"数字签名"对话框，如图 14-24 所示。

（7）单击"创建"按钮，打开"创建自签名的数字证书"对话框，如图 14-25 所示。

（8）指定发布者名称、组织单位、组织名称、国家或地区、密码、类型及保存地址。注意必须指定所有字段。

（9）设置完毕单击"确定"按钮，打开如图 14-26 所示的提示对话框，单击"确定"按钮返回"数字签名"对话框，可看到"证书"文本框中显示数字证书的路径。

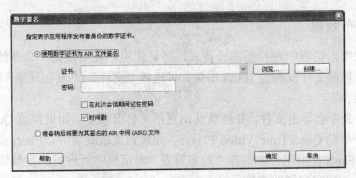

图 14-24　"数字签名"对话框

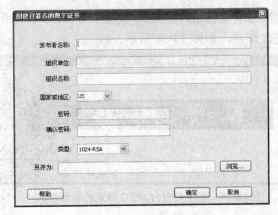

图 14-25　"创建自签名的数字证书"对话框

（10）在"密码"文本框中输入密码，然后单击"确定"按钮，返回"AIR - 应用程序和安装程序设置"对话框。

（11）单击"发布 AIR 文件"按钮，打开如图 14-27 所示的提示对话框，单击"确定"按钮，创建 Adobe AIR 应用程序和安装程序文件。

图 14-26　创建数字证书的提示对话框

图 14-27　创建 AIR 文件的提示对话框

（12）单击"AIR - 应用程序和安装程序设置"对话框中的"确定"按钮关闭对话框。

（13）打开保存发布文件的位置，可以看到其中已包含一个"恭贺新禧.air"文件和一个"恭贺新禧-app.xml"文件。

14.4　预览发布作品

在"发布设置"对话框的"格式"选项卡中选择某个文件格式后，"文件"|"发布预览"菜单中相应的命令将会被激活。使用"文件"|"发布预览"菜单中的命令可以选择发布的动画文件类型，并在默认浏览器中打开，使用户对动画作品进行预览。

14.4.1 预览发布效果

在"发布设置"对话框中进行所需设置后，即可使用"发布预览"命令预览所有格式的文件。例如，要将当前文件发布为 JPEG 图像，可选择"文件"丨"发布预览"丨"JPEG"命令来预览作品的效果。

"发布预览"命令会导出文件，并在默认浏览器上打开预览。如果预览 QuickTime 视频，则"发布预览"会启动 QuickTime Video Player。如果预览放映文件，Flash 会启动该放映文件。发布预览后，Flash 使用用户当前在"发布设置"对话框中所设置的参数值，在保存 FLA 文件的位置创建一个指定类型的文件。

★例 14.4：将动画文件"恭贺新禧.fla"的第 65 帧发布为 JPEG 静态图像，然后用"Windows 图片和传真查看器"预览该作品，如图 14-28 所示。

图 14-28 预览发布为 JPEG 格式的动画作品

（1）打开"恭贺新禧.fla"动画文档，将播放头放在第 65 帧上，如图 14-29 所示。

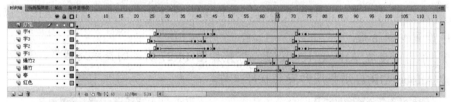

图 14-29 将播放头放在第 65 帧上

（2）选择"文件"丨"发布设置"命令，弹出"发布设置"对话框，在"格式"选项卡中选中"JPEG 图像"复选框，如图 14-30 所示。

（3）选择"JPEG"选项卡，选择"渐进"复选框，其他选项值不变，如图 14-31 所示。

图 14-30 指定发布的文件格式

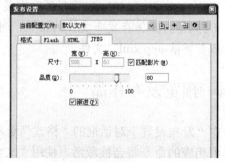

图 14-31 设置 JPGE 选项

（4）完成设置单击"确定"按钮，打开"数字签名"对话框，选择"准备稍后将要为其签名的 AIR 中间（AIRI）文件"单选按钮，如图 14-32 所示。

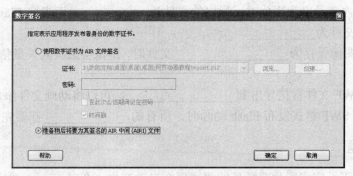

图 14-32　稍后创建数字签名

（5）单击"确定"按钮，打开如图 14-33 所示的提示对话框，单击"确定"按钮。

图 14-33　提示对话框

（6）选择"文件"|"发布预览"|"JPEG"命令，发布当前选择的 65 帧为 JPEG 图像。

（7）打开保存"恭贺新禧.fla"动画文件的文件夹，可看到其中添加了一个 JPEG 图像文件，双击"恭贺新禧.jpg"文件，即可打开"Windows 图片和传真查看器"预览该作品。

14.4.2　预览 Adobe AIR 应用程序

也可以预览 Flash AIR SWF 文件，显示的效果与在 AIR 应用程序窗口中一样。使用此项预览功能可以在不打包也不安装应用程序的情况下查看应用程序的外观。

要预览 Adobe AIR 应用程序，应确保在"发布设置"对话框的"Flash"选项卡上将"播放器"选项设置为"Adobe AIR"。然后，选择"控制"|"测试影片"命令，或者按 Ctrl+Enter 组合键，即可进行预览，如图 14-34 所示。

图 14-34　预览 Adobe AIR 应用程序

14.5　习题

14.5.1　填空题

1. 要测试当前项目中的所有场景，应选择"控制"菜单下的_____命令。

2. 在模拟下载速度时，Flash 使用典型_____的估计值，而不是精确的调制解调器速度。

3. 把 Flash 内容导出为影片时，导出的文件为_____，而当把 Flash 内容导出为图像时，则导出的文件为_____。

4. 将 Flash 图像保存为_____文件时，图像会丢失其矢量信息，仅以像素信息保存。

5. 通过将 SWF 文件直接导出到_____，可以将动画文件添加到网页中。

6. 当用户以 SWF 格式发布 Flash 动画时，所有的_____都要完整保留。

14.5.2 选择题

1. 默认情况下，完成影片或场景的测试后会自动产生一个（　　　）文件。

    A. FLA   B. SWF   C. HTML   D. AIR

2. 在编辑环境中可以测试的动作是（　　　）。

    A. Go To，Stop 和 Play   B. 交互作用

    C. 鼠标事件   D. 依赖其他动作的功能

3. 导出（　　　）格式的 Flash 文件时，文本以 Unicode 格式编码，从而提供了对国际字符集的支持，包括对双字节字体的支持。

    A. JPEG   B. GIF   C. SWF   D. PNG

4. SWF 文件必须用（　　　）才能播放。

    A. Windows Media Player   B. Flash Player

    C. Flash Player 6 以上版本   D. Flash Player 9 以上版本

5. 在 Flash CS4 中可以从（　　　）FLA 文件创建 AIR 文件，但是该文件无法使用任何特定于 AIR 的 API。

    A. ActionScript 1.0   B. ActionScript 2.0

    C. ActionScript 3.0   D. 都可以

14.5.3 简答题

1. 在编辑环境中可以测试哪些内容？无法测试哪些内容？

2. "带宽设置"有何功能？

3. 如何测试文档的下载性能？

4. 在 Windows 操作系统中可以将 Flash 内容和图像导出为哪些格式？

5. 在创建应用程序和安装程序文件时应注意哪些问题？

14.5.4 上机练习

1. 打开一个计算机中保存的 FLA 动画文件，测试其速度为 T1（131.2 Kb/s）时的下载性能。

2. 将动画文件导出为 AVI 视频文件。

3. 将动画文件分别发布为 SWF 和 GIF 动画文件。

第 15 章

网页动画实例

教学目标：

    Dreamweaver CS4 与 Flash CS4 都是 Adobe 公司推出的软件，Dreamweaver 主要用于制作和编辑网页，Flash 主要用于制作和编辑动画。这两款软件与 Fireworks 统称为网页制作三剑客。本章以实例的方式，介绍了网站制作到发布的整个过程。例如，网站前期准备工作、规划站点、制作网页动画，创建站点，制作站点中的网页，测试并发布网站。

教学重点与难点：

    1. 制作动画。
    2. 创建站点结构。
    3. 创建模板。
    4. 根据模板创建网页。
    5. 设置 CSS 样式。
    6. 测试发布网站。

15.1　网站的前期准备工作

    想要建立一个成功的网站，建站前的准备工作是极为重要的。本节从 3 个方面介绍网站前期准备工作的 3 个步骤：规划网站、收集和处理素材、制作图片和动画。

15.1.1　规划网站

    规则网站首先应明确当前网站的主题，即要制作一个什么样的网站，如体育、娱乐、游戏、新闻或教育等网站。其次是要明确网站的名称，为网站起一个响亮、易记的名称。最后是确定网站风格，如栏目和版块的分布，网页主打色调、字体等内容。

★例 15.1: 规划一个站点。

（1）制作一个关于教育方面的网站，为其命名为"易学网"，网站中介绍各门学科的多种学习技巧和窍门。

（2）"易学"英文为 easy to learn，缩写为 e to l，可将域名申请为 121。

（3）网站中主要涉及 4 门学科：语文、数学、英语、计算机，每个学科自成一个模块；为了大家在学习之余可以放轻松一下心情，还提供了"休闲小游戏"模块。

（4）主页左侧一栏为"推荐名著"，列出学生时代必读的一些名著；右侧分为 3 部分"最新活动"、"教材赏析"和"校园文学"。

（5）所有模块确定后，接下来确定网站风格。把网站主打色调定为绿色，配上白色或灰色，基本文字样式为黑色、宋体。

15.1.2 收集与处理素材

确定了网站的主题与内容之后，接下来就可以根据网站的内容搜集待用的文字、图片、动画、背景音乐等资料。

搜集来的素材可能需要处理，如将文字资料转换成文本文件或其他网页能够识别的文件格式，将图片转换成适用于网页的格式等。

15.1.3 制作图片和动画

网站中包含了各类动态图片和 SWF 动画（如广告横幅），这类文件往往要求用户根据实际需要制作。除此之外，为了突出显示站点的特色，用户可以根据自己的喜好和站点的名称等内容设置站标，如图 15-1 所示。

★例 15.2: 制作 SWF 动画，要求宽为 410 像素、高为 60 像素，名称为 banner。

（1）运行 Flash CS4，单击"欢迎界面"中"新建"组内的"Flash 文件（ActionScript 3.0）"，创建新文件。

（2）切换至"属性"面板，单击"大小"右侧的"编辑"按钮，打开"文档属性"对话框，设置"尺寸"宽值为 410 像素，高值为 60 像素，如图 15-2 所示。完成设置，单击"确定"按钮。

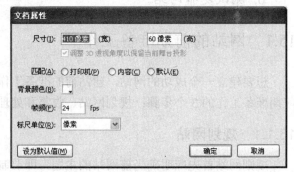

图 15-1 易学网站标　　　　　　　　图 15-2 "文档属性"对话框

（3）单击工具栏中的"矩形工具"按钮，选择"颜料桶工具"按钮，并设置渐变填充，在文档中绘制一个 410×60 的矩形，XY 坐标为（0,0），并应用"渐变工具"按钮调整渐变色，得到如图 15-3 所示的矩形。

（4）切换至"时间轴"面板，将"图层 1"重命名为"背景"，单击左下角的"新建图层"按钮，新建图层并重命名为"线条"，删除第 45 帧至第 85 帧中的所有空白帧。

（5）切换至"库"面板，单击"新建元件"按钮，打开"创建新元件"对话框。设置"名称"为"线条"，"类型"为"图形"，完成设置单击"确定"按钮，如图 15-4 所示。

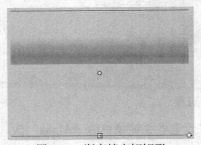
图 15-3　渐变填充矩矩形

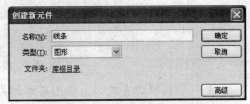
图 15-4　"创建新元件"对话框

（6）应用"线条工具"在窗口中绘制一条直线，单击工具栏中的"选择工具"按钮，将指针移至线条，当指针变为带小圆尾巴的黑色指针时，向下拖动将直线改为曲线，如图 15-5 所示。

图 15-5　将直线改为曲线

（7）返回"场景 1"，从库中将"线条"拖动至舞台，在直线上双击鼠标，进入"线条"元件，以复制的方式新增两条曲线，将 3 条曲线的颜色更改为粉红色（#FF99FF），并使 3 条曲线"垂直平均间隔"（选择"窗口"|"对齐"面板打开"对齐"面板），得到如图 15-6 所示的效果。

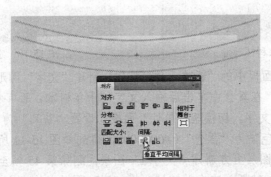
图 15-6　线条元件

（8）选择"线条"层第 25 帧，按 F6 键创建关键帧，选择舞台中的"线条"元件，在属性面板中设置"色彩效果"中的"样式"为"Alpha"，其值为 100%。

（9）选择"线条"层第 1 帧中的元件，设置"色彩效果"中的"样式"为"Alpha"，其值为 0%，然后选择该图层，右击鼠标从弹出的快捷菜单中选择"创建补间动画"命令。

（10）依次选择第 5 帧、第 10 帧、第 15 帧、第 20 帧，按 F6 键创建关键帧，并依次设置对象的"Alpha"值为20%、40%、60%、80%。

（11）　在"线条"图层上方新建图层，并重命名"竖线"，删除第45帧帧至第85帧中的所有空白帧。

（12）　创建"竖线"图形元件，并添加至舞台，得到如图15-7所示的效果。

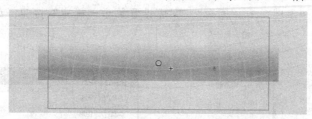

图15-7　添加"竖线"元件

（13）　以同样的方式，为该图层添加关键帧，并设置各关键帧中的"Alpha"值，得到如图15-8所示的时间轴效果。

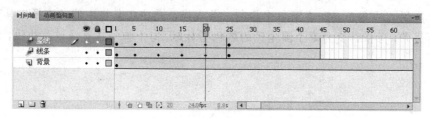

图15-8　时间轴效果

（14）　新建一个名为"科技"的图形元件，在"竖线"上方新建图层"科技"，选择第5帧，按F6键插入关键帧，并将新建的"科技"元件拖动至该图层，得到如图15-9所示的效果。

（15）　选择"科技"图层第45帧，按F6键插入关键帧，并将"科技"元件拖动至文档右侧，选择"修改"|"变形"|"水平翻转"命令，得到如图15-10所示的效果。

图15-9　插入科技元件

图15-10　水平翻转元件

（16）　单击"库"面板中的"新建元件"按钮，新建"文字"图形元件，单击"工具栏"中的"文字工具"按钮，在舞台中单击后输入文字"十年树木，百年树人"。

（17）　选择输入的文字，切换至"属性"面板，设置"系列"为"楷体_GB2312"，"大小"值为"41点"，"颜色"为"黑色"（#000000），得到如图15-11所示的文字效果。

（18）　在"科技"图层上方新建"文字1"图层，删除第45帧至第85帧中的所有空白帧，选择第10帧，按F6键插入空白关键帧，将"库"面板中的"文字"元件拖动至舞台适当位置，如图15-11所示。

（19）　选择"文字1"图层第29帧，按F6键插入关键帧，然后应用"任意变形工具"按钮，改变文字对象大小（大小可根据需要调整）。

（20）　选择该图层所有非空白帧，右击鼠标从弹出的菜单中选择"创建补间动画"命令。

（21）　依次选择第15帧、第20帧、第25帧，按F6键插入关键帧，并分别调整各关键帧中对象的大小，实现文字渐渐变小的效果，如图15-12所示。

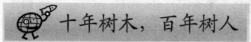

图 15-11　添加文字对象　　　　　　　　　图 15-12　修改文字对象大小

（22）　在"文字 1"上方新建"文字（亮度）"图层，选择第 10 帧按 F6 帧，删除第 45 帧至第 85 帧中的所有空白帧。选择"文字 1"图层中的所有非空白帧，右击选择"复制帧"命令，然后，选择"文字（亮度）"图层第 10 帧至第 44 帧，右击鼠标从弹出的快捷菜单中选择"粘贴帧"命令。

（23）　选择"文字（亮度）"图层的第 10 帧、第 15 帧、第 20 帧、第 25 关键帧中的对象，应和"属性"面板分别设置"色彩效果"中的"样式"为"亮度"，其值为 100%，完成为白色文字添加黑色阴影的设置，如图 15-13 所示。

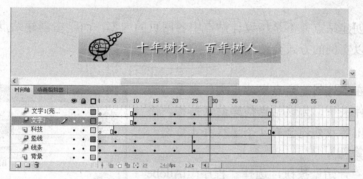

图 15-13　设置选择对象的色彩效果

（24）　在"文字（亮度）"图层上方新建"文字 2"图层，选择第 45 帧按 F6 键。

（25）　单击工具栏中的"线条工具"按钮，设置笔触颜色为白色，在舞台左侧绘制一垂直直线。

（26）　选择第 50 帧按 F6 键，应用"线条工具"绘制一条水平直线；选择第 55 帧按 F6 键，应用"线条工具"绘制一条垂直直线，得到如图 15-14 所示的效果。

图 15-14　绘制的 3 条直线

（27）　选择第 60 帧按 F6 键，单击工具栏中的"文本工具"按钮，在舞台中输入"轻松学习 快乐游戏"文字，并设置文本属性为 41 点楷体_GB2312，文本颜色为#FF00FF。

（28）　依次选择第 62 帧、第 64 帧、第 66 帧、第 68 帧、第 70 帧、第 72 帧、第 74 帧、第 76 帧，按 F6 键；选择第 60 帧只保留"轻"字，选择第 62 帧保留"轻松"两字；依此类推（第 76 帧保留所有文字），得到如图 15-15 所示的效果。

（29）　在"背景"图层上方新建一个图层，设置名称为"外框"，绘制一个边框粗细为 1 像素，宽为 409 像素，高为 59 像素，无填充色，左上方顶点坐标为（0，0）的灰色矩形（值得注意的是：为方便矩形的绘制，可将其他图层锁定，待绘制完毕解除锁定即可）。

（30）　选择"文件"|"保存"命令，保存动画，设置文件名为 banner。

（31）　选择"文件"|"导出"|"导出影片"命令，导出 banner.swf 文件。

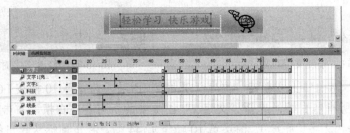

图 15-15　制作输入文字动画

（32）单击窗口右上角的"关闭"按钮，退出 Flash 程序。

15.2　创建站点

这里所指的创建站点并不是指设计站点中各网页的内容，而是指创建站点根目录和创建站点结构。下面以实例的方式介绍创建站点的方法。

★例 15.3：在本地创建站点空站点文件夹 easy，位于 E:\webs 文件夹下。为该站点搭建站点结构，该站点除首页、休闲游戏外还含有 4 个课程页（语文、数学、英语和计算机）。

（1）单击"开始"按钮，选择"程序"|Adobe Dreamweaver CS4 命令，启动 Dreamweaver CS4。

（2）选择"站点"|"管理站点"命令，打开"管理站点"对话框，单击"新建"按钮，从弹出的菜单中选择"站点"命令，如图 15-16 所示。

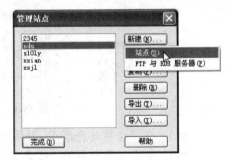

图 15-16　"管理站点"对话框

（3）打开"站点定义为"对话框，切换至"高级"选项卡，在"站点名称"文本框中输入 easy，在"本地根文件夹"中输入"E:\webs\easy"，完成设置单击"确定"按钮，如图 15-17 所示。

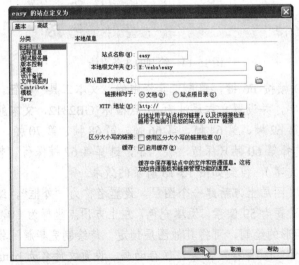

图 15-17　"站点定义为"对话框的"高级"选项卡

（4）返回"管理站点"对话框，单击左下角的"完成"按钮。

（5）先分析一下，该站点除首页、休闲游戏外还含有4个课程页（语文、数学、英语和计算机），可以先在站点根目录下创建6个文件夹，分别为index、chinese、maths、english、computer和games。

（6）选择"文件"面板中的站点根目录文件夹，右击鼠标从弹出的快捷菜单中选择"新建文件夹"命令，设置文件夹名称为index。

（7）以同样的方式在easy根文件夹下分别创建语文（chinese）、数学（maths）、英语（english）、计算机（computer）和游戏（games）文件夹。

（8）除此之外，为了放置主页中用到的素材，还可在easy站点根目录下新建一个名为images的文件夹，得到如图15-18所示的结构图。

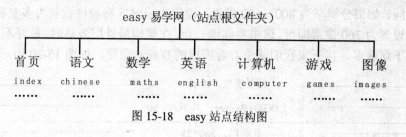

图15-18　easy站点结构图

15.3　创建并保存模板

为了统一站点风格，在制作网页前，应先定义模板。接下来介绍easy站点模板的制作方法。

15.3.1　创建空白模板

如果要创建模板，应先选择"文件"|"新建"命令，打开"新建文档"对话框，选择左侧的"空模板"标签，选择"模板类型"列表框中的任意选项（在此选择"HTML模板"），从右侧的列表框中选择栏、列分布方式（在此选择"无"），如图15-19所示。完成设置，单击"创建"按钮即可。

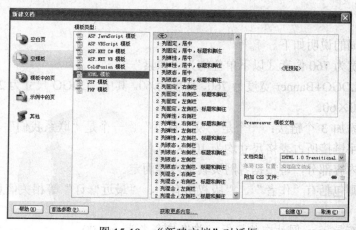

图15-19　"新建文档"对话框

15.3.2　布局模板

创建空白模板后，接下来就应先根据实际情况规划一下模板的布局方式。一般用户使用的屏幕分辨率为 1024×768 像素，设计者在此分辨率下使用表格布局网页时，可将表格宽度设置为 980 像素。如果用户使用的分辨率是 800×600 像素，如果设计者再将表格宽度设置为 980 像素，用户预览网页时还需要拖动水平滚动条才能浏览网页所有内容。

为了解决该问题，专业的网站设计师会制作多个主页（如 index 和 indexz），当检测到用户的分辨率为 1024×768 像素时直接载入 index 网页，如果检测用户分辨率为 800×600 像素则载入 indexz 网页。对于普通设计者，如果想要两者兼顾的话，建议制作适合分辨率为 800×600 像素的网页即可。

有人会问，如果分辨率为 800×600 像素，设置布局时应将表格设置为多宽呢？我们只需将表格宽度设置为 760 像素即可。这里要强调一点，在架构最外层表格时，最好不要使用 100% 的表格。讲了这么多，接下来我们就来看看模板的布局示意图，如图 15-20 所示。

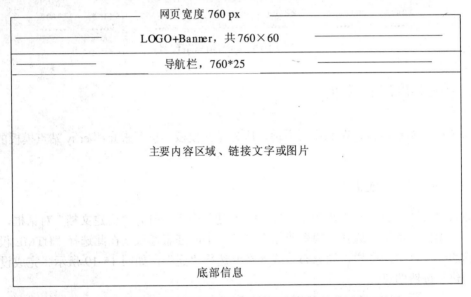

图 15-20　模板布局示意图

关于模板布局的说明如下。

（1）　表格宽为 760 像素（以下单位均为"像素"）。

（2）　顶部 LOGO+Banner 宽度为 760，高度为 60。其中，LOGO 尺寸为 250×60，Banner 图片的尺寸为 410×60。

（3）　顶部添加 3 个链接：一个是"设为首页"、一个是"联系我们"、一个是"网站帮助"，每条文字链接所占表格尺寸均为 100×20。

（4）　中间内容部分，可根据各网页具体内容而定。

（5）　底部则包括有"作者"、"版权所有"、"最近修订"等相关信息。

★例 15.4：布局 easy 网站中的模板，并将其命名为 easy00。

（1）　选择"文件"|"新建"命令，打开"新建文档"对话框。选择左侧的"空模板"

标签，选择中间的"模板类型"列表框中"HTML 模板"选项，从右侧列表框中选择"无"选项。

（2）单击"创建"按钮创建一个模板，单击文档窗口"标题"文本框中的"无标题文档"字样，将其修改成"欢迎光临易学网"。

（3）选择"插入"|"表格"命令，打开"表格"对话框，设置"行数"为 4，"列数"为 1，"表格宽度"值为 760，单位为"像素"，"边框粗细"、"单元格边距"和"单元格间距"值均为 0，"标题"选项为"无"，如图 15-21 所示，单击"确定"按钮。

（4）表格处于选择状态，打开表格属性检查器中的"对齐"下拉列表框，从中选择"居中对齐"选项。

（5）将插入点置于第 1 行中，单击单元格属性检查器中的"拆分单元格"按钮，打开"拆分单元格"对话框。选择"列"单选按钮，设置"列数"为 3，如图 15-22 所示，单击"确定"按钮。

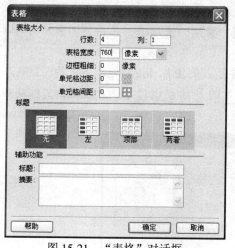

图 15-21 "表格"对话框

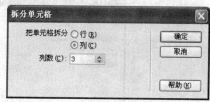

图 15-22 "拆分单元格"对话框

（6）选择第 1 行中的左侧单元格，设置宽为 250、高为 60，选择中间的单元格设置宽为 410、高为 60，选择右侧单元格设置宽为 100、高为 60。

（7）再次单击属性检查器中的"拆分单元格"按钮，打开"拆分单元格"对话框。选择"行"单选按钮，设置"行数"为 3，单击"确定"按钮。

（8）选择新拆分的 3 个单元格，在属性检查器中设置宽值为 100，高值为 20，如图 15-23 所示。

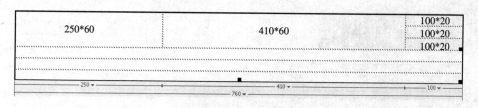

图 15-23 设置单元格宽高值

（9）设置表格第 2 行高值为 25，第 3 行和第 4 行高无需设置，完成表格设置。

（10）按 Ctrl+S 组合键，系统自动弹出提示对话框，单击"确定"按钮，打开"另存模板"对话框，在"描述"文本框中输入"通用模板"，在"另存为"文本框中输入 easy00，如图 15-24 所示单击"保存"按钮。

图 15-24　"另存模板"对话框

15.3.3　插入图像与动画

接下来，我们就要把站点的 LOGO 图片（即站标）和 banner.swf 动画文件插入到模板的相应位置。进行工作之前，可先存放编辑完成的图片和动画，复制到 easy 站点 images 文件夹中即可。

★例 15.5：将存放在 easy 站点 images 文件夹中的 logo 图片和 banner.swf 动画插入到模板中。

（1）　打开设计布局的 default.asp 文件，并确认已经进入"设计"模式。

（2）　单击工具栏中的"常用"标签，切换至"常用"选项卡，单击"图像"按钮，打开"选择图像源文件"对话框。

（3）　进入保存图像的文件夹 default，选择要插入的图片 logo.jpg，下方的"URL"文本框中会显示图片的路径"default/logo.png"，表示的是站点根目录下 default 文件夹中的 logo.jpg 图像，如图 15-25 所示。

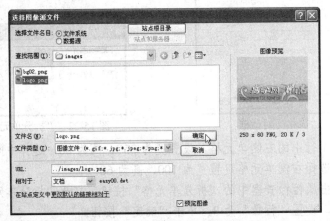

图 15-25　"选择图像源文件"对话框

（4）　单击"确定"按钮，将 logo.jpg 图片插入到网页中，效果如图 15-26 所示。

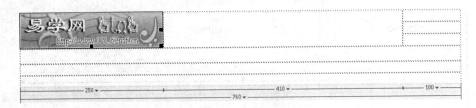

图 15-26　插入图片后的效果

（5）　将插入点置于图片右侧的空单元格中，展开 easy 站点 images 文件夹，拖动 banner.swf 文件至文档。

（6）插入文档的 SWF 动画文件以占位符的形式显示。用户可通过单击属性检查器中的"播放"按钮预览动画效果，如图 15-27 所示。

图 15-27　浏览 SWF 动画文件效果

（7）按 Ctrl+S 组合键保存模板，若弹出提示对话框，单击"确定"按钮，会弹出如图 15-28 所示的"复制相关文件"对话框，单击"确定"按钮。

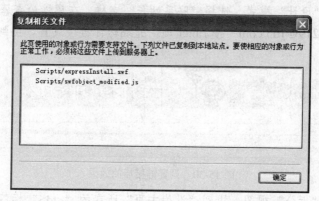

图 15-28　"复制相关文件"对话框

15.3.4　设置特殊链接

本例制作的网页中，右侧 3 个 100×20 的单元格，从上到下依次添加"设为首页"、"加入收藏"和"联系站长"文字，并分别设置相应的链接。

★例 15.6：在模板的 100×20 单元格中分别输入文字"设为首页"、"加入收藏"和"联系站长"，并为其添加代码设置特殊链接。

（1）找到 easy00.dwt 模板中的 100×20 单元格，从上至下依次输入文字"设为首页"、"加入收藏"和"联系站长"。

（2）选择这 3 个单元格，在属性检查器中设置"水平"对齐方式为"居中对齐"。

（3）选择"设为首页"字样，单击"文档"工具栏左侧的"代码"按钮，切换至"代码"视图。

（4）首先为"设为首页"添加代码，找到"设为首页"字样，在左侧添加代码"<A class=Bottom onclick="this.style.behavior='url（#default#homepage）';this.setHomePage（'http://121.62mf.cn/'）;" href="#">"。

（5）找到"加入收藏"字样，在其左侧添加代码"<A class=Bottom href="javascript: window.external.addFavorite（'http://121.62mf.cn/','易学网'）;">"，如图 15-29 所示。

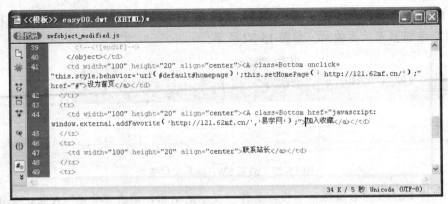

图 15-29 添加代码

（6）切换回"设计"模式，选择"联系站长"字样，在属性检查器的链接文本框中输入"mailto:zhouhm1219@163.com"按 Enter 键，完成邮件链接设置，得到如图 15-30 所示的效果。

图 15-30 设置链接后的效果

（7）切换至"拆分"视图，找到"设为主页"所在的"<td>"标签，在其中加入代码"background=../images/bg01.png"。

（8）以同样的方式，为其他两个单元格添加背景图像，得到如图 15-31 所示的效果。

图 15-31 为单元格设置背景图像

（9） 按 Ctrl+S 组合键保存模板。

15.3.5 完成导航栏

本实例要制作的导航栏中共包含 6 项内容：首页（index.html）、语文（chinese.html）、数学（maths.html）、英语（english.html）、计算机（computer.html）和休闲小游戏（games.html）。

★例 15.7： 向模板中添加导航栏。

（1） 将插入点置于要插入导航栏的单元格中，选择"插入"｜"表格"命令，插入一个 1 行 8 列的 100%表格。

（2） 选择中间的 6 个单元格，在属性检查器中设置"宽"值为 110 像素，"高"值为 25 像素，"水平对齐"方式为"水平居中"。

（3） 选择新插入表格的 8 个单元格，设置单元格背景颜色为灰色（#CCCCCC）。

（4） 从左至右依次输入文本：首页、语文、数学、英语、计算机和休闲小游戏，然后切换至"代码"视图，分别为"首页"、"语文"、"数学"、"英语"两字间加入 4 个 " " 字符（即 4 个空格），在"计算机"的"算"字前后分别加入一个 " " 字符。

（5） 选择"导航栏"中的"首页"字样，在属性检查器的"链接"文本框中设置链接目标网页（index.html），打开"目标"下拉列表框从中选择窗口的打开方式"_self"，如图 15-32 所示。

图 15-32　设置"超链接"

（6） 以同样的方式依次设置其他文字链接目标，如语文（chinese.html）、数学（maths.html）、英语（english.html）、计算机（computer.html）和休闲小游戏（games.html）。

（7） 设置其他 5 个链接打开目标网页的方式为 "_self"。

15.3.6　设置模板可编辑区域

完成导航栏设置，接下来设置正文区域。将插入点置于导航栏下方的单元格中，单击属性检查器中的"拆分单元格"按钮，将其拆分为 3 行 1 列单元格。第 1 行与第 3 行"高"设置为 20 像素，并添加背景图像 bg01.png，用于分隔正文，得到如图 15-33 所示的效果。

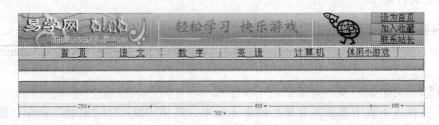

图 15-33　分隔正文

将插入点置于第 2 行中，选择"插入"|"模板对象"|"可编辑区域"命令，打开"新建可编辑区域"对话框，如图 15-34 所示。

使用系统提供的"名称"EditEegion3，直接单击"确定"按钮，创建可编辑区域，如图 15-35 所示。在后继操作中，我们还要为整个网页添加背景，在此可先将正文所在的单元格背景颜色设置为"白色"，以免正文受背景色影响。

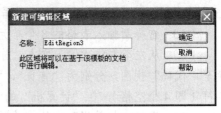

图 15-34　"新建可编辑区域"对话框

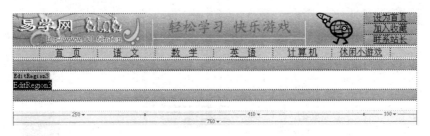

图 15-35　新建可编辑区域

15.3.7　设置模板底部信息

网页最下方一般情况下包括"作者"、"版权所有"、"最近修订"等相关信息，除此之外，还有可能会包含链接文字、水平分割线和图片等内容。

在本例中，我们只需要在底部输入简单的信息就可以了，如图 15-36 所示。在输入信息前，应先设置单元格背景颜色为灰色（#CCCCCC），水平对齐方式为"居中对齐"，垂直对齐方式为"居中"，行高为"25 像素"。

图 15-36　设置底部信息

15.3.8 设置网页属性

应用网页属性，可以美化网页，例如设置网页4边的边距、为网页添加背景图像。除此之外，还可以设置网页统一文字效果。

★例15.8：为模板设置页面属性：背景图片（bg02.png）、上下左右边距（0 px）、标题1（24 px 楷体_GB2312#000）、标题2（16 px 楷体_GB2312#F09）、默认正文（16 px 宋体）、链接字体（楷体_GB2312）、链接颜色（默认蓝色）和活动链接颜色（#F0C）。

（1）单击属性检查器中的"页面属性"按钮，打开"页面属性"对话框。

（2）确认当前显示"外观 CSS"选项卡，打开"页面字体"下拉列表框从中选择"宋体"选项，打开"大小"下拉列表框从中选择16，"文本颜色"设置为黑体（即配色方案"立方色"中的"#000"）。

（3）单击"背景图像"文本框右侧的"浏览"按钮，从打开的对话框中选择 easy 站点 images 文件夹中"bg02.png"图像文件，单击"确定"按钮，返回"页面属性"对话框。

（4）打开"重复"下拉列表框从中选择"repeat"选项，在"上边距"、"下边距"、"左边距"和"右边距"文本框中输入数值0，如图15-37所示。

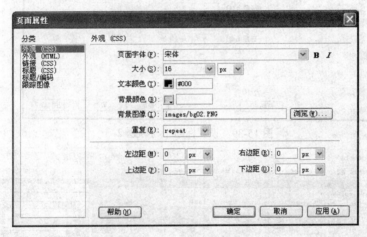

图15-37　设置 CSS 外观

（5）切换至"链接 CSS"选项卡，打开"链接字体"下拉列表框从中选择"楷体_GB2312"，设置"链接颜色"为蓝色"#00F"，设置"活动链接"为"#F0C"，打开"下画线样式"下拉列表框从中选择"始终无下画线"选项，如图15-38所示。

（6）切换至"标题 CSS"选项卡，打开"标题字体"下拉列表框从中选择"楷体_GB2312"选项，打开"标题1"字体下拉列表框从中选择24，并在右侧设置颜色为黑色"#000"，以同样的方式设置"标题2"字体大小为16 px，颜色为"#F09"，如图15-39所示。

（7）完成所有设置，单击"确定"按钮，返回模板编辑窗口，得到如图15-40所示的模板效果。

（8）按 Ctrl+S 组合键保存模板。

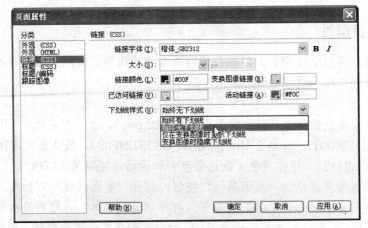

图 15-38　设置 CSS 链接

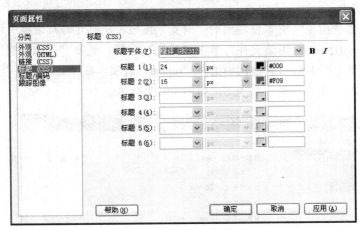

图 15-39　设置标题 1 与标题 2

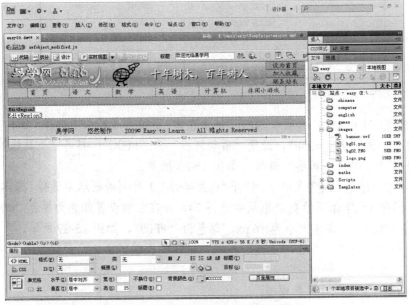

图 15-40　设置页面属性后的模板效果

15.4 创建新模板

easy00.dwt 通用模板制作完毕，接下来制作主页模板。主页模板可以在 easy00.dwt 通用模板的基础上制作，我们只需要添加正文区域的"著名文字"、"活动公告"、"教材赏析"和"校园文学"4 个模块即可。

★例 15.9：将 easy00.dwt 模板另存为 easy-index.dwt，然后向正文区域中添加 4 个重复区域，分别用于添加主页的 4 个模块。

（1）双击 easy 站点 Templates 文件夹中的 easy00.dwt 文件，打开模板。

（2）选择"文件"|"另存为"命令，打开"另存为"对话框，在"文件名"文本框中输入 easy-index，其余选项使用默认设置，设置完毕单击"保存"按钮。

（3）删除"EditRegion3"可编辑区域，按 Delete 键将其删除。

（4）应用"插入"|"表格"命令，插入一个 3 行 2 列表格，并设置"填充"、"间距"和"边框"值为 0，然后合并左侧列 3 个单元格，并设置列宽为 167 像素。

（5）在合并单元格中插入一个 3 行 1 列表格，设置其宽为 167 像素，"填充"、"间距"和"边框"值为 0，并分别设置第 1 行高为 29 像素、第 3 行高为 12 像素。

（6）切换到"拆分"视图，找到新建表格代码，为该表格的 3 个<td>标签中加入代码"background=../images/td-1.png"、"background=../images/td-2.png"和"background=../images/td-3.png"，如图 15-41 所示。

图 15-41　为表格添加背景图像

（7）将插入点置于背景图片为 td-1.png 的单元格中，选择"插入"|"模板对象"|"可编辑区域"命令，打开"新建可编辑区域"对话框，单击"确定"按钮。

（8）将插入点置于背景图片为 td-2.png 的单元格中，选择"插入"|"模板对象"|"重

复区域"命令，打开"新建重复区域"对话框，单击"确定"按钮（用户也可使用"重复表格"命令，在此插入 1 行 1 列、无边框、宽为 90%的重复表格）。

（9）将插入点置于未合并行的第 1 行中，应用"插入"|"表格"命令，插入一个 2 行 4 列表格，宽值为 100%，"填充"、"间距"值为 0，"边框"值为 1。

（10）选择新建表格的首行所有单元格，单击属性检查器中的"合并单元格"按钮，并设置背景颜色为#41FFA8。

（11）切换至"拆分"视图，在该表格的\<table\>标签中加入"bordercolordark="#FFFFFF" bordercolorlight="#41FFA8""代码，完成细线表格设置，如图 15-42 所示。

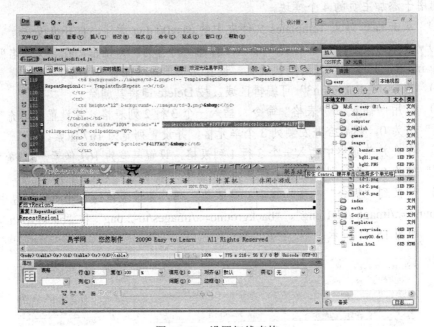

图 15-42　设置细线表格

（12）切换回"设计"视图，复制该表格，分别粘贴至下方两个单元格。

（13）由于 3 个表格紧密相连看起来像一个整体，不符合我们的设计要求。为了将各表格分开，选择正文区域的外表，设置间距值为 10，如图 15-43 所示。

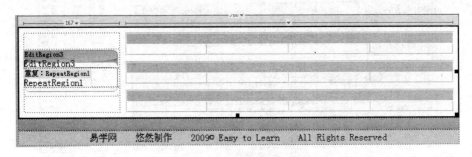

图 15-43　设置表格间距

（14）设置细线表格的第 1 行与第 2 行 4 个单元格为编辑区域。

（15）选择"插入"|"模板对象"|"重复区域"命令，打开"插入重复表格"对话框，进行如图 15-44 所示设置，完成设置单击"确定"按钮。

（16）在细线表格下方添加一个 1 行 4 列，表格样式与细线表格相同的重复表格。以同样的方式插入其他的可编辑区域与重复表格，如图 15-45 所示。

（17）接下来设置表格中数据的对齐方式与单元格宽高即可，如设置添加背景图片的单元格垂直对齐方式为"顶端"，中间单元格宽度为 20；右例含背景 #41FFA8 的单元格设置其高值为 29；右侧表格中除第 1 列单元格设置为 40%外，其余 3 列均设置为 20%，如图 15-46 所示。

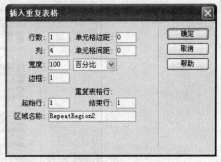

图 15-44　"插入重复表格"对话框

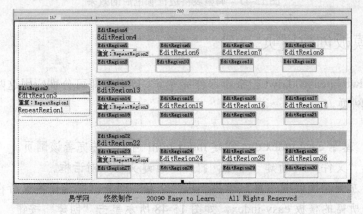

图 15-45　添加可编辑区域与重复区域

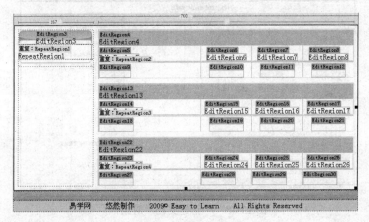

图 15-46　设置表格属性

（18）按 Ctrl+S 组合键保存文档。如果有需要修改的地方，可打开该模板进行编辑。

提示：细线表格与重复表格是分离的两个表格，中间存在空隙。只需将表格边框颜色更改为"bordercolordark="#41FFA8" bordercolorlight="#FFFFFF""即可形成双线效果，如图 15-47 所示。

图 15-47　调整表格边框颜色后的效果

15.5　应用模板创建网页

easy-index.dwt 与 easy00.dwt 模板都制作完毕了，接下来即可分别应用这两个模板创建主页 index 与其他网页。

★例 15.10：基于 easy-index.dwt 创建 index.html 网页，并完善该网页。

（1）选择"文件"|"新建"命令，打开"新建文档"对话框。

（2）单击左侧"模板中的页"标签，从"站点"列表框中选择模板所在站 easy，从右侧列表框中选择所需的模板 easy-index，如图 15-48 所示单击"创建"按钮。

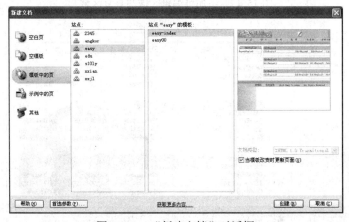

图 15-48　"新建文档"对话框

（3）选择"EditRegion4"字样输入"活动公告"字样，以同样的方式为 index 添加所需内容，保存后按 F12 键预览效果，如图 15-49 所示。

（4）文字效果不如预览的好，接下来可通过调整 easy-index.dwt 文件中的文字效果来调整整体网页效果，打开 easy-index.dwt 模板。

（5）单击属性检查器中的"页面属性"按钮，打开"页面属性"对话框，切换至"链接（CSS）"分类，设置"链接字体"为"同页面字体"，完成设置单击"确定"按钮。

（6）展开"CSS 样式"面板的"全部"选项卡，删除其中以"a:"开头的链接标签样式，如图 15-50 所示。

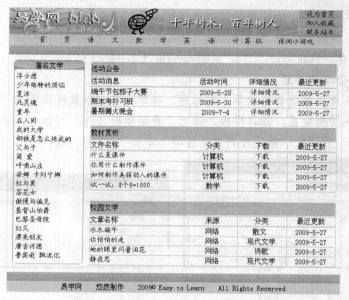

图 15-49　添加内容后的 index 页面效果

（7）重新打开"页面属性"对话框，设置"链接（CSS）"分类中的"链接"颜色为黑色（#000000）、"活动链接"颜色为#AF0290，"下画线样式"为"始终无下画线"，完成设置单击"确定"按钮。

（8）单击"CSS 样式"面板中的"新建 CSS 规则"按钮，打开"新建 CSS 规则"对话框，设置"选择器类型"为"类（可应用于任何 HTML 元素）"，"选择器名称"为".bar"，"规则定义"在"新建样式表文件"，完成设置单击"确定"按钮，如图 15-51 所示。

图 15-50　删除链接样式

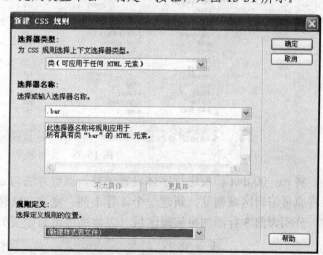

图 15-51　"新建 CSS 规则"对话框

（9）打开"将样式表文件另存为"对话框，设置文件名为"cass-index"，单击"保存"按钮将其保存在站点根目录下。

（10）打开"CSS 规则定义"对话框，选择"类型"分类，设置 Font-size 值为 14，单击"确定"按钮。

（11）选择"首页"所在的导航栏中的所有内容，右击"CSS 样式"面板"cass-index"

下的".bar"样式,从弹出的快捷菜单中选择"套用"命令。

(12) 以同样的方式向"cass-index"样式表中添加".bg-bt"类样式,将其属性设置为:Font-family 为黑体,Font-size 为 14,Font-weight 为 bolder,Color 为白色(#FFFFFF)。并将该样式应用于 4 个模块标题。

(13) 分别选择细线表格的第 1 列标题,将单元格水平属性设置为"居中对齐"。

(14) 完成所有设置,保存模板,弹出"更新模板文件"对话框,单击"更新"按钮,打开"更新页面"对话框。稍等片刻更新完毕,单击"关闭"按钮即可,如图 15-52 所示。

图 15-52 更新网页

(15) 再次打开 index.html 网页,按 F12 键预览得到如图 15-53 所示的效果。

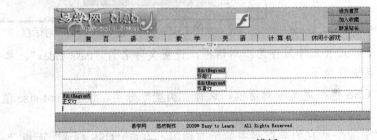

图 15-53 主页效果

将 easy00.dwt 模板进行字体设置调整,调整方法与 easy-index.dwt 相同。不同之处在于:应将原可编辑区域删除,新建一个 4 行 1 列、宽为 722 像素、无边距、边间距、无边框的表格,分别为前 3 行添加可编辑区域(表格高度可自定义),如图 15-44 所示。

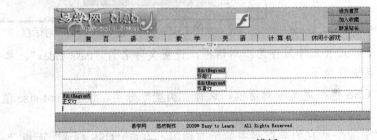

图 15-54 easy00.dwt 模板

其他页面的创建可应用模板 easy00.dwt 生成，然后添加正文内容即可。图 15-55 所示为单击首页中的"你用什么制作课件"超链接，打开的网页，该网页便基于 easy00.dwt 模板生成（保存在 index 文件夹中）。其他网页的制作就不介绍了，用户可根据自己的实际情况创建内容页。

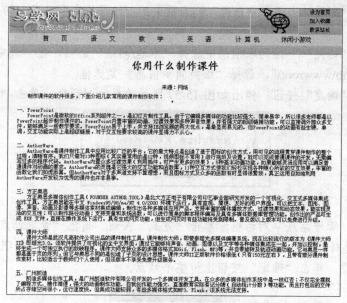

图 15-55　内容页

15.6　测试发布网站

测试网站最主要的还是检查站点内的链接，看看是否有断链和孤立链接，以及外部链接地址是否正确等情况。完成测试后，根据用户在 Internet 中申请的空间，选择上传方式上传至网络服务器即可。

★例 15.11：检测站点链接，并将站点上传至本地测试服务器。

（1）选择 easy 站点根目录文件夹，选择"窗口" | "结果" | "链接检查器"命令，显示"结果"面板组中的"链接检查器"面板。

（2）单击"检查链接"按钮，从弹出的菜单中选择"检查整个当前本地站点的链接"命令，"链接检查器"中自动显示所有"断掉的链接"，如图 15-56 所示。

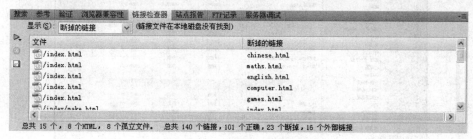

图 15-56　"链接检查器"面板

（3）当前面板中显示的所有断链，都是由于文件不存在造成的，只需创建对应文件即可修复断链，关闭"结果"面板组。

（4）选择"站点"|"管理站点"命令，打开"管理站点"对话框。选择要上传的站点easy，单击"编辑"按钮，打开"easy 的站点定义为"对话框。

（5）选择"高级"选项卡"分类"列表框中的"远程信息"选项，切换至"远程信息"选项卡。

（6）打开"访问"下拉列表框从中选择"本地/网络"选项，在"远端文件夹"文本框中输入"C:\Inetpub\wwwroot\"，选择"维持同步信息"复选框。

（7）单击"确定"按钮，弹出如图 15-57 所示的提示对话框，单击"确定"按钮。

图 15-57 提示对话框

（8）返回"管理站点"对话框；单击"完成"按钮，退出"管理站点"对话框。

（9）确认选择了站点根目录，单击"文件"面板中的"上传文件"按钮，打开如图 15-58 所示的提示对话框，单击"确定"按钮上传整个站点。

图 15-58   是否上传整个站点

（10）打开浏览器，在地址栏中输入 http://localhost/index.html，按 Enter 键即可浏览网页，图 15-59 所示的网页是在 1204×768 像素分辨率下预览的效果。

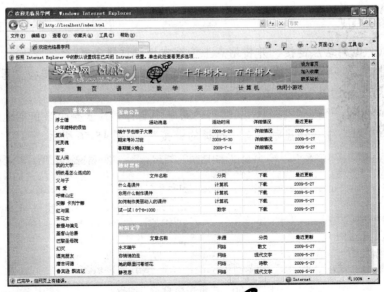

图 15-59   网页效果

附录 A

习 题 答 案

第1章

1. 填空题

（1）Web Page Web Site　　　（2）index default

（3）网页 网站　　（4）内容　　　（5）主页 内容页

2. 选择题

（1）C　　（2）B　　（3）A　　（4）D　　（5）C

第2章

1. 填空题

（1）常用 特殊字符　　（2）存储时自动更新　　（3）HTML　　（4）锚记链接

（5）album/ps01.html　　（6）mailto:　　　（7）设置空链接

2. 选择题

（1）C　　（2）A　　（3）D　　（4）B　　（5）C

第3章

1. 填空题

（1）256　　　（2）GIF JPEG PNG　　　（3）撤消

（4）锐化　　　（5）修改 导航条　　　（6）SWF 占位符

2. 选择题

（1）A　　（2）A　　（3）D　　（4）B　　（5）C　　（6）B

第4章

1. 填空题

（1）标准 扩展　　（2）导入　　（3）Tab（制表符） 逗号 分号 引号

（4）Shift　　（5）单元格

2. 选择题

（1）C　　　（2）D　　　（3）A　　　（4）B　　　（5）A

第5章

1. 填空题

（1）查看　　　（2）<form>　　　（3）文本区域

（4）星号或项目符号　　　（5）菜单　类型

2. 选择题

（1）C　　　（2）D　　　（3）A　　　（4）B　　　（5）B

第6章

1. 填空题

（1）CSS　　　（2）标签　类型　　　（3）css

（4）类　　　（5）扩展

2. 选择题

（1）C　　　（2）D　　　（3）B　　　（4）A　　　（5）D

第7章

1. 填空题

（1）可编辑区域　锁定状态　　　（2）从源文件中分离

（3）文件　另存为模板　　　（4）Library　　　（5）插入

2. 选择题

（1）D　　　（2）B　　　（3）C　　　（4）C　　　（5）A

第8章

1. 填空题

（1）文件　　　（2）说明　　　（3）搜索引擎

（4）Ctrl　　　（5）窗口

2. 选择题

（1）A　　　（2）D　　　（3）C　　　（4）B　　　（5）C

第9章

1. 填空题

（1）大于24

（2） GIF 动画　SWF　AVI

（3） 矢量　点阵　小

（4） HTML 语言的代码

（5） 绘图和编辑图形　补间动画　遮罩动画

（6） 对象　对象　关键帧

（7） 菜单栏、舞台、时间轴和创作面板

2. 选择题

（1） A　　（2） B　　（3） C　　（4） B　　（5） D

第 10 章

1. 填空题

（1） 合并　对象

（2） 深

（3） 椭圆

（4） 墨水瓶工具

（5） 角手柄

（6） 圆形用户界面元素和旋涡图案　25×25 像素、无笔触的黑色矩形

（7） 棋盘图案、平铺背景

（8） 藤蔓式

2. 选择题

（1） A　　（2） A　　（3） D　　（4） C

（5） C　　（6） D　　（7） B

第 11 章

1. 填空题

（1） 连接到主时间轴的可重用动画片段

（2） 声音库　按钮库　类库

（3） 转换为元件　时间轴　新建元件

（4） 在当前位置编辑元件　在新窗口中编辑元件　在元件编辑模式下编辑元件

（5） 关键帧　关键帧　当前帧左侧的第一个关键帧上

（6） 包括 z 轴

（7） 平移　变形

2. 选择题

（1） A　　（2） C　　（3） D　　（4） B　　（5） D

第 12 章

1. 填空题

（1）补间范围　元件实例
（2）影片剪辑　图形或按钮　文本字段
（3）26　字母 a~z
（4）关键帧　创建不同的图像
（5）锁定
（6）编辑单个骨骼和形状控制点之间的连接
（7）元件　形状

2. 选择题

（1）A　　（2）B　　（3）C　　（4）D　　（5）A

第 13 章

1. 填空题

（1）四帧的交互影片剪辑　四帧的时间轴
（2）图形元件　影片剪辑元件　另一个按钮
（3）指针经过　按下
（4）事件声音　音频流
（5）预先编写的 ActionScript 2.0　控制声音的回放
（6）从库加载声音　加载流式 MP3 文件
（7）单行文本框
（8）放在单独的文本字段中　转换为形状

2. 选择题

（1）C　　（2）C　　（3）D　　（4）C　　（5）D

第 14 章

1. 填空题

（1）测试影片
（2）Internet 性能
（3）序列文件　单个文件
（4）位图 GIF、JPEG 或 BMP
（5）Adobe Dreamweaver 站点
（6）交互性、功能性

2. 选择题

（1）B　　（2）A　　（3）C　　（4）D　　（5）B